无公害农产品
安全生产手册丛书

[种 植 类]

无公害花生安全生产手册

农业部市场与经济信息司 组编
徐秀娟 主编
曹玉良 李尚霞 副主编

中国农业出版社

图书在版编目（CIP）数据

无公害花生安全生产手册/徐秀娟主编；农业部市场与经济信息司组编. —北京：中国农业出版社，2007.10（2016.5重印）

（无公害农产品安全生产手册丛书）

ISBN 978-7-109-12249-9

Ⅰ. 无… Ⅱ. ①徐…②农… Ⅲ. 花生-栽培-无污染技术-技术手册 Ⅳ. S565.2-62

中国版本图书馆CIP数据核字（2007）第156667号

中国农业出版社出版
（北京市朝阳区农展馆北路2号）
（邮政编码 100026）
责任编辑　杨天桥

三河市君旺印务有限公司印刷　新华书店北京发行所发行
2008年1月第1版　2016年5月河北第3次印刷

开本：850mm×1168mm　1/32　印张：9.25
字数：228千字　印数：11 001–14 000册
定价：26.60元

《无公害农产品安全生产手册》丛书
编 写 委 员 会

编者名单

主　　编：徐秀娟

副 主 编：曹玉良　李尚霞

编写人员：曹玉良　徐秀娟　李尚霞　刘文全

曲明静　赵志强　鄢洪海　卢　钰

刘奇志　郑建强　张　涛　宫本善

张玉涛　崔　贤　刘庆芳　宋　刚

陈明学　吕志宁　梁宗贵　张　伟

郭鹤久　杨同荣　郇存海　周　群

宋满堂　孙明松　王福祥　张　娟

李光花

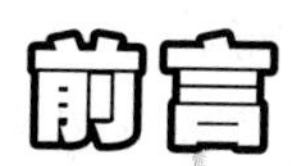

中共中央总书记胡锦涛2007年4月23日在中共中央政治局集体学习时强调，没有农业标准化，就没有农业现代化，就没有食品安全保障。要坚持政府大力推动、市场有效引导、龙头企业带动、农民积极实施，以提高农产品质量和市场竞争力为重点，推进农产品清洁生产、节约生产、安全生产，加快推进农业标准化，全面加强食品安全工作。要进一步形成科学、统一、权威的农业标准化体系，努力使生产经营每个环节都有标准可依、有规范可循，提高我国农业标准的科学性、先进性、适用性。要进一步推广农业标准化生产，广泛普及农业标准化知识，积极推进农业标准化生产示范区建设，把推进农业标准化与发展农业产业化结合起来，加快发展无公害农产品、绿色食品、有机食品，促进优质农产品生产发展。要进一步净化农产品产地环境，加大农产品产地环境监测力度，加强农产品产地环境保护，发展循环农业、生态农业，促进农业可持续发展。要进一步严格农业投入品管理，健全农业投入品质量监测体系，普及农业投入品安全使用知识，引导农民合理施肥、科学用药。

他强调，实施农业标准化，保障食品安全，是关系人民群众切身利益、关系我国社会主义现代化建设全局的重大任务。我们要从贯彻落实科学发展观、构建社会主义和谐社会的战略高度，以对人民群众高度负责的精神，提高对实施农业标准化和保障食品安全重大意义的认识，扎扎实实做好工作，切实实现好、维护好、发展好最广大人民的根本利益。

为贯彻落实党中央、国务院关于“整合特色农产品品牌，支持做大做强名牌产品”和“保护农产品知名品牌”的要求，扩大“三品”在社会上的影响，落实胡锦涛同志的讲话精神，进一步提高农产品质量安全水平，保障公众身体健康和生命安全，增强农产品竞争能力，促进农产品国际贸易，实现农民增收和农业可持续发展，宣传、推广无公害农产品、绿色食品、有机食品（简称“三品”）的标准化基础知识和生产技术，特编写三品花生标准化生产技术手册。

手册主要分为概念、标准、技术规程和质量保证体系四大内容。力求知识性、技术性、先进性和实用性。本书可供从事三品开发生产的科技人员、管理人员、科技专业户、示范户以及广大生产者学习。供农业技术推广工作者、相关科研、教学人员参考。相信该技术手册将能为建设现代农业，发展农村经济，增加农民收入和全面建设农村小康社会起到积极的推动和促进作用。

由于三品在国内发展时间还不长，有关技术标准需在发展的过程中不断完善，如有不足或疏漏之处，恳请广大读者批评指正。

编　者

2007年7月27日

一、无公害花生的概念与特征

无公害花生，在我国实行标准化生产的有无公害食品花生（无公害农产品）、绿色食品花生（分为A级和AA）、有机食品花生。20世纪80年代后期，国内部分省、市开始推出无公害农产品，2001年农业部提出“无公害食品行动计划”，2002年，“无公害食品行动计划”在全国范围内展开。无公害农产品侧重于解决农产品中农药残留、有毒有害物质等已成为“公害”的问题。

绿色食品于1990年由国家农业部发起，1992年由农业部成立中国绿色食品发展中心，1993年农业部发布了“绿色食品标志管理办法”。其产生的背景是20世纪90年代初期，我国基本解决了食品的供需矛盾，食品中的农药残留物等问题引起社会广泛关注，食物中毒事件频频发生，“绿色食品”成为社会的强烈期盼。

有机食品起步于20世纪70年代，以1972年国际有机农业运动联盟（IFOAM）的成立为标志。1994年我国环保总局在南京成立有机食品中心，标志着有机农产品在我国迈出了实质性的步伐。与普通食品相比较，有机食品、绿色食品、无公害食品都是安全等级更高的食品，安全是这三类食品突出的共性，它们从种植、收获、加工生产、贮藏及运输过程中都采用了无污染的工艺技术，实行了从农田到餐桌的全程质量控制，保证了食品的安全性。但是三者又有许多不同之处。

（一）无公害食品花生概念与特征

无公害农产品是指按照特定的生产技术规程，将对人体的有毒有害物质含量控制在规定标准内，并由授权部门审定批准，允许使用无公害食品标志的安全优质、面向大众消费的初级农产品过程及其加工产品。

无公害食品花生是指产地环境、生产过程、最终产品质量符合国家或农业行业无公害农产品的标准和生产技术规程，经专门机构对产地认定和市场质量检测机构检测合格，批准使用无公害农产品标志的花生产品。在产品的生产中，在保证食品绝对安全的根本前提下，允许限量、限品种、限时间地使用人工合成的化学农药、肥料等。但无公害花生产品中含有的有毒、有害物质，如农药残留、硝酸盐含量、重金属含量、有害微生物等应控制在国家或行业规定所允许的范围内。

无公害食品具有安全性、优质性、高附加值三个明显特征。安全性：据《无公害农产品管理办法》中规定，无公害农产品严格参照国家标准，执行省地方标准，具体有三个保证体系，一是生产全过程监控，产前、产中、产后三个生产环节严格把关，发现问题及时处理、纠正，直至取消无公害食品标志。实行综合检测，保证各项指标符合标准。二是实行归口专项管理，根据规定，省农业行政主管部门的农业环境监测机构对无公害农产品基地环境质量进行监测和评价。三是实行抽查复查和标志有效期制度。

（二）绿色食品花生概念与特征

绿色食品是指遵循可持续发展的原则，按照特定生产方式生产的、经专门机构认定、许可使用绿色食品标志商标的无污染的安全、优质、营养类食品。

绿色食品花生是指从保护和改善农业生态环境入手，在花生种植、管理、加工过程中，按照绿色食品规定的技术标准和操作规程，限制或禁止使用化学合成物及其他有毒有害生产资料，生产出经专门机构认定、许可使用绿色食品商标标志的无污染的安全、优质、营养的花生食品。

我国绿色食品开发是一个在无公害农产品基础上，进一步提高和引导消费潮流的注册品牌。绿色食品花生根据生产投入品的不同和质量差异，又分为A级和AA级两个级别。

1. A级绿色食品花生概念 A级绿色食品花生是指遵循可持续发展的原则，按照特定生产方式生产的，经专门机构认定、许可使用A级绿色食品标志商标的无污染的安全类食品。从保护和改善农业生态环境入手，在花生种植、管理、加工过程中，按照绿色食品规定的技术标准和操作规程，限制使用化学合成物、禁止使用其他有毒有害生产资料的花生产品。

2. AA级绿色食品花生概念 AA级绿色食品花生是指遵循可持续发展的原则，按照特定生产方式生产的，经专门机构认定、许可使用AA级绿色食品标志商标的无污染的安全、优质、营养类花生食品。从保护和改善农业生态环境入手，在花生种植、管理、加工过程中，按照绿色食品规定的技术标准和操作规程，禁止使用化学合成物及其他有毒有害生产资料的花生产品。

绿色食品花生具有如下主要特征。

一是强调产品出自良好生态环境：绿色食品花生的生产从原料产地的生态环境入手，由法定的环境监测部门对产品原料产地及其周围生态环境因子经过定点采样监测，判定其是否具备生产绿色食品的基础条件，最终将农产品生产和食品加工业的发展建立在资源和环境可持续利用的基础上。

二是对产品实行全程质量控制：绿色食品花生生产实施“从农田到餐桌”全程质量控制。通过产前环节的环境监测和原料检测，产中环节具体生产、加工操作规程的落实，以及产后环节产品质量、卫生指标、包装、运输、储藏、销售的有效控制，确保绿色食品的整体产品质量。

三是依法实行标志管理：标志是一个质量证明商标，属知识产权范畴，受《中华人民共和国商标法》保护。政府授权专门机构管理三品标志，这是一种将技术手段和法律手段有机结合起来的生产组织和管理行为，而不是一种自发的民间自我保护行为。对无公害花生产品实行统一、规范的标志管理，不仅使生产行为纳入了技术和法律监控的轨道，而且使生产者明确了自身和对他人的权益责任，同时也有利于企业争创名牌，树立品牌商标保护意识，提高企业社会知名度和产品市场竞争力。

（三）有机食品花生概念与特征

有机农业指遵循可持续发展原则，按照有机农业基本标准，在生产过程中完全不用人工合成的化学肥料、化学农药、植物生长调节剂和家畜饲料添加剂，不采用基因工程技术及其产物，而是遵循自然规律和生态学原理，协调种植业和养殖业的平衡，采用一系列可持续发展的农业技术，维持持续稳定的农业生产过程，其核心是建立和恢复农业生态系统的生物多样性和良性循环。

有机农业是一种强调“人与自然相和谐”为基本指导思想，以生物学和生态学为理论基础并拒绝使用农用化学品的农业生产模式。其特点可归纳为：一是保护生物多样性，建立循环再生的农业生产体系，保持土壤的长期生产力，反对转基因改造技术，拒绝使用农用化学品；二是有机农业生产应是经济效益、生态效益、环境效益、景观效益和社会效益相结合，系统内的土壤、植物、动物和人类是相互联系、密不可分的有机整体；三是采用土地与生态环境可以承受的方法进行耕作，按照自然规律，即生态学的原理和方法从事农业生产；四是有机农业要求建立种养结合的农业生产体系，农业资源的利用不是掠夺利用，而是建立在可持续发展理念上的利用。

有机食品花生是指来自于有机农业生产体系，产地环境符合相关标准，建立了严格的质量管理体系，生产过程中不使用化学合成的肥料、农药、植物生长调节剂，不采用基因工程技术及其产物，经过合法机构依据有机食品相关标准认证获得认证证书，并且合法使用有机产品标志的产品。

有机食品与其他食品不同，它具有自己独特的特性：

一是有机食品不是无污染食品。有机食品的生产只是重视人们对自然环境保护所做的贡献及整个生产过程的全程质量控制，而并非绝对无污染。如在农用化学物质投入量较大的高产区，即在已经构成污染的地区发展有机农业比在边远无污染地区发展有机农业更有重大的环境保护意义。

二是有机食品有一套严格的认证体系。有机食品生产强调对整个生产、加工、运输、销售系统的质量控制，执行严格的检查、检测标准，在包括田间生产、工厂加工、产品运输和储藏等各个环节。在规范后才准予颁给有机食品证书。

三是有机农产品的产量不比现代方法种植的产量低。良好的有机农业生产体系是获得较高的作物产量的基础。从长远看，由于有机农业体系一旦建立，就能提供比现代农业肥效高的土壤肥力和较高的作物生产力。

四是有机食品的开发可以获得较高经济效益、生态效益和社会效益。有机食品生产中大量依靠劳动力和传统农业技术，减少了农田化学品投入和社会用于治理环境污染的费用，给人类健康带来不可忽视的社会作用，投入少、生产成本低，因此能获得较高的经济效益。其原理旨在保护环境、保持农业生产的可持续发展，具有显著的生态效益。

（四）无公害食品、绿色食品、有机食品花生主要区别

无公害农产品突出安全因素控制，绿色食品既突出安全因素控制，又强调产品优质与营养。无公害农产品是绿色食品发展的

基础，绿色食品是在无公害农产品基础上的进一步提高。有机食品注重对影响生态环境因素的控制。三品具体主要差别如下。

1. 发展机制不同 无公害农产品认证属于公益性事业，不收取费用，实行政府推动的发展机制；发展绿色食品以保护农业生态环境、增进消费者健康为基本理念，不以营利为目的，收取一定的费用保障事业发展，采取政府推动与市场拉动相结合的发展机制；有机食品按照国际惯例，采取市场化运作。

2. 产品结构不同 无公害农产品以初级食用农产品为主；绿色食品以初级农产品为基础、加工农产品为主体；有机食品以初级和初加工农产品为主。

3. 水平定位不同 无公害农产品质量达到我国强制性农产品标准要求，保证人们对食品质量安全最基本的需要，满足大众消费，是最基本的市场准入条件，保障基本安全。绿色食品与无公害食品和有机食品都属于农产品质量安全范畴，都是农产品质量安全认证体系的组成部分；绿色食品达到了发达国家的先进标准，满足人们对食品质量安全更高的需求；市场定位于国内大中城市和国际市场，满足更高层次的消费。有机食品执行国际通行标准，是一种真正源于自然、高营养、高品质的环保型安全食品；有机食品又是一个更高的层次，主要满足国际市场需求，服务于出口贸易。

4. 技术控制点不同 有机食品花生按照有机农业方式生产，对产品质量安全不作特殊要求，满足特定消费，主要服务于出口贸易；产品以初级和初加工产品为主，强调常规农业向有机农业转换，推行基本不用化学投入品的技术制度，保护生态环境和生物多样性，维护人和自然的和谐关系；注重生产过程控制，一般不做环境监测和产品检测，一年一认证。绿色食品花生认证以保护农业生态环境，推行“两端监测、过程控制、质量认证、标志管理”的技术制度，采取质量认证与商标管理相结合的方式。无公害食品推行“标准化生产、投入品监管、关键点控制、安全性保障”的技术制度，采取产地认定与产品认证相结合的方式。

总之，三品花生内涵存在显著差别，内在质量卫生指标、生产环境卫生标准、各自的生产技术规范等都有所不同。

（五）无公害花生的标志及内涵

为了区别于普通食品，无公害食品、绿色食品和有机食品实行标志管理。十届全国人大常委会二十一次会议审议通过的《中华人民共和国农产品质量安全法》第三十二条明确规定：用于销售的农产品必须符合农产品质量安全强制性标准，并可以申请加贴无公害农产品标志；农产品达到绿色食品、有机农产品标准的，生产者可以申请使用绿色食品、有机农产品标志。

1. 无公害食品标志及内涵 无公害农产品标志是加施于获得无公害农产品认证的产品或者其包装上的证明性标记。加强对无公害农产品标志的管理，保证无公害农产品的质量，维护生产者、经营者和消费者的合法权益。国家鼓励获得无公害农产品认证证书的单位和个人积极使用全国统一的无公害农产品标志。获得无公害农产品认证证书的单位和个人，在证书规定的产品或者其包装上加施无公害农产品标志，用以证明产品符合无公害农产品标准。

无公害农产品为便于广大消费者识别，农业部和国家认监委联合公告了无公害农产品标志图案（图1），并联合颁布《无公害农产品标志管理办法》，对无公害农产品标志实行统一管理。组建农产品质量安全中心，开展无公害农产品认证工作，是农业部为全面实施“无公害食品行动计划”、建立健全农产品质量安全体系、确保农产品生产和消费安

图1 无公害农产品标志基本图案

全而采取的重大举措。农产品质量安全中心将根据国家认监委的要求和农业部农产品质量安全工作的总体部署，按照统一标准、统一认证、统一标志、统一监督、统一管理的“五统一”要求，使认证工作全面步入规范、有序、快速运行的轨道。

标志图案涵义：无公害农产品标志图案主要由麦穗、对勾和无公害农产品字样组成，麦穗代表农产品，对勾表示合格，金色寓意成熟和丰收，绿色象征环保和安全。标志图案直观、简洁、易于识别，涵义通俗易懂。无公害农产品标志证书有效期为3年，证书使用期满后若欲继续使用，须于期满前重新办理有关申请使用手续。

凡是具有无公害农产品生产条件的单位和个人均可作为无公害农产品标志使用权的申请人。具备以下条件的农产品，可以获得无公害农产品的标志使用权：一是农产品的产地环境必须符合规定的无公害农产品的生态环境质量标准。二是农产品生产过程必须执行无公害生产技术规程。三是农产品必须符合规定的无公害农产品卫生质量标准。四是向无公害农产品管理部门申报，经无公害农产品管理部门批准的农产品，才可获得农产品标志的使用权。

2. 绿色食品标志及内涵 绿色食品商标已在国家工商行政管理局注册的有以下四种形式（图2），从而使绿色食品标志商标专用权受《中华人民共和国商标法》保护。这样，既有利于约束和规范企业的经济行为，又有利于保护广大消费者的利益。

绿色食品标志图形由三部分构成，即上方的太阳，下方的叶片和蓓蕾。标志图形为正圆形，意为保护、安全。整个图形描绘了一幅明媚阳光照耀下的和谐生机，告诉人们绿色食品是出自纯净、良好生态环境，能给人们带来蓬勃的生命力。A级标志为绿底白字，AA级标志为白底绿字。该标志由中国绿色食品协会认定颁发。绿色食品标志提醒人们要保护环境，通过改善人与环境的关系，创造自然界新的和谐。农业部颁布的《绿色食品标志

绿色食品标志

绿色食品标志、文字组合商标

绿色食品

绿色食品中文标准字体

GreenFood

绿色食品英文标准字体

图 2　绿色食品商标形式

管理办法》规定，绿色食品标志使用权自批准之日起 3 年有效。3 年期满后如果要继续使用，须在有效期满前重新申报，未重新申报的，视为自动放弃其使用权。因此，辨别绿色食品标志是否过期就显得尤为重要。

具体辨别方法为：绿色食品标识编号 LB - XX - XXXXXXXXXX（A/AA），“LB”是绿色食品标志（绿标）拼音缩写，两短线之间的两位数代表产品类别，后 10 位数字分别表示批准年限、产地及产品批准序号，A 和 AA 代表绿色食品的分级。看标志编号，批准年度是 3 年前的就属于无效标志。如某绿色食品编号为 LB—33—0308050518A，其中“LB”是绿色食品标志代码，“33”表示绿色食品的类别，“0308”表示标志使用的起始年月，即 2003 年 8 月，“05”表示地区，后面的 5 位表示食品类别。即该商品的“绿色食品”标志有效期限为 2006 年 8 月。

3. 有机食品标志及内涵　有机食品认证机构必须是独立于生产者和贸易者之间的中介机构，认证机构必须获得中国国家认证认可监督管理委员会（cnca）的资格认可，有机食品标志有效期限为1年。绿色的“中国有机产品”标志、橘红色的“中国有机转换产品”标志的主要图案由三部分组成，即外围的圆形、中间的种子图形及周围的环形线条（图3）。

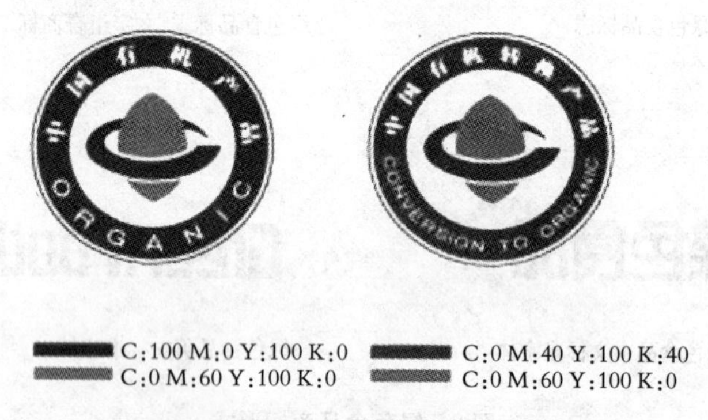

图3　有机产品标志

标志外围的圆形形似地球，象征和谐、安全，圆形中的“中国有机产品”和“中国有机转换产品”字样为中英文结合方式，即表示中国有机产品与世界同行，也有利于国内外消费者识别。

标志中间类似种子的图形代表生命萌发之际的勃勃生机，象征有机产品是从种子开始的全过程认证，同时昭示出有机产品就如同刚刚萌生的种子，正在中国大地上茁壮生长。

种子图形周围圆润自如的线条象征环形的道路，与种子图形合并构成汉字“中”，体现出有机产品植根中国，有机之路越走越宽广。同时，处于平面的环形又是英文字母“C”的变体，种子形状也是“O”的变形，意为“China Organic”。

绿色代表环保、健康，表示有机产品给人类的生态环境带来完美与协调。橘红色代表旺盛的生命力，表示有机产品对可持续发展的作用。中国有机转换产品认证标志中的褐黄色代表肥沃的土地，表示有机产品在肥沃的土壤上不断发展。

获得认证证书和认证标志的组织所使用有机产品认证证书及

标志必须在限定的范围内使用，即必须在被认证产品范围内使用认证证书和认证标志。签订有机产品标志使用协议，准许其在有机产品认证证书规定产品的标签、包装、广告、说明书上使用有机产品标志。被认证组织不允许将认证证书和认证标志误用认证产品范围或使用类似标志使消费者感到困惑。被认证组织对认证证书和认证标志不允许在广告、产品目录中引用不正确的认证文件或误导消费者使用。

有机食品标志使用，可根据需要等比例放大或缩小，但不得变形、变色。使用有机食品标志时，应在标志图形的下方同时标印该产品的有机产品认证证书号码。

在生产、加工或销售过程中有机产品受到污染或与非有机产品发生混淆时，对该产品停止使用有机产品标志，并不得再作为有机产品生产、加工或销售。

对于已获认证的有机产品不符合有机产品认证时的标准和规范要求的，或认证证书及标志使用不符合上述要求的，视情况暂扣或撤销有机产品认证证书及暂停或撤销有机产品的标志使用权。

二、发展无公害花生的意义与现状

（一）发展无公害花生的意义

花生是我国的重要油料作物和经济作物，栽培面积仅次于油菜，列第二位，占油料作物总面积的1/4以上，但花生总产位居全国油料作物之首，占50%以上。我国花生总产居世界第一位。20世纪90年代以来，种植面积为印度的一半，但总产量却高于印度。“九五”期间，年均种植面积410万公顷，平均单产2 854.5千克/公顷，总产1 174.98万吨。“十五”（2001—2005）期间，年均种植面积488万公顷，平均单产2 930.24千克/公顷，总产1 426.73万吨。我国花生不仅在国民经济中占有重要地位，在农业种植结构以及人们营养、保健和经济收入等方面，也占据重要位置。

1. 花生是良好的营养与保健食品 花生是商品率极高的经济作物，其产品富含脂肪、蛋白质和多种人体必需氨基酸和大量维生素E、B_1、B_2、B_6和维生素C，可以直接作为营养保健品利用。既可食用、油用，又可出口创汇，综合加工利用增值效果明显。花生油为世界五大食用油之一，也是人们喜爱食用的高级烹调植物油，无须精炼，即可食用。花生油的主要成分为不饱和脂肪酸，约80%左右（其中油酸53%～72%，亚油酸13%～26%），饱和脂肪酸20%左右（其中棕榈酸6%～11%，硬脂酸2%～6%，花生酸5%～7%）。亚油酸对人体健康很重要，可调节人体生理机能，促进生长发育。对降低血浆中胆固醇含量，预防高血压和动脉粥样硬化，婴幼儿亚油酸缺乏症，老年性白内障等疾病均有显著功效。花生油中除含有对人体健康具有重要价值的脂肪酸外，并含有植物固醇和磷脂等。医药上已将花生油用作治疗气喘病、黄疸型肝炎等多种疾病的药物载体。最近营养学家研究指出，含单不饱和键的油酸在降低血浆中胆固醇方面具有与亚油酸同样的功效。因此，长期食用花生油，对人类的健康非常有益。

花生蛋白质的消化系数高达 90%，易被人体吸收利用。花生蛋白质中含有人体所必需的 8 种氨基酸，除赖氨酸、色氨酸、蛋氨酸和苏氨酸的含量略低于联合国粮农组织所制定的蛋白质中氨基酸含量标准外，其他氨基酸含量均达到或超过规定标准。另外，花生蛋白质中富含含硫氨基酸、核黄素、烟碱酸和维生素 E 等，都是很重要的营养成分。随着食品工业的发展，花生制品花样越来越多，在美国、日本大众食品中占有独特地位。在国际其他国家，花生作为食品和植物蛋白质来源的地位也日益提高，能改善人类膳食，提高人们生活水平，同时促进加工业的发展作用越来越重要。在中国，花生作为重要的植物蛋白源，在改善国人膳食结构方面占据重要地位。据研究测定，在热缩情况下，花生蛋白质的营养价值没有明显变化，这为花生产后深加工提供了非常好的有利条件。花生含油量，是人们日常的主要食用油源。花生油中的油酸含量高，仅次于橄榄油。营养界公认，油酸具有降低总胆固醇和有害胆固醇而不降低有益胆固醇的作用，因此花生油有中国的“橄榄油”之称。花生油气味清香，滋味纯正，是人们喜爱的优质食用油，可改善人们的健康消费需求和基本满足人体的生理需要。

2. 农民增收企业增值出口创汇的重要途径 近几年来，大豆、油菜籽价格低迷，惟有花生价格一直攀升，从 2001 年每吨 3800 元到 2007 年的 5600 元（大豆价格维持在 2600 元左右）。花生亩产为200千克左右*，而大豆只120千克左右；花生的含油率为50%左右，大豆的含油率为20%左右；每亩花生所能生产出的食用油数量，是大豆的4倍。农民种植一亩花生所获得的有效收入达1100元，而种植一亩大豆所获得的收入仅有300元左右，种花生比种大豆每亩可为农民增收七八百元。是农民致富的重要途径之一。随着我国对食用植物油的需求不断增长，目前油菜籽和食用油进口数量巨大，进口数量折合食用油约1 100万吨，占食用油总量的50%。加快发展无公害花生，促进花生产业发展，将大大减少油菜籽和食用油的进口，提高国产食用油的自给率。

花生是中国的传统出口农产品，是大宗出口农产品之一，畅销许多国家。花生也是国际贸易中的主要商品之一，20世纪80年代以来，世界花生年贸易量达110万吨以上（以生仁计）。此前油用生仁约占60%以上，到20世纪90年代，食用生仁比重增加，油用则下降至50%左右，食用生仁已达35%以上。我国花生内在品质优良，在国际市场上享有盛名，尤其是山东大花生，在国际市场上具有较强的竞争力。我国花生的出口贸易量，20世纪50年代在1.0～18.0万吨，60～70年代出口很少，80年代以后我国花生出口量逐年稳步趋升，达到10.0～22.0万吨，年均占世界花生出口总量的22.7%，90年代出口量增至30.0万吨以上，1993年42.0万吨，1994年达到48.0万吨，1995年后有所回落，而到2000年又回升至40.0万吨，2001年达到49.36万吨，占国际花生市场1/3以上的份额，但是出口量占生产总量仅为3%～5%，而阿根廷的出口量占总产的80%以上，美国占30%～40%。

花生属于劳动密集型产品，其生产、收获和加工过程均需要投入较多的劳动力，我国具有这方面的优势。由于我国花生价格

---

* 亩为非法定计量单位。15亩=1公顷。

和成本与国际市场相比具有很大优势，能够应对各种贸易壁垒，提高花生附加值，其原料和加工产品的国内外市场潜力巨大，出口创汇存在着非常大的空间，能按国际国内市场需求发展花生产业，农民增加收入、企业增值的前景将是非常美好的。

3. 调整种植结构促进农业良性循环

（1）固氮肥田　花生属豆科植物，根部着生根瘤，通过固定空气中的游离态氮素，起到固氮肥田养地的作用。花生根瘤固定的氮素肥，约有 2/3 供给当季花生需要，其余 1/3 留在土壤中，相当于每公顷施用 300～375 千克标准氮肥。还可以起到改良土壤、增加后茬作物产量的作用。应用^{15}N 标记测定，在中等肥力沙壤土上，花生根瘤菌供氮率为 50％～60％。单产花生荚果 7 500千克/公顷的田块，根瘤可固定氮素 75～90 千克，有利于培肥地力促进后茬作物生长发育。

（2）轮作与间套种的重要地位　花生根系发达，主根可深扎入土层 2 米以上，根系分泌的有机酸可将土中难溶性磷释放出来，具有活化土壤磷的作用。花生不仅抗旱耐瘠，而且喜生茬地，在新开垦的农田，新造田和新整土地上，可把花生作为先锋作物，不仅当季花生可获得较好产量，而且为后作创造了增产条件；花生与粮食作物轮作，既可减轻病虫草害的发生，也能减少环境污染和土壤侵蚀，起到保护天敌提高后作产量的作用。小麦全蚀病地块，改种一季春花生后，下作小麦全蚀病可基本不发生。由此可见，花生在农作物轮作换茬中具有非常重要的地位，也是促进农业可持续发展的主导作物。

随着农业科技水平的提高和进步，花生在耕作改制中优势显著。花生植株矮小，一般株高为 50 厘米左右，特别是中、早熟品种的生育期较短，而且其形态特征和生育特征非常适宜于与小麦、玉米、果树、瓜菜等作物实行间作套种。麦套花生是北方花生产区的主要套种方式，且发展较快，已占花生播种面积的 1/3 以上。麦套花生较纯种一季花生，比小麦玉米两季每公顷收入增加 4 500～6 000 元，经济效益十分显著。实践表明，麦套花生是花生产区充分利用有限的土地资源，解决粮油争地矛盾，争取粮油双丰收的有效途径，符合中国国情，也是现代农业持续发展的需要。

（3）*以田养畜以畜养田的作用* 提取油脂后的花生饼粕其营养成分丰富，蛋白质含量高达 50%以上，在几种油料饼粕中，以花生饼粕最高。花生饼粕中的缬氨酸、精氨酸、酪氨酸和亮氨酸含量明显高于大豆和棉子饼粕。此外花生饼粕中还含有较多的维生素和矿物质如磷、铁、钙等。花生饼粕既可制取人类食用蛋白，如加工成蛋白粉经挤压膨化制成花生组织蛋白，也可作为畜牧业和水产养殖业的优质精饲料。据测定，将花生饼粕按适当比例掺入粗饲料中喂猪，一般每千克饼粕能增产猪肉 0.8 千克。

花生茎叶含碳水化合物 42%～47%，消化能 7 280 千焦/千克，蛋白质 14%，脂肪 2%，纤维 20%。每千克干花生茎叶中含可消化蛋白 70 克，高于豌豆、大豆、玉米等作物的茎叶，是优于其他作物秸秆的优质粗饲料。用花生饼粕和茎叶喂牲畜，育肥快，质量好，所排泄的粪便中 N、P、K 含量也高，是促进作物生长和培肥地力的优质有机肥料。据测定生产 3 000 千克/公顷花生荚果，可提供茎叶 2 250 千克，果壳 750～900 千克，饼粕 1 275～1 350 千克，可饲育 15 头 100 千克重的猪，可实现农业生产的有机化和良性化循环，减轻农业污染。因此，大力发展花生生产，以田养畜，以畜养田，可有力促进农业的良性循环，也是发展花生“三品”的目的所在。

4. 发展无公害花生是社会发展的必然趋势 在现代化的进程中，要进一步协调好人和自然的关系，走可持续发展的道路。随着全球经济的一体化，经济与环境的互动必将推动无公害农业的发展，不仅有利于实现有限资源的持续利用，解决环境污染和生态破坏问题，实现发展经济、保护环境的有效结合，提高人们的食品安全和健康意识，而且有利于促进传统农业向现代农业的转变，推进农业产业化与市场国际化进程，有效提高农产品质量和市场竞争能力，突破国际贸易绿色技术壁垒的限制，加速我国农业产业的战略结构性调整，实现农业可持续发展战略。

随着市场经济的发展，质量已成为占有和保持市场份额的首要因素。为全面提高我国农产品质量安全水平，发展无公害花生是针对我国实际情况，组合运用环境科学技术和现代农业技术，促进农业生产过程中技术措施的合理性，合理使用农药、化肥等农用化学品，在实现农业高产、高效的同时，保证农产品的质量满足食品卫生要求，改善农业生态环境，控制农业生产对环境的不良影响。《中国21世纪议程》中要求“研究、开发和推广可节约资源，可提高产量和品质，可保护环境的农业技术”，发展无公害三品花生为全面实现国家对农业发展“高产、优质、高效”目标，提高我国农业的经济效益，促进我国农业和农村经济的可持续发展。

（1）生活提高和经济发展的需要　现实生活证明，发展三品符合人民群众生活质量和健康水平不断提高的消费需要，随着人们生活水平的不断提高，由温饱向小康水平追求，在消费领域，随着全球环保意识的增强，人们价值观念的转变，崇尚自然、注重安全、追求健康的思想首先影响到人们的消费行为，要求食品安全、优质、营养。标准化生产的三品日益倍受青睐，在国际贸易领域，农产品贸易结构和格局正在发生新的变化，具体表现在三个方面：一是高附加值、高科技含量的农产品及其加工品比重日益增大。具有地区特色的产品，如果没有质量优势，就没有竞争力。如果附加值较低，就难以获得丰厚经济利益。这表明，一方面发展三品意义重大，前景十分广阔；另一方面要在新的国际形势下进一步加快无公害农产品、绿色食品、有机农产品和食品事业的发展，紧跟时代发展的潮流。

随着经济的发展和社会整体福利水平的提高，人们对食品品质的要求越来越高，消费选择也从数量型向质量型转变。特别是绿色食品和有机食品的兴起，加速了这一转变的进程，引领食品消费进入一个新的发展阶段。由于人们对绿色食品的普遍认知，消费需求不断扩大，市场占有率日益提高。据世界贸易组织预测，到2005年，绿色食品所占市场份额将由目前的2%左右增长到5%～10%。另据国际贸易中心（ITC）的一份研究报告透露，有机食品已成为一项大宗贸易，其增速非其他食品可比。如美国，有机食品市场自1989年以来一直以20%的速度增长，成为全球最大的有机食品市场。欧洲、日本有机食品销售也一路攀升，市场前景持续看好。预计今后几年许多国家的增长率将达20%～50%，到2006年，仅欧美市场就将超过1 000亿美元。可以预见，随着人们健康意识，环保意识的增强及有机食品贸易的迅速发展，有机食品产业将成为21世纪最有发展潜力和前景的产业之一。

（2）*克服绿色技术壁垒的需要* 我国在新阶段和加入世界贸易组织后提高农产品质量安全水平的迫切要求，随着世界经济一体化及贸易自由化的发展，各国在降低关税的同时，与环境技术贸易相关的非关税壁垒日趋森严，农产品和食品的生产方式、技术标准、认证管理等延伸扩展性附加条件对国际贸易产生重大影响。20世纪80年代后期到90年代初，随着新一轮世界贸易自由化趋势的推动，发达国家为实行贸易保护，积极推出非关税限制措施，实行“管理贸易”，“绿色壁垒”就是在这种背景下产生的。“绿色壁垒”一经出现，便在全球范围迅速蔓延。到1992年底已有152个国际环保条约出台，某些国家和地区也各自订立了名目繁多的环保法规，如德国制定了1 800余项环保“篱笆”。在食品进口方面限制更甚，1991年32个国家和地区对427种农药在食品中的残留量定了标准，对不合规定的采取禁止、限制及惩罚措施。仅1996年欧盟国家禁止进口的产品就达220余亿美元，其中源自发展中国家的产品占90%。目前，“绿色壁垒”对我国花生出口产业已构成严重压力和挑战。

无公害食品花生、绿色食品花生和有机食品花生的发展，探索了一条生产安全、优质产品的有效途径，为完善农产品质量安全制度积累了宝贵经验，对于促进农业结构战略性调整、增加农民收入、扩大农产品出口以及保护生态环境和实施可持续发展战略，都具有重大而深远的意义。

（二）无公害花生发展的现状及特点

自 20 世纪 90 年代初，国内三品开始启动，尤其是 2001 年，农业部启动了“无公害食品行动计划”，全面加强农产品产地环境、生产过程、农业投入品和市场准入管理，大力发展无公害农产品、绿色食品和有机食品，初步形成无公害农产品、绿色食品和有机食品“三位一体，整体推进”的发展格局，有力促进了农产品质量安全水平明显提升。旨在保持和提高土壤肥力和保护生态环境，在农业和环境的各个方面，充分考虑土地、农作物等的自然生产能力，并致力于提高食物质量和环境水平。有机农业生产遵循可持续发展的原则，在生产过程中尽量减少外部投入物，而主要依靠自然规律和法则提高生态循环效率。

农业部最新统计数据表明，我国三品（无公害农产品、绿色食品、有机农产品）发展步伐明显加快。从 2003 年到 2006 年，年种植面积超 0.3 亿公顷，约占全国耕地总面积的 25%左右。

截止到 2006 年底，累计认证无公害农产品 23 636 个，总量 1.44 亿吨；认定无公害农产品产地 30 255 个，其中种植业面积 0.23 亿公顷。全国有效使用绿色食品标志企业总数达到 4 615家，产品总数达到 12 868 个，总量 7 200 万吨，产地环境监测面积 0.1 亿公顷。有机食品认证企业总数达到 520 家，产品总数达到 2 278 个，总量 1 956 万吨，认证面积 310.9 万公顷。

几年来，各地充分发挥环境和资源优势，不断加大工作推动力度，全面加快产品开发步伐，切实加强监督管理，全力打造品牌形象，无公害农产品、绿色食品和有机食品实现了既好又快地发展，呈现出了以下四个方面的特点：

发展速度持续加快。2003 年以来，在政府推动与市场拉动的双重作用下，无公害农产品、绿色食品和有机食品产品年均增长速度达到 83%，实物总量扩大了 4.3 倍，现已占全国食用农产品及加工产品商品总量的 18%。

产品质量稳定可靠。通过指导企业和农民专业合作经济组织落实标准化生产，加强全程质量控制，有效地保证了无公害农产品、绿色食品和有机食品产品质量，维护了品牌的公信力和信誉度。2004—2006 年，无公害农产品产品质量抽检合格率平均保持在 96%以上，绿色食品平均稳定在 98%以上。

产业素质不断提升。标准化基地建设和规模化生产取得较大发展，无公害农产品种植业产地规模平均已达万亩以上；全国 14 个省份 119 个县（场）已创建 151 个大型绿色食品原料标准化生产基地，面积 0.3 万公顷。产业主体实力进一步增强，通过无公害农产品、绿色食品和有机食品认证的各级农业产业化龙头企业已突破 1 000 家，其中国家级龙头企业达到 240 家，占 41.2%。产品结构逐步优化，地方特色产品以及园艺、畜牧、水产等具有出口竞争优势的劳动密集型产品比重有了较大幅度的提高。

品牌效应日益增强。调查显示，超过 50%的消费者首选无公害农产品、绿色食品和有机食品。2006 年，无公害农产品、绿色食品和有机食品国内年销售额突破 3 000 亿元，出口额超过 30 亿美元，约占全国农产品出口总额的 10%。在部分大中城市，无公害农产品已成为市场准入的基本条件；绿色食品销售价格比普通产品平均高 10%～30%，部分产品高出 1 倍以上，80%的企业实现了增效，并带动农户实现了增收 。无公害农产品、绿色食品、有机农产品年销售 3 000 亿元，出口额 30 亿美元。

（三）发展无公害花生存在的问题商榷

我国花生产业尽管近年来有了一定的发展，尤其是90年代以来无公害食品花生、绿色食品花生和有机食品花生的生产、加工、贸易从无到有，规模从小到大，成效显著。但是，目前还存在着一些明显的制约因素，直接影响到发展的规模和效益，尚需引起重视加以解决。

1. 发展无公害花生产业存在的现实问题 由于花生生产尤其是“三品”花生的生产，在我国还远远没有形成优势产业带，因此，还不能够按照国内外市场需求的发展生产和加工。新品种、新技术和新的生产方法以及技术含量还不够高，推广应用力度不够足，产业化、规模化有待发展，存在巨大潜力和发展空间。

品种与推广问题。花生的用途主要分为油用和食用，不同的用途需要不同的产品品质。目前我国花生品种繁多，一是专用型品种优势不突出，加工利用形不成规模效益。二是目前良种推广不得力，技术宣传不到位，保持良种种性技术措施种植者掌握不多，应用的品种不少混杂退化，良种的原有种性不存在或基本不存在，原有的高产、优质性能减弱，产值直接受到影响。三是选育新品种、改良退化品种，受现有条件所限，缺乏科技投入支持，力度小，从事花生科研的人员、机构和条件都有待加强。

加工问题。花生的加工，包括“三品”花生的加工，近年来有一些发展，形成了一些具有影响力的农产品加工龙头企业，但是能成为龙头的企业为数不多，基础还比较薄弱。加工的数量不足，质量也有待提高。另一个重要问题是产、学、研三者有些脱节，没有联起手，没有形成合力为花生加工企业做技术支撑，花生的规模效益受到影响，限制了高增值花生产品的出口贸易。

食品质量安全问题。这是花生产业中的突出问题。我国花生传统栽培方式依赖化学农药和化学肥料获得产量。化肥农药的不合理使用，久而久之造成环境污染、产品质量下降等问题越来越引起人们的关注。化学肥料的不合理使用，大气中的二氧化硫（SO_2）、氮氧化物（NO_X）、氟化物（F）等有害物质增加，有时形成酸雨，危害较大。土壤中重金属（铬、砷、铅、铜、镉等）含量提高。水资源污染，重金属含量提高，大肠杆菌增加。由于化学肥料的使用，产品营养成分蛋白质含量明显降低。由于化学农药的使用，进入环境中的农药会随着气流和水流在全球环流，污染水、土、大气环境资源，导致了“三R”问题突出——农药残留、有害生物抗药性和有害生物猖獗越来越严重。残留问题，如60年代以前花生田防治虫害所用的“六六六”，间隔近30年后土壤普查，农田残留仍达100%，当然有一部分是在安全指标之内。90年代应用的B_9出现了酊酰肼残留问题，部分花生产品出口受阻，造成一定损失。据报道，全世界已有504种害虫与螨类对农药产生抗药性，花生蚜虫对氧化乐果的抗性增加了121～843倍，用药量越来越大。形成年年防病虫，越防病虫越严重，大量有益生物被化学药剂杀死，促进了有害生物繁衍危害，形成了农业生态环境恶性循环。另外，化学肥料、化学农药的不合理使用对人畜生命安全、生活质量都有一定程度的影响。

眼下我国多数企业的环保意识仍只停留在污染的末端治理上，而发达国家已进入从产品设计到生产过程乃至废弃物回收再生利用的高级阶段。有差距才有动力，动力要有政府再支持，有关的专业各界齐心协力，共同创造花生产业发展的美好明天。

2. 问题商榷 花生产业要大发展，首先各级政府要进一步重视，提高对花生产业重要地位、资源优势和发展潜力的认识，高度重视花生产业的发展。在这方面，是否可以借鉴美国的经验。美国的花生产量只有我国的十分之一，但是却高度重视，在2002年的农业法中，对花生采取了同小麦和玉米等大宗产品同样的政策，例如，规定了花生的目标价格是每吨495美元，直接补贴为36美元/吨等。我国不一定采取美国那样的补贴政策，但是至少应在关注“三农”的总框架内把花生产业重视起来。

加强花生的科研工作。无公害花生的生产技术不同于传统农业，它引入了农业产业化理论、产业生态学理论和现代育种技术、土壤培肥技术、病虫害防治技术等高新技术。要利用现有的理论和高新生物技术进行理论创新和技术创新，只有应用现代育种技术、生物防治技术、生物肥料技术等，才能为无公害花生产业的发展提供强大的技术支持。在国家重要农业科研计划中，要对花生品种改良、收储加工等制约花生产业发展的关键技术攻关列入相应的研究规划，建立有关研究课题，提供相应的研究经费。鼓励有关企业（包括民营企业）加强花生技术研究。研究的重点领域包括优质专用品种开发、无公害栽培技术、产后储藏技术、深加工技术、食品卫生安全技术等。

加强农业技术推广工作。从工作层面来看，三品花生的标准化生产、质量安全认证根植于农业，无论是农业生态环境治理，投入品使用监控，标准化技术推行，还是农民组织化程度提高和产业化经营，均离不开农业部门的组织和推动新成果、新技术、新品种加快推广普及，实行任务、目标化管理，各地辖区内，对生产、加工者有计划进行专业培训、实地技术指导，下大气力提高第一线生产者的技术素质，从政策、资金上给予支持。按照“三位一体，整体推进”的工作部署，推动无公害农产品、绿色食品和有机食品协调发展。

促进产、学、研相结合。科研成果与生产、教学脱节，国内是屡见不鲜的事，科研人员取得的科研成果，必须及时为生产、教育和社会所用，通过物化体现成果的价值。成果不能及时推广应用是最大的浪费。学校用新知识、新成果育人，育成的人才，服务于社会，服务于加工业，促进产业发展。应建立有效机制进行鞭策，以利于早见成效，见大成效。

促进花生的优势区域发展。建议将花生生产纳入优势农产品区域布局规划，确立相应的优势区域和产业带。如山东省的胶东地区、辽宁的辽西一带等区域，是我国花生出口重点区域，应以出口对路（外商求购要求）的产品为重点，以及配套的生产新技术作为该区域的推广重点。通过合理的区域布局规划，更好地发挥农业资源的比较优势。

加强花生的产业化经营。通过建立花生生产者行业协会、自愿结合的产业组织、花生生产基地（包括三品基地）等方式，克服一家一户小规模生产的不足，以区域性专业化的发展，形成区域化规模经营，促进优质专用花生的区域性规模化种植。要按照产业化的有关优惠政策措施，大力扶持花生营销和加工方面的龙头企业，通过龙头企业的带动作用，促进花生生产的发展，切实达到农民增收，企业增效。

促进花生加工业的发展。无论是作为榨油，还是食品，都需要进行相当程度的深加工。加工业的发展情况如何，直接关系到花生产业的发展。因此，应当重视和支持花生加工业的发展，纳入有关的行业发展规划，给予相应的支持。通过花生加工业的发展，实现花生的增值，做大我国的花生产业，更好地满足国内和国际市场的需求。

无公害花生的发展要立足“三农”。我国发展无公害农产品、绿色食品和有机食品，既要依靠农业和农村经济发展的环境和条件，又要立足“三农”，围绕农业和农村经济的中心工作，做好如下四个结合：

一是与农业结构调整相结合，使农产品质量安全认证成为引导和促进农业结构调整的一项有效措施。要重点结合优势农产品区域产业带和“优粮工程”建设，抓好大型标准化基地建设，加快产品认证步伐，扩大总量规模。

二是与农业产业化发展相结合，使农产品质量安全认证成为龙头企业增强市场竞争力的一条重要途径。农业产业化龙头企业代表了我国农业企业的最高水平，无公害农产品、绿色食品和有机食品代表了我国安全优质农产品品牌形象。二者有机结合，融为一体，相互促进，共同发展，将带动我国农产品市场竞争力全面提升。

三是与农民增收相结合，使农产品质量安全认证成为农民收入的一个重要增长点。要通过宣传和普及农产品质量安全知识，培育开拓认证农产品消费市场，调动农户发展无公害农产品、绿色食品和有机食品的积极性，促进农民增收。

四是与农产品出口相结合，使农产品质量安全认证成为扩大农产品出口的一个有力手段。要密切跟踪国外农产品质量安全技术标准和认证制度，开展国际认证合作，突破贸易技术壁垒，发挥农产品质量安全认证在农产品出口中的重要作用。

三、无公害花生产品质量标准

（一）无公害食品花生质量标准

无公害食品花生质量标准，应符合中华人民共和国农业部颁发的《NY 5303—2005 无公害食品花生》中关于无公害食品花生的感官要求、理化指标和安全指标的要求。

1. 无公害食品花生感官要求 同一批花生果或花生仁应具有固有的色泽和气味，无霉变味及其他异味。

2. 无公害食品花生理化指标 应符合表1的规定。

3. 无公害食品花生安全指标 应符合表2的规定。

表1 无公害食品花生理化指标

项目	产品名称	
	花生仁	花生果
净仁率（%）	≥88.0	≥63.0
水分及挥发物（%）	≤8.0	≤10.0
杂质（%）	≤1.0	≤1.5

表2 无公害食品花生安全指标

项目	指标
砷（以As计），mg/kg	≤0.7
铅（以Pb计），mg/kg	≤0.4
镉（以Cd计），mg/kg	≤0.05
汞（以Hg计），mg/kg	≤0.02
杀螟硫磷（Fenitrothion），mg/kg	≤5
倍硫磷（fenthion），mg/kg	≤0.05

（续）

项　目	指　标
涕灭威（aldicard），mg/kg	≤0.05
克百威（carbofuran），mg/kg	≤0.5
黄曲霉毒素 B_1（aflatoxinB_1），μg/kg	≤5
黄曲霉毒素（aflatoxin），μg/kg	≤15

注 1：其他有毒、有害物质的指标应符合国家有关法律、法规、行政规章和强制性标准的规定。

注 2：安全指标限量均以花生仁计。

（二）绿色食品花生质量标准

制定绿色食品标准的依据：欧共体关于有机农业及其有关农产品和食品条例（第 2092/91）；IFOAM 有机农业和食品加工基本标准；联合国食品法典委员会（CAC）标准；我国相关法律法规；我国国家环境标准；我国食品质量标准；我国绿色食品生产技术研究成果。

图 4 是绿色食品标准体系结构框架示意图。

绿色食品产品标准是衡量绿色食品最终产品质量的指标尺度。它虽然跟普通食品的国家标准一样，规定了食品的外观品质、营养品质和卫生品质等内容，但其卫生品质要求高于国家现行标准，主要表现在对农药残留和重金属的检测项目种类多、指标严。而且，使用的主要原料必须是来自绿色食品产地的、按绿色食品生产技术操作规程生产出来的产品。绿色食品产品标准反映了绿色食品生产、管理和质量控制的先进水平，突出了绿色食品产品无污染、安全的卫生品质。

绿色食品花生（花生果、仁）的质量标准，应符合中华人民共和国农业部颁发的《NY/T 420—2000 绿色食品花生》中关于绿色食品花生的感官要求、理化要求和卫生要求。

1. 感官要求　同一批花生果或花生仁应具有固有的综合色泽和气味，果、仁形状匀整，洁净，无生芽，无虫蛀、无霉变味

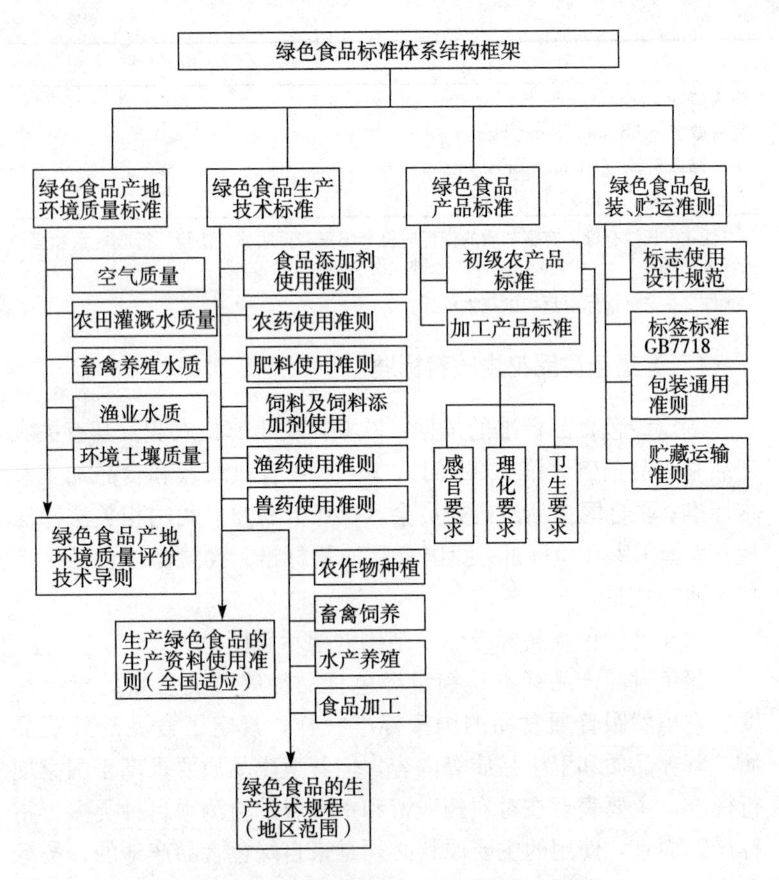

图 4　绿色食品标准体系结构框架示意图

及其他异味。

2. 理化要求　理化要求应符合表 3 规定。

3. 卫生要求　卫生要求应符合表 4 规定（均以花生仁计）。

表 3　绿色食品花生理化要求

项　　目	花生仁	花生果
净仁率，%≥	88.0	63.0
水分及挥发物，%≤	7.0	9.0

（续）

项　　目	花生仁	花生果
杂质,%≤	1.0	1.5
不完善粒,%≤	10	
粗蛋白质,%≥	25.0	以下指标均以仁计
含油量,%≥	48.0	

表 4　绿色食品花生的卫生标准

项　　目	花生仁
砷（以 As 计），mg/kg	≤0.5
铅（以 Pb 计），mg/kg	≤0.4
镉（以 Cd 计），mg/kg	≤0.1
汞（以 Hg 计），mg/kg	≤0.02
氟（以 F 计），mg/kg	≤1.0
铬（以 Cr 计），mg/kg	≤1.0
六六六，mg/kg	≤0.05
滴滴涕，mg/kg	≤0.05
敌敌畏，mg/kg	≤0.05
乐果，mg/kg	≤0.05
杀螟硫磷，mg/kg	≤0.2
马拉硫磷，mg/kg	≤2.0
倍硫磷，mg/kg	≤0.05
黄曲霉毒素 B_1，μg/kg	≤5

注：其他农药施用方式及限量应符合 NY/T 393 的规定。

绿色食品标准对绿色食品产业发展所起的作用表现在以下几个方面：

第一，绿色食品标准是进行绿色食品质量认证和质量体系认证的依据。

质量认证是指由可以充分信任的第三方证实，某一经鉴定的产品或服务符合特定标准或技术规范的活动。

质量体系认证指由可以充分信任的第三方证实，某一经鉴定产品的生产的企业，其生产技术和管理水平符合特定的标准的活动。由于绿色食品认证实行产前、产中、产后全过程质量控制，同时包含了质量认证和质量体系认证。因此，无论是绿色食品质量认证还是质量体系认证，都必须有适宜的标准依据，否则就不具备开展认证活动的基本条件。

第二，绿色食品标准是进行绿色食品生产活动的技术、行为规范。

绿色食品标准不仅是对绿色食品产品质量、产地环境质量、生产资料效应的指标规定，更重要的是对绿色食品生产者、管理者行为的规范，是评价、监督和纠正绿色食品生产者、管理者技术行为的尺度，具有规范绿色食品生产活动的功能。

第三，绿色食品标准是推广先进生产技术，提高绿色食品生产水平的指导性技术文件。

绿色食品标准不仅要求产品质量达到绿色食品产品标准，而且为产品达标提供了先进的生产方式和生产技术指标。

第四，绿色食品标准是维护绿色食品生产者和消费者利益的技术和法律依据。

绿色食品标准作为质量认证依据，对接受认证的生产企业来说，属强制执行标准，企业生产的绿色食品产品和采用的生产技术都必须符合绿色食品标准要求。当消费者对某企业生产的绿色食品提出异议或依法起诉时，绿色食品标准就成为裁决的合法技术依据。同时，国家工商行政管理部门也将依据绿色食品标准打击假冒绿色食品产品的行为，保护绿色食品生产者和消费者利益。

第五，绿色食品标准是提高我国食品质量，增强我国食品在国际市场竞争力，促进产品出口创汇的技术目标依据。

绿色食品标准是以我国国家标准为基础，参照国际标准和国外先进标准制定的，既符合我国国情，又具有国际先进水平。对我国大多数食品生产企业来说，要达到绿色食品标准，只要进行技术改造，改善经营管理水平，提高企业素质，许多企业是完全能够达到的，其生产的食品质量也符合国际市场要求。而且，目前国际市场对绿色食品的需求远远大于生产，这就为达到绿色食品标准的产品提供了广阔的市场。

（三）有机食品花生质量标准

有机产品花生的农药残留不能超出国家食品卫生标准相应产品限值的5%，重金属含量也不能超过国家食品卫生标准相应产品的限值。

四、无公害花生生产基地的标准

无公害食品花生、绿色食品花生和有机食品花生由种性先天的内在品质和生产环境、条件等外因所决定。土地是无公害花生生产基础。生产基地是无公害花生生产和认证的基本单元，选择并建立一个良好的生产基地是保证无公害花生质量的关键。

（一）基地建设的必要性及其原则

当前，我国农业实行的是联产到户承包责任制，土地国有，以每家每户为生产单位。无公害食品花生、绿色食品花生和有机食品花生的生产必须是具有一定规模，连片成方，以建设无公害基地为核心，其必要性体现在以下诸多方面。

1. 基地建设的必要性 一是无公害食品花生、绿色食品花生和有机食品花生的产地认定和产品认证机构的检查和认证，检查、认证的是生产基地的应用历史、基本情况、生产情况等，生产基地是认证的基本单元。

二是只有建立无公害花生基地才能做到全程质量控制，有利于统一技术指导、技术服务，实现基地中每一个地块的生产技术规范化、标准化，而切不会因平衡生产影响产品质量。

三是实现生产基地环境良化，只有在无公害基地进行统一生产和统一管理，才能实现对环境造成的污染和生态破坏最小，建立良好的生态平衡，即环境—作物—土壤—有害生物—天敌之间协调生存。

四是无公害花生生产基地面积具有规模化，在建设过程中所用的良种、生产资料、其他投入品等便于按要求统一选用和控制禁用物品流入。

五是在生产和流通过程中基地有利于建立质量控制和跟踪审查体系，拥有完整的生产和销售记录档案（生产操作记录，外来物质输入记录，生产资料使用和来源记录等），是质量控制的保障。

2. 基地建设的原则 无公害花生基地建设按照生态学和生态经济学的观点和基本原理，把人类社会和自然看成一个完整的生态系统，并使这个系统的各部分协调持续发展。因此，在基地建设中，应遵循以下原则：

（1）生物与环境的协调发展 生物与环境之间存在着复杂的物质交换和能量流动关系。环境影响生物，不同的环境孕育了不同的生物群体（包括有益的和有害的）；生物也影响环境，两者不断相互作用，协同进化。生物既是环境的占有者，也是环境的组成部分，既有独立的成分，两者又密切接触。生物不断地利用环境资源（生存物质），又不断地对环境进行补偿（分解动植物废弃物和残体，重新回到环境中），使生态系统保持一定的平衡，以保证生物的再生。有机农业遵循生物与环境协调发展的原理，从基地选择或开始建设时起，强调全面规划，整体协调，因地制宜，合理布局，优化产业结构。

（2）营养物质封闭式持续循环 无公害花生生产将人、土地、动植物和基地作为整体，建立生态系统内营养物质循环，在这个循环中，所有营养物质均依赖基地本身。这就要求全面规划基地土地面积、种植结构、饲养动物的数量，从而保证营养物质均衡供应和持续发展；充分发挥生态系统中各元素之间的关系，设计多级物质传递、转换链，多层次分级利用，使有机废物资源化，减少污染，肥沃土壤。

（3）生态系统的自我调节机制 自然生态系统本身具有很强的抗干扰和自我修复能力。优质基地生态系统需要在人为的干预下，使之具有农田生态系统的生产量，又具有自然生态系统的自我调节机制。合理安排作物的轮作，种植有利于天敌增殖的作物或诱集植物、害虫的驱避植物，协调天敌与害虫的比例，通过生态系统中食物链（食物网）的量化关系，形成生态组合最优，内部功能最协调的生态系统。

（4）生态效益和经济利益相统一　农业生产的目的是为了增加产出和增加经济收入，但是农业又受自然生态环境的制约，改善生态环境可以促进农业生产，特别是无公害基地的生产，是在一个平衡的生态系统中，物质的产出最多，投入最少，所以无公害花生生产基地是经济、生态和社会效益有机结合的核心。

3. 基地建设的要求

（1）设立缓冲带和栖息地　无公害食品、绿色食品、有机食品生产区域，有可能受到邻近常规生产区域的影响，则应在无公害基地和常规生产区域之间设置缓冲带或物理障碍物，以防止临近常规地块禁用物质的漂移，保证基地生产地块不受常规生产污染物的污染。

在基地生产区域周边设置天敌的栖息地，提供天敌活动、产卵和寄居的场所，提高生物多样性和自然控制能力。

（2）建立转换期　生产有机食品和AA级绿色食品需有转换期。转换期的开始时间从提交认证申请之日算起，一年生作物的转换期一般不少于24个月，多年生作物的转换期一般不少于36个月。新开荒、长期撂荒、长期按传统农业方式耕种或有充分证据证明多年未使用禁用物质的农田，也应经过至少12个月的转换期。转换期内必须完全按照有机农业的要求进行种植与管理。

（3）正确处理平行生产　在同一基地中，同时生产相同或难以区分的绿色食品、有机食品、有机转换产品或常规产品的情况，称之为平行生产。如果一个基地或农场存在平行生产，应明确平行生产的动植物品种，并制定和实施平行生产、收获、储藏和运输的计划，具有独立和完整的记录体系，能明确区分有机产品与常规产品或有机转换产品。基地或农场可以在整个农场范围内逐步推行无公害生产管理，或先对一部分地块实施无公害生产标准，制定生产计划，最终实现该单元的全部无公害生产。

（4）禁用转基因产品　即通过基因工程技术导入某种基因的植物、动物、微生物，禁止在有机生产体系或有机产品中引入或使用，包括植物、动物、种子、繁殖材料及肥料、土壤改良物质、植物保护产品等农业投入物质。存在平行生产的基地或农场，常规生产部分也不得引入或使用转基因生物。

（二）基地建设的意义

建立无公害花生生产基地，是净化环境确保产品优质的基础，是实现产业化优质原料生产的保障，有利于促进优质产品的开发向专业化、规模化、系列化发展，形成贸工农一体化，生产、加工、销售一条龙的经营格局，确保质量和信誉。产地管理基地化建设有利于以无公害产品加工的龙头企业带基地、基地连农户，最终实现分散的、千家万户的小生产通过产业化、基地和龙头企业，使无公害产品和高附加值的产品实现规模开发，以获取较高的经济效益、生态效益和社会效益。

（三）基地的生态与生产条件

无公害花生基地具有良好的生态与生产条件，是保证基地可持续发展的基础。基地良好的生态条件，一是基地周围的生态环境，包括植物的种类、分布、面积、生物群落的组成；建立与基地一体化的生态调控系统，增加天敌等自然因子对病虫害的控制和预防作用，减轻病虫害的危害和生产投入。二是基地内的生态环境，包括地势、镶嵌植被、水土流失情况和保持措施。若存在水土流失，在实施水土保持措施时，选择对天敌有利，对害虫有害的植物，这样既能保持水土，又能提高基地的生物多样性。

无公害基地建设的目标和任务是追求优质、高效和保护改善农业生态环境协调发展，达到生态、经济和社会效益的同步提高。要达到上述目标，只有在生物与环境关系协调的基础上才能实现。而构成和建立这种协调关系的主要途径就是研究生物怎样适应环境。根据自然界生物自身适应环境条件的特点，在继承传统农业精华技术的基础上，建立让植物、动物、微生物等生命体在生长发育繁殖过程中与周围环境相互密切配合，最大限度地形成农业生产需要的物质，并把这种通过实践积累起来的经验和知识推广到生产实践中去，产生更大的综合效益。

理想的生育条件是：花生群体植株全生育期日平均气温≥21℃，总活动积温≥3 200℃，≥15℃的有效积温 1 100℃。总日照时数 1 136～1 281 小时，日照平均 8.0～8.2 小时。土壤质地为粉沙壤土至砂质黏土为好，结实层疏松，耕作层松软，干时不散不板，湿时不黏不澥，通透性良好，肥水充足。

（四）无公害花生环境卫生标准

基地环境条件好坏直接影响到产品质量优劣。环境条件主要包括大气、水、土壤等环境因子。

农业生产离不开大气环境，如果大气环境受到污染，就会对花生生产带来影响和危害。受大气污染影响后，会使植株的细胞和组织器官受到伤害，生理功能和生长发育受阻，产量下降，产品品质变坏，甚至外观品质变劣，营养价值降低；若大气总悬浮微粒中含有过量的重金属，污染了植株，通过食物链引起以植物为食的各种动物产生疾病甚至死亡；如饲料牧草的氟化物含量过高，对人畜造成危害，导致土壤污染。

大气污染物种类繁多，对环境质量影响较大的有总悬浮微粒（TSP）、二氧化硫（SO_2）、氮氧化物（NOx）、氟化物、一氧化碳（CO）和光化学氧化剂（O_3）等。

土壤是绿色植物的基体。土壤受到污染，就会对花生的生长带来影响，影响其产量和品质，通过食物链，还会影响到养殖业和畜牧业，以及人类的身体健康。

土壤中的主要污染物质有重金属、农药、有机废物、放射性物质、寄生虫、病原虫及病毒、矿渣、粉煤灰等。

花生生产离不开水，水污染后使花生减产，品质降低，也可对土壤产生影响，间接影响花生生长。主要表现在以下几个方面：一是叶片或其他器官受害，导致生长发育障碍，产量降低；二是产品中有毒物质积累不能食用；三是农产品品质下降。

无公害花生产地环境质量必须符合环境卫生质量行业标准。基地应选择空气清新、水质纯净、土壤未受污染。应尽量避开繁华都市、工业区和交通要道。具有良好农业生态环境的地域。

对大气的要求：要求产地周围不得有大气污染源，特别是上风口没有污染源；生产生活用的燃煤锅炉需要除尘除硫装置，不得有有害气体排放。大气质量要求稳定，符合无公害花生生产的大气环境质量标准。

对水的要求：要求生产用水质量要有保证；产地应选择在地表水、地下水水质清洁无污染；水域、水域上游没有对该产地构成污染威胁的污染源；生产用水质量符合无公害、绿色食品和有机食品农田灌溉水水质环境质量标准。

对土壤的要求：要求产地土壤元素位于背景值正常区域，周围没有金属或非金属矿山，没有农药残留污染。具有较高的土壤肥力。土壤质量符合无公害花生生产土壤质量标准。

无公害食品花生、绿色食品花生和有机食品花生环境卫生标准有所差异，为统一行业标准，所有标准都会被修订，为此使用本操作规程时，应注意使用最新版本。现用标准分别如下。

1. 无公害食品花生环境卫生标准　无公害花生产地环境空气质量应符合表5的规定。

表5 环境空气质量要求

项 目	浓度限值	
	日平均	1h平均
总悬浮颗粒物（mg/m³）≤	0.30	/
二氧化硫（mg/m³）≤	0.15	0.50
二氧化氮（mg/m³）≤	0.08	0.12
氟化物（μg/dm²·d）≤	5.0	/

注：日平均指任何一日的平均浓度；1h平均指任何一小时的平均浓度。

无公害花生产地灌溉水质量应符合表6的规定。

表6 灌溉水质量要求

项 目	浓度限值
pH	5.5～8.5
总汞（mg/L） ≤	0.001
总镉（mg/L） ≤	0.005
总砷（mg/L） ≤	0.1
铬（六价）（mg/L） ≤	0.1
总铅（mg/L） ≤	0.1
氟化物（mg/L） ≤	2.0（高氟区）3.0（一般地区）
氯化物（mg/L） ≤	250
石油类（mg/L） ≤	10

无公害花生产地土壤环境质量应符合表7的规定。

表7 土壤环境质量要求

项 目	含量限值		
	pH＜6.5	pH 6.5～7.5	pH ＞7.5
总镉（mg/kg）≤	0.30	0.30	0.60
总汞（mg/kg）≤	0.30	0.50	1.0
总砷（mg/kg）≤	40	30	25
总铅（mg/kg）≤	250	300	350
总锌（mg/kg）≤	200	250	300
总铬（mg/kg）≤	150	200	250
总铜（mg/kg）≤	50	100	100
六六六（mg/kg）≤	0.5		
滴滴涕（mg/kg）≤	绿色食品土壤环境质量标准，0.5		

注：表内所列含量限值适用于阳离子交换量＞5cmol（＋）/kg的土壤，若≤5cmol（＋）/kg，其含量限值为表内数值的半数。

2. 绿色食品花生环境卫生标准 绿色食品产地空气中各项污染物含量不应超过表8所列的指标要求。

表8 空气中各项污染物的指标要求（标准状态）

项目	指标	
	日平均	1h平均
总悬浮颗粒物（TSP）mg/m^3 ≤	0.30	—
二氧化硫（SO_2）mg/m^3 ≤	0.15	0.15
氮氧化物（NOx）mg/m^3 ≤	0.10	0.15
氟化物（F） ≤	7（$\mu g/m^3$）	20（$\mu g/m^3$）
	1.8$\mu g/dm^2$（挂片法）	

（1）日平均指任何1日平均标准；（2）1h平均指任何一小时的平均指标；（3）连续采样3天，一日3次（晨、午、傍晚各1次）；（4）氟化物采样可用动力采样滤膜法或用石灰滤纸挂片法分别按各自规定的指标执行，石灰滤纸挂片法挂置7日。

绿色食品产地农田灌溉水中各项污染物含量不应超过表9所列的指标要求。

表9 农田灌溉水中各项污染物的要求

项目	指标	项目	指标	备注
pH	5.5～8.5	总铅（mg/L） ≤	0.1	粪大肠菌
总汞（mg/L）≤	0.001	六价铬（mg/L） ≤	0.1	群花生田
总镉（mg/L）≤	0.005	氟化物（mg/L） ≤	2.0	灌溉水可
总砷（mg/L）≤	0.05	粪大肠菌群（个/升）≤	10 000	以不检测

绿色食品土壤环境质量标准，当pH不同，土壤中部分污染物限值不同（表10）。pH愈大，土壤中镉、汞污染物的含量限值趋于大，pH愈小，砷含量趋于小。铅、铬、铜限量在一定的pH范围内不受影响。

表10　旱田土壤中各项污染物的含量限值

项目 \ pH	<6.5	6.5～7.5	>7.5
镉（mg/kg）≤	0.30	0.30	0.40
汞（mg/kg）≤	0.25	0.30	0.35
砷（mg/kg）≤	25	20	20
铅（mg/kg）≤	50	50	50
铬（mg/kg）≤	120	120	120
铜（mg/kg）≤	50	60	60

3. 有机食品花生环境卫生标准　有机食品基地的环境质量应符合以下要求：

（1）环境空气质量符合GB3095环境空气质量标准二级标准和GB9137保护农作物的大气污染物最高允许浓度（表11）。

表11　空气中各项污染浓度的限值

单位：mg/m^3（标准状态）

项　目	浓度限值		备　注
	日平均	1h平均	
总悬浮颗粒物（TSP）	0.30	—	（1）日平均指任何一日平均浓度；（2）1h浓度指任何1小时的平均浓度；（3）连续采样3天，一日3次（晨、午、傍晚各一次）；（4）氟化物采样可用动力采样滤膜法或用石灰滤纸挂片法（挂置7天）
二氧化硫（SO_2）	0.15	0.15	
氮氧化物（NO_X）	0.10	0.15	
氟化物（F）	7（$\mu g/m^3$） 1.8（$\mu g/dm^2 \cdot d$）（挂片法）	20（$\mu g/m^3$）	

（2）农田灌溉用水水质符合GB5084灌溉水环境质量标准中V类水标准（表12）。

（3）土壤环境质量符合GB15618土壤环境质量标准中的二级标准（表13）。

GB3095—1996　环境空气质量标准：有机食品生产基地应选择空气清新，水质纯净，土壤未受污染或污染程度较轻，具有良好农业生态环境的地域；生产基地应避开繁华的都市、工业区和交通要道的中心，在周围不得有污染源，特别是上游或上风口不得有有害物质或有害气体排放。

GB5084 农田灌溉水质量标准：农田灌溉水和加工用水必须达到国家规定的有关标准，在水源和水源周围不得有污染源或潜在的污染源（表 12）。

表 12　农田灌溉水中各项污染物的浓度限值

单位：mg/L

项目	浓度限值	项目	浓度限值	备注
pH	5.5～8.5	总铅	0.1	粪大肠菌群花生田灌溉水可以不检测
总汞	0.001	六价铬	0.1	
总镉	0.005	氟化物	2.0	
总砷	0.05	粪大肠菌群	10 000（个/L）	

GB15618—1995　土壤环境质量标准：土壤重金属的背景值位于正常值区域，周围没有金属或非金属矿山，没有严重的农药残留、化肥、重金属的污染，同时要求土壤具有较高的土壤肥力和保持土壤肥力的有机肥源（表 13）。

表 13　旱田土壤中各项污染物的含量限值

单位：mg/kg

项　目	pH		
	<6.5	6.5～7.5	>7.5
镉	0.30	0.30	0.40
汞	0.25	0.30	0.35
砷	25	20	20
铅	50	50	50
铬	120	120	120
铜	50	60	60

五、无公害花生肥料使用准则

（一）无公害农产品（包括花生）肥料使用准则

允许和禁用肥料如下：

（1）无公害农产品生产中选用的商品肥料，应达到国家有关产品质量标准，经农业部或省级肥料登记部门登记批准，满足无公害农产品对肥料的要求。

（2）无公害农产品生产中不允许使用城市垃圾、污泥、工业废渣和未经无害化处理的有机肥。

（3）无公害农产品生产过程中应按照平衡施肥技术，以有机肥为主，保持或增加土壤肥力和土壤生物活性。

（4）无公害农产品生产过程中，允许使用无害化化学肥料，禁用硝态氮肥。

无公害食品生产过程中，所用化肥中的重金属含量指标如下（中华人民共和国农业行业标准 2002－07－25 发布）。表 14 列出了肥料中主要重金属含量的限量指标。

表 14　无公害生产肥料中主要重金属含量的限量指标

项　目	指标（mg/kg）
砷（以 As 计）≤	20
镉（以 Cd 计）≤	200
铅（以 Pb 计）≤	100

（二）绿色食品肥料施用准则

为了确保绿色食品的质量，实施对生产绿色食品的肥料质量管理，特制订本标准。本标准为生产绿色食品的生产资料使用系列准则之一。本标准的附录与附录 B 是标准的附录。

本标准规定了 AA 级绿色食品（有机食品可参照此标准）和 A 级绿色食品生产中允许使用的肥料种类、组成及使用准则。

本标准适用于生产 AA 级绿色食品和 A 级绿色食品的农家肥料及商品有机肥料、腐殖酸类肥料、微生物肥料、半有机肥料（有机复合肥料、无机（矿质）肥料）和叶面肥料等商品肥料。本标准规定了 AA 级绿色食品和 A 级绿色食品生产中允许使用的肥料种类、组成及使用准则。所有标准都会被修订，使用本标准的各方应探讨使用下列标准最新版本的可能性。

1. 农家肥料 系指就地取材、就地使用的各种有机肥料。它由含有大量生物物质、动植物残体、排泄物、生物废物等积制而成的。包括堆肥、沤肥、厩肥、沼气肥、绿肥、作物秸秆肥、泥肥、饼肥等。

（1）*堆肥* 以各类秸秆、落叶、山青、湖草为主要原料并与人畜粪便和少量泥土混合堆制经好气微生物分解而成的一类有机肥料。

（2）*沤肥* 所用物料与堆肥基本相同，只是在灌水条件下，经微生物厌气发酵而成一类有机肥料。

（3）*厩肥* 以猪、牛、马、羊、鸡、鸭等畜禽的粪尿为主与秸秆等垫料堆积并经微生物作用而成的一类有机肥料。

（4）*沼气肥* 在密封的沼气池中，有机物在嫌气条件下经微生物发酵制取沼气后的副产物。主要有沼气水肥和沼气渣肥两部分组成。

（5）*绿肥* 以新鲜植物体就地翻压、异地施用或经沤、堆后的肥料。主要分为豆科绿肥和非豆科绿肥两大类。

（6）*作物秸秆肥* 以麦秸、稻草、玉米秸、豆秸油菜秸等直接还田的肥料。

（7）*泥肥* 以未经污染的河泥、塘泥、沟泥、港泥、湖泥等经嫌气微生物分解而成的肥料。

（8）饼肥　以各种含油分较多的种子经压榨去油后的残渣制成的肥料，如菜籽饼、棉籽饼、豆饼、芝麻饼、花生饼、蓖麻饼等。

2. 商品肥料　按国家法规规定，受国家肥料部门管理，以商品形式出售的肥料。包括商品有机肥、腐殖酸类肥、微生物肥、有机复合肥、无机（矿质）肥、叶面肥等。

（1）商品有机肥料　以大量动植物残体、排泄物及其他生物废物为原料；加工制成的商品肥料。

（2）腐殖酸类肥料　以含有腐殖酸类物质的泥炭（草炭）、褐煤、风化煤等经过加工制成含有植物营养成分的肥料。

（3）微生物肥料　以特定微生物菌种培养生产的含活的微生物制剂。根据微生物肥料对改善植物营养元素的不同，可分成五类：根瘤菌肥料、固氮菌肥料、磷细菌肥料、硅酸盐细菌肥料、复合微生物肥料。

（4）有机复合肥　经无害化处理后的畜禽粪便及其他生物废物加入适量的微量营养元素制成的肥料。

（5）无机（矿质）肥料　矿物经物理或化学工业方式制成，养分是无机盐形式的肥料。包括矿物钾肥和硫酸钾、矿物磷肥（磷矿粉）、煅烧磷酸盐（钙镁磷肥、脱氟磷肥）、石灰、石膏、硫磺等。

（6）叶面肥料　喷施于植物叶片并能被其吸收利用的肥料，叶面肥料中不得含有化学合成的生长调节剂。包括含微量元素的叶面肥和含植物生长辅助物质的叶面肥料等。

（7）有机无机肥（半有机肥）　有机肥料与无机肥料通过机械混合或化学反应而成的肥料。

（8）掺合肥　在有机肥、微生物肥、无机（矿质）肥、腐殖酸肥中按一定比例掺合化肥（硝态氮肥除外），并通过机械混合而成的肥料。

3. 其他肥料 系指不含有毒物质的食品、纺织工业的有机副产品，以及骨粉、骨胶废渣、氨基酸残渣、家禽家畜加工废料、糖厂废料等有机物料制成的肥料。

AA级绿色食品生产资料系指经专门机构认定，符合绿色食品生产要求，并正式推荐用于AA级绿色食品生产的生产资料。

A级绿色食品生产资料系指经专门机构认定，符合A级绿色食品生产要求，并正式推荐用于A级绿色食品生产的生产资料。

1）允许使用的肥料种类

（1）AA级绿色食品生产允许使用的肥料种类 以上所述农家肥料。除了上述的无机肥以外的其他肥。

（2）A级绿色食品生产允许使用的肥料种类 以上所述肥料种类。所述的掺合肥（有机氮与无机氮之比不超过1∶1）。

2）使用规则

肥料使用必须满足作物对营养元素的需要，使足够数量的有机物质返回土壤，以保持或增加土壤肥力及土壤生物活性。所有有机或无机（矿质）肥料，尤其是富含氮的肥料应对环境和作物（营养、味道、品质和植物抗性）不产生不良后果方可使用。

生产AA级绿色食品的肥料使用原则：

（1）必须选用有机肥、生物肥料等，禁止使用任何化学合成肥料。

（2）禁止使用城市垃圾和污泥、医院的粪便垃圾和含有害物质（如毒气、病原微生物、重金属等）的工业垃圾。

（3）各地可因地制宜采用秸秆还田、过腹还田、直接翻压还田、覆盖还田等形式。

（4）利用覆盖、翻压、堆沤等方式合理利用绿肥。绿肥应在盛花期翻压，翻埋深度为15厘米左右，盖土要严，翻后耙匀。翻压后15～20天才能进行播种或移苗。

（5）腐熟的沼气液、残渣及人畜粪尿可用作追肥。严禁施用未腐熟的人粪尿。

饼肥优先用于水果、蔬菜等，禁止施用未腐熟的饼肥。

(7) 叶面肥料质量应符合 GB/T17419，或 GB/T17420，或附录 B 中 B3 的技术要求。按使用说明稀释，在作物生长期内，喷施二次或三次。

(8) 微生物肥料可用于拌种，也可作基肥和追肥使用。使用时应严格按照使用说明书的要求操作。微生物肥料中有效活菌的数量应符合 NY227 中 4.1 及 4.2 技术指标。

(9) 选用无机（矿质）肥料中的煅烧磷酸盐、硫酸钾，质量应分别符合附录 B 中 B1 和 B2 的技术要求。

A 级绿色食品的肥料使用原则：

(10) 必须选用上述的肥料种类。允许按要求使用化学肥料（氮、磷、钾）。但禁止使用硝态氮肥。

(11) 化肥必须与有机肥配合施用，有机氮与无机氮之比不超过 1∶1，例如，施优质厩肥 1 000 千克，加尿素 10 千克（厩肥作基肥、尿素可作基肥和追肥用），最后一次追肥必须在收获前 30 天进行。

(12) 化肥也可与有机肥、复合微生物肥配合施用。最后一次追肥必须在收获前一定期限进行。

(13) 城市生活垃圾一定要经过无害化处理，质量达到 GB8172 中 1.1 的技术要求才能使用。每年每亩农田限制用量，黏性土壤不超过 3 000 千克，砂性土壤不超过 2 000 千克。

(14) 秸秆还田同上述有关条款，还允许用少量氮素化肥调节碳氮比。

(15) 其他使用原则，与上述的要求相同。

3) 其他规定

(1) 生产绿色食品的农家肥料无论采用何种原料（包括人畜禽粪尿、秸秆、杂草、泥炭等制作堆肥），必须高温发酵，以杀灭各种寄生虫卵和病原菌、杂草种子，使之达到无害化卫生标准

(详见表15～表19)。农家肥料，原则上就地生产就地使用。外来农家肥料应确认符合要求后才能使用。商品肥料及新型肥料必须通过国家有关部门的登记认证及生产许可、质量指标应达到国家有关标准的要求。

(2) 因施肥造成土壤污染。水源污染或影响作物生长、农产品达不到卫生标准时，要停止施用该肥料，并向专门管理机构报告。用其生产的食品不能继续使用绿色食品标志。

表15 高温堆肥卫生标准

编号	项　目	卫生标准及要求
1	堆肥温度	最高堆温达50～55℃，持续5～7天
2	蛔虫卵死亡率	95%～100%
3	粪大肠菌值	10-1-10-2
4	苍蝇	有效地控制苍蝇滋生，肥堆周围没有活的蛆，蛹或新羽化的成蝇

表16 沼气发酵肥卫生标准

编号	项　目	卫生标准及要求
1	密封贮存期	30天以上
2	高温沼气发酵温度	53±2℃持续2天
3	寄生虫卵沉降率	95%以上
4	血吸虫卵和钩虫卵	在使用粪液中不得检出活的血吸虫卵和钩虫卵
5	粪大肠菌值	普通沼气发酵10-4，高温沼气发酵10-1-10-2
6	蚊子、苍蝇	有效地控制蚊蝇滋生，粪液中孑孓，池的周围无活的蛆蛹或新羽化的成蝇
7	沼气池残渣	经无害化处理后方可用作农肥

表17 煅烧磷酸盐

营养成分	杂质控制指标
有效 P_2O_5≥12% (碱性柠檬酸铵提取)	每含1% P_2O_5 As≤0.004% Cd≤0.01% Pb≤0.002%

表 18　硫 酸 钾

营养成分	杂质控制指标
K_2O　50% （碱性柠檬酸铵提取）	每含 1% K_2O As≤0.004% Cl≤3% H_2SO_4≤0.5%

表 19　腐殖酸叶面肥料

营养成分	杂质控制指标
腐殖酸≥8.0%	Cd≤0.01%
微量元素≥6.0%	As≤0.002%
（Fe、Mn、Cu、Zn、Mo、B）	Pb≤0.002%

（3）土壤肥力要求。为了促进生产者增施有机肥，提高土壤肥力，生产 AA 级绿色食品时，转化后的耕地土壤肥力要达到土壤肥力分级 1～2 级指标（表 20）。生产 A 级绿色食品时，土壤肥力作为参考指标。

表 20　土壤肥力分级参考指标

项　目	级别	旱地	水田	菜地	园地	牧地
有机质 (g/kg)	Ⅰ	>15	>25	>30	>20	>20
	Ⅱ	10～15	20～25	20～30	15～20	15～20
	Ⅲ	<10	<20	<20	<15	<15
全氮 (g/kg)	Ⅰ	>1.0	>1.2	>1.2	>1.0	
	Ⅱ	0.8～1.0	1.0～1.2	1.0～1.2	0.8～1.0	
	Ⅲ	<0.8	<1.0	<1.0	<0.8	
有效磷	Ⅰ	>10	>15	>40	>10	>10
(mg/kg)	Ⅱ	5～10	5～10	20～40	5～10	5～10
	Ⅲ	<5	<5	<20	<5	<5
有效钾	Ⅰ	>120	>100	>150	≥100	
(mg/kg)	Ⅱ	80～120	80～100	100～150	50～100	
阳离子	Ⅲ	<10	<10	<10	<10	
交换量	Ⅰ	>20	>20	>20	>20	
(m mol/kg)	Ⅱ	15～20	15～20	15～20	15～20	
	Ⅲ	<15	<15	<15	<15	

（续）

项　目	级别	旱地	水田	菜地	园地	牧地
质地	Ⅰ Ⅱ Ⅲ	轻壤、中壤、砂壤、重壤沙土、黏土	中壤、重壤、砂壤、轻黏土沙土、黏土	轻壤、砂壤中壤、黏土	轻壤、砂壤、中壤、沙土、黏土	砂壤、中壤重壤、沙土、黏土

（4）监测方法。采样方法除本标准有特殊规定外，其他的采样方法和所有分析方法按本标准引用的相关国家标准执行。

空气环境质量的采样和分析方法根据 GB 3095 和 GB 9137 规定执行。农田灌溉水质的采样和分析方法根据 GB 5084 的规定执行。土壤环境质量的采样和分析方法根据 GB 15618 的规定执行。

绿色食品产地土壤肥力分级：土壤肥力分级参考指标见表 20。

土壤肥力评价：土壤肥力的各个指标，Ⅰ级为优良，Ⅱ级为尚可，Ⅲ级为较差，供评价者和生产者在评价和生产时参考。生产者应增施有机肥料，使土壤肥力逐年提高。

土壤肥力测定方法：参照 GB 7173，GB 7845，GB 7853，GB 7856，GB 7863 执行。

（三）有机食品花生肥料使用准则

有机作物（包括花生）种植允许使用的土壤培肥和改良物质

表 21（A. 1）　**有机作物种植允许使用的土壤培肥和改良物质**

物质类别	物质名称、组分和要求	使用条件
Ⅰ. 植物和动物来源		
有机农业体系以内		
	作物秸秆和绿肥	
	畜禽粪便及其堆肥（包括圈肥）	

（续）

物质类别	物质名称、组分和要求	使用条件
有机农业体系以外		
	秸秆	与动物粪便堆制并充分腐熟后
	畜禽粪便及其堆肥	满足堆肥的要求
	干的农家肥和脱水的家畜粪便	满足堆肥的要求
	海草或物理方法生产的海草产品	未经过化学加工处理
	来自未经化学处理木材的木料、树皮、锯屑、刨花、木灰、木炭及腐殖酸物质	地面覆盖或堆制后作为有机肥源
	未掺杂防腐剂的肉、骨头和皮毛制品	经过堆制或发酵处理后
	蘑菇培养废料和蚯蚓培养基质的堆肥	满足堆肥的要求
	不含合成添加剂的食品工业副产品	应经过堆制或发酵处理后
	草木灰	
	不含合成添加剂的泥炭	禁止用于土壤改良；只允许作为盆栽基质使用
	饼粕	不能使用经化学方法加工的
	鱼粉	未添加化学合成的物质
Ⅱ.矿物来源		
	磷矿石	应当是天然的，应当是物理方法获得的，P_2O_5 中镉含量≤90mg/kg
	钾矿粉	应当是物理方法获得的，不能通过化学方法浓缩。氯的含量少于60%
	硼酸岩	
	微量元素	天然物质或来自未经化学处理、未添加化学合成物质
	镁矿粉	天然物质或来自未经化学处理、未添加化学合成物质
	天然硫磺	
	石灰石、石膏和白垩	天然物质或来自未经化学处理、未添加化学合成物质
	黏土（如珍珠岩、蛭石等）	天然物质或来自未经化学处理、未添加化学合成物质
	氯化钙、氯化钠	
	窑灰	未经化学处理、未添加化学合成物质
	钙镁改良剂	
	泻盐类（含水硫酸岩）	

（续）

物质类别	物质名称、组分和要求	使用条件
Ⅲ. 微生物来源		
	可生物降解的微生物加工副产品，如酿酒和蒸馏酒行业的加工副产品	
	天然存在的微生物配制的制剂	

六、无公害花生农药使用准则

无公害花生生产过程中，有害生物的综合治理应贯彻“预防为主，综合防治”的植保方针，从农田生态系统的稳定性出发，综合应用“农业防治，生物防治，物理防治和化学防治”等综合措施，控制有害生物的发生和危害。

（一）无公害食品花生农药使用准则

无公害食品花生农药使用应符合 GB 4285、GB/T 8321（所有部分）的规定，严格控制使用化学农药和植物生长调节剂。表22～表25规定了无公害生产中允许使用和禁用农药的品种；按照生产中的常用农药品种及常用剂型、用量、安全间隔期用药。合理混用、轮换交替使用不同作用机制或具有负交互抗性的药剂，克服和推迟病虫害抗药性的产生和发展。

提倡生物防治和使用生物农药防治。

推广使用高效、低毒、低残留农药。

使用的农药应符合《中华人民共和国农药管理条例》的要求。

使用的农药应符合国家有关标准的要求，应有农药登记证、生产许可证或生产批准证。

农药使用应严格按照国家标准《农药安全使用标准》和《农药合理使用准则》。

每种有机合成农药在一种作物的生长期内避免重复使用。

无公害农产品生产常用农药品种见附录A。

禁止使用无“三证”农药和国家规定禁止使用的高毒、高残留或具有“三致”（致癌、致畸、致突变）作用的农药；禁止使用国家明令淘汰的农药。无公害农产品禁止使用农药种类见附录 B。

防止无公害花生产品生产区域以外的农田使用上述禁用农药产生的交叉污染。

生产无公害花生产品，为从源头解决农产品的农药残留问题，农业部在对高毒有机磷农药加强登记管理的基础上，各级农业部门正在加大对高毒农药的监督力度，国家（中华人民共和国农业行业标准，2002－07－25 发布）禁止使用的农药种类如表 22～25 所示。要全面加强教育工作，引导农药生产者、经营者和使用者生产、推广和使用安全、高效、经济的农药，促进农药品种结构调整步伐，促进无公害农产品健康发展。

表 22　无公害花生生产可用农药（杀虫剂）

农药名称	剂　型	常用药量(g/次·亩　或 ml/次·亩）或稀释倍数	施药方法	最后一次施药离收获的天数（安全间隔期）
氟虫脲 cascade	5%乳油	25～27ml	喷雾	30
敌百虫 trichlorfon	90%固体	100g	喷雾	7
敌敌畏 dichlorvos	80%乳油	100ml，1 000～2 000 倍	喷雾	6
辛硫磷 phoxim	50%乳油	0.1%～0.2%种子量	拌种	
		50ml，2 000 倍	喷雾	3
		100ml，1 500 倍	喷雾	7
喹硫磷 prothiophos	50%乳油	150ml	喷雾	14
托尔克 fenbutatinoxide	50%可湿性粉剂	20g	喷雾	7
甲氰菊酯* fenpropathrin	20%乳油	25ml	喷雾	3
溴氰菊酯* deltamethin	2.5%乳油	20ml	喷雾	2

（续）

农药名称	剂 型	常用药量（g/次·亩 或 ml/次·亩）或稀释倍数	施药方法	最后一次施药离收获的天数（安全间隔期）
氯氟氰菊酯* cyhalothrin	2.5%乳油	25ml	喷雾	7
毒死蜱 chlorpyrifos	40.7%乳油	50ml	喷雾	7
杀虫双 busultap	25%水剂	250g	喷雾	15
杀螟丹 cartap	59%可溶性粉剂	75g	喷雾	21
	98%原粉			
氰戊菊酯* fenvalerate	20%乳油	10～40ml	喷雾	7
氯氰菊酯* cypermethrin	25%乳油	20ml	喷雾	3
扑虱灵 buprofezin	25%可溶性粉剂	25g	喷雾	14
除虫脲 diflubenzuron	20%可溶性粉剂	10g	喷雾	21
	25%可溶性粉剂			
灭幼脲 chlorbenzuron	25%悬浮剂	35ml	喷雾	15
克螨特 propargite	73%乳油	3 000 倍	喷雾	30
尼索朗 hexythiazox	5%乳油	2 000 倍	喷雾	
抑太保 chlorfluazuron	5%乳油	1 000 倍	喷雾	7
抗蚜威 pirimicarb	50%散粒剂	10～18g	喷雾	10
杀虫单 molosultap	3.6%颗粒剂	3 000g	撒施	30
吡虫啉 imidacloprid	10%可湿性粉剂	50g	喷雾	14

（续）

农药名称	剂　型	常用药量(g/次·亩　或 ml/次·亩）或稀释倍数	施药方法	最后一次施药离收获的天数（安全间隔期）
三唑磷 triazophos	20%乳油	100ml，1 000 倍	喷雾	14
氯唑磷 isazofos	3%颗粒剂	1 000g	拌土撒施	14
啶虫脒 acetamiprid	3%乳油	40ml	喷雾	15

表 23　无公害花生生产可用农药（杀菌剂及植物生长调节剂）

农药名称	剂　型	常用药量(g/次·亩）或 ml/次·亩）或稀释倍数	施药方法	最后一次施药离收获的天数（安全间隔期）
百菌清 chlorothalonil	75%可湿性粉剂	145g	喷雾	7
甲基硫菌灵 thiophanate-methyl	50%悬浮剂 70%可湿性粉剂	100ml 100g	喷雾	30
多菌灵 carbendazim	50%可湿性粉剂	50g	喷雾	30
	25%可湿性粉剂	70～100g	喷雾	20
三环唑 tricyclazole	75%可湿性粉剂	20g	喷雾	21
粉锈宁（三唑酮）triadimefon	25%可湿性粉剂	35g	喷雾	20
氢氧化铜 copperhydroxide	77%可湿性粉剂	134～200g	喷雾	10
福美双 thiram	50%可湿性粉剂	800 倍	喷雾	7
代森铵 amobam	45%水剂	1 200 倍	喷雾	15
代森锰锌 mancozeb	70%可湿性粉剂	175g	喷雾	10

（续）

农药名称	剂　型	常用药量(g/次·亩　或 ml/次·亩）或稀释倍数	施药方法	最后一次施药离收获的天数（安全间隔期）
杀毒矾 oxadixyl	64%可湿性粉剂	1 000 倍	喷雾	3
瑞霉毒（甲霜灵） metalaxyl	58%可湿性粉剂	70g	喷雾	1
	25%可湿性粉剂	1 000 倍	喷雾	1
噻菌灵 thiabendazole	45%悬浮剂	30g	喷雾	3
井岗霉素 validamycin	5%水剂（水溶性粉剂）	100～150ml	喷雾	14
多效唑 paclobutrazol	15%可湿性粉剂	70g（均对水 100kg）	喷雾	1 叶 1 蕊期；花生始花后 25～30 天
赤霉素 gibberellicacid	85%结晶粉 4%乳油	喷雾	喷雾	14～15 叶期 绿果期

表 24　无公害花生生产可用农药（除草剂）

农药名称	剂　型	常用药量(g/次·亩）或 ml/次·亩）或稀释倍数	施药方法	最后一次施药离收获的天数（安全间隔期）
丁草胺 butachlor	60%乳油	85	喷雾	2～3 天
	5%颗粒剂	1 000	毒土	4～5 天
快杀稗 facet	50%可湿性粉剂	26～55g	喷雾	5～20 天
精稳杀得 fulazifop-p butyl	15%乳油	50ml	喷雾	作物苗期杂草 3～5 叶期施一次
异丙甲草胺（都尔） mctotachlor	72%乳油	100ml	土壤处理	播前或播后苗前土壤喷雾
草甘膦 glyphosate	12%水剂	30g	喷雾	杂草转入旺盛生长期用药

（续）

农药名称	剂　型	常用药量(g/次·亩　或 ml/次·亩）或稀释倍数	施药方法	最后一次施药离收获的天数（安全间隔期）
甲草胺 alachor	48%乳油	150ml	土壤喷雾	播种后芽前喷施
稀禾定 sethoxydim	12.5% 机油乳油	65ml	喷雾	杂草 3～5 叶期施药
威霸 fenoxaprop	6.9%浓乳剂	40～60ml	喷雾	杂草 2～6 叶期
乙草胺 acetochlor	50%乳油	200ml	喷雾	播后苗前

表 25　无公害生产禁止使用的农药种类

农药种类	名　称	禁用原因
无机砷	砷酸钙、砷酸铅	高毒
有机砷	甲基胂酸锌（稻脚青）、甲基胂酸铁铵（田安）、福美甲胂、福美胂	高残留
有机锡	三苯基氯化锡、毒菌锡、氯化锡	高残留
有机汞	氯化乙基汞（西力生）、醋酸苯汞（赛力散）	剧毒、高残留
有机杂环类	敌枯双	致畸
氟制剂	氟化钙、氟化钠、氟乙酸钠、氟乙酰胺、氟铝酸钠	剧毒、高毒、易药害
有机氯	DDT、六六六、林丹、艾氏剂、狄氏剂、五氯酚钠、氯丹	高残留
卤代烷类	二溴乙烷、二溴氯丙烷	致癌、致畸
有机磷	甲拌磷、乙拌磷、治螟磷、蝇毒磷、磷胺、内吸磷	高毒
氨基甲酸酯	涕灭威	高毒
二甲基甲脒类	杀虫脒	致癌
拟除虫菊酯类	所有拟除虫菊酯（醚菊酯除外）	对鱼毒性大
取代苯类	五氯硝基苯、五氯苯甲醇（稻温醇）、苯菌灵（苯莱特）	有致癌报道或二次毒性
二苯醚类	除草醚、草枯醚	慢性毒性
磺酰脲类	甲磺隆、氯磺隆	对后作有影响

（二）绿色食品花生农药使用准则

为了确保绿色食品农产品（包括花生）的质量，合理使用和管理生产绿色食品的农药，国家特制定本标准。本标准是生产绿色食品的生产资料使用系列准则之一。本标准的附录A是标准的附录。本标准规定了AA级绿色食品（有机食品参照本标准）及A级绿色食品生产中允许使用的农药种类、毒性分级和使用准则。AA级绿色食品生产资料指经专门机构认定，符合绿色食品生产要求，并正式推荐用于AA级绿色食品生产的生产资料。A级绿色食品生产资料指经专门机构认定，符合A级绿色食品生产要求，并正式推荐用于A级绿色食品生产的生产资料。本标准适用于在我国取得登记的生物源农药（*biogenic pesticides*）、矿物源农药（*pesticides of fossil origin*）和有机合成农药（*synthetic organic pesticides*）。

生物源农药指直接利用生物活体或生物代谢过程中产生的具有生物活性的物质或从生物体提取的物质作为防治病虫草害的农药。

矿物源农药有效成分起源于矿物的无机化合物和石油类农药。

有机合成农药由人工研制合成，并由有机化学工业生产的商品化的一类农药，包括中等毒和低毒类杀虫杀螨剂，杀菌剂，除草剂，可在A级绿色食品生产上限量使用。

1. 农药种类

1）生物源农药

（1）农用抗生素

防治真菌病害：灭瘟素，春雷霉素，多抗霉素（多氧霉素），井岗霉素，农抗120，中生菌素等。

防治螨类：浏阳霉素，华光霉素。

(2) 活体微生物农药

真菌剂：蜡蚧轮枝菌等。

细菌剂：苏云金杆菌，蜡质芽孢杆菌等。

拮抗菌剂。

昆虫病原线虫。

微孢子。

病毒：核多角体病毒。

2）动物源农药

昆虫信息素（或昆虫外激素）：如性信息素。

活体制剂：寄生性、捕食性的天敌动物。

3）植物源农药

杀虫剂：除虫菊素、鱼藤酮、烟碱、植物油乳剂等。

杀菌剂：大蒜素。

拒避剂：印楝素、苦楝、川楝素。

增效剂：芝麻素。

4）矿物源农药

(1) 无机杀螨杀菌剂

硫制剂：硫悬浮剂，可湿性硫，石硫合剂等。

铜制剂：硫酸铜，王铜，氢氧化铜，波尔多液等。

(2) 矿物油乳剂

5）有机合成农药

2. 使用准则

绿色食品生产应从作物一病虫草等整个生态系统出发，综合运用各种防治措施，创造不利于病虫草害滋生和有利于各类天敌繁衍的环境条件，保持农业生态系统的平衡和生物多样化，减少各类病虫草害所造成的损失。

优先采用农业措施，通过选用抗病抗虫品种，非化学药剂种子处理，培育壮苗，加强栽培管理，中耕除草，秋季深翻晒土，清洁田园，轮作倒茬、间作套种等一系列措施起到防治病虫草害的作用。

还应尽量利用灯光、色彩诱杀害虫，机械捕捉害虫，机械和人工除草等措施，防治病虫草害。特殊情况下必须使用农药时，应遵守以下准则：

1）AA级绿色食品的农药使用准则

（1）允许使用AA级绿色食品生产资料农药类产品。

（2）在AA级绿色食品生产资料农药类不能满足植保工作需要的情况下，允许使用以下农药及方法：

中等毒性以下植物源杀虫剂、杀菌剂、拒避剂和增效剂。如除虫菊素、鱼藤根、烟草水、大蒜素、苦楝、川楝、印楝、芝麻素等。

释放寄生性捕食性天敌动物，昆虫、捕食螨、蜘蛛及昆虫病原线虫等。

在害虫捕捉器中使用昆虫信息素及植物源引诱剂。

防治螨类：浏阳霉素，华光霉素

使用矿物油和植物油制剂。

使用矿物源农药中的硫制剂、铜制剂。

经专门机构核准，允许有限度地使用活体微生物农药，如真菌制剂、细菌制剂、病毒制剂、放线菌、拮抗菌剂、昆虫病原线虫、原虫等。

经专门机构核准，允许有限度地使用农用抗生素，如春雷霉素、多抗霉素（多氧霉素）、井岗霉素、农抗120、中生菌素浏阳霉素等。

禁止使用有机合成的化学杀虫剂、杀螨剂、杀菌剂、杀线虫剂、除草剂和植物生长调节剂。

禁止使用生物源、矿物源农药中混配有机合成农药的各种制剂。

严禁使用基因工程品种（产品）及制剂。

2）A级绿色食品的农药使用准则

（1）允许使用AA级和A级绿色食品生产资料农药类产品。

(2) 在AA级和A级绿色食品生产资料农药类产品不能满足植保工作需要的情况下，允许使用以下农药及方法：

中等毒性以下植物源农药、动物源农药和微生物源农药。

在矿物源农药中允许使用硫制剂、铜制剂。

有限度地使用部分有机合成农药，应按GB4285、GB8321.1、GB8321.2、GB8321.3、GB8321.4、GB8321.5、GB8321.6的要求执行。

此外，还需严格执行以下规定：

应选用上述标准中列出的低毒农药和中等毒性农药。

严禁使用剧毒、高毒、高残留或具有三致毒性（致癌、致畸、致突变）的农药（参见附录A)。

每种有机合成农药（含A级绿色食品生产资料农药类的有机合成产品）在一种作物的生长期内只允许使用一次。

严格按照GB4285、GB8321.1、GB8321.2、GB8321.3、GB8321.4、GB8321.5、GB8321.6的要求控制施药量与安全间隔期。

有机合成农药在农产品中的最终残留应符合GB4285、GB8321.1、GB8321.2、GB8321.3、GB8321.4、GB8321.5、GB8321.6的最高残留限量（MRL）要求。

严禁使用高毒高残留农药防治贮藏期病虫害。

严禁使用基因工程品种（产品）及制剂。

表26　附录A（标准的附录）

种　类	农药名称	禁用作物	禁用原因
有机氯杀虫剂	滴滴涕、六六六、林丹、甲氧、高残毒DDT、硫丹	所有作物	高残毒
有机氯杀螨剂	三氯杀螨醇	蔬菜、果树、茶叶	工业品中含有一定数量的滴滴涕
氨基甲酸酯杀虫剂	涕灭威、克百威、灭多威、丁硫克百威、丙硫克百威	所有作物	高毒、剧毒或代谢物高毒

（续）

种　　类	农药名称	禁用作物	禁用原因
二甲基甲脒类杀虫螨剂	杀虫脒	所有作物	慢性毒性致癌
拟除虫菊酯类杀虫剂	所有拟除虫菊酯类杀虫剂	水稻及其他水生作物	对水生生物毒性大
卤代烷类熏蒸杀虫剂	二溴乙烷、环氧乙烷、二溴氯丙烷、溴甲烷	所有作物	致癌、致畸、高毒
阿维菌素		蔬菜、果树	高毒
克螨特		蔬菜、果树	慢性毒性
有机砷杀菌剂	甲基胂酸锌（稻脚青）、甲基胂酸钙胂（稻宁）、甲基胂酸铵（田安）、福美甲胂、福美胂	所有作物	高残毒
有机锡杀菌剂	三苯基醋锡（薯瘟锡）、三苯基氯化锡、三苯基羟基羟基锡（毒菌锡）	所有作物	高残留、慢性毒性
有机汞杀菌剂	氯化乙基汞（西力生）、醋酸苯汞（赛力散）	所有作物	剧毒、高残毒
有机磷杀菌剂	稻瘟净、异稻瘟净	水稻	异臭
取代苯类杀菌剂	五氯硝基苯、稻瘟醇（五氯苯甲醇）	所有作物	致癌、高残留
2，4-D类化合物	除草剂或植物生长调节剂	所有作物	杂质致癌
二苯醚类除草剂	除草醚、草枯醚	所有作物	
植物生长调节剂	有机合成的植物生长调节剂	蔬菜生长期（可土壤处理与芽前处理）	
除草剂	各类除草剂	蔬菜生长期（可用土壤处理与芽前处理）	
有机磷杀虫剂	甲拌磷、乙拌磷、久效磷、对硫磷、甲基对硫磷、甲胺磷、甲基异柳磷、治暝磷、氧化乐果、磷胺、地虫硫磷、灭克磷（益收宝）、水胺硫磷、氯唑磷、硫线磷、杀扑磷、特丁硫磷、克线丹、苯线磷、甲基硫环磷	所有作物	剧毒高毒

（三）有机作物（包括花生）种植允许使用的植物保护产品和措施

有机食品花生允许使用的植物保护产品，可以参照AA级绿色食品花生允许使用品种，具体参照表B.1。

表27（B.1）　**有机作物种植允许使用的植物保护产品物质和措施**

物质名称、组分要求	使用条件
Ⅰ.植物和动物来源	
印楝树提取物（Neem）及其制剂	
天然除虫菊（除虫菊科植物提取液）	
苦楝碱（苦木科植物提取液）	
鱼藤酮类（毛鱼藤）	
苦参及其制剂	
植物油及其乳剂	
植物制剂	
植物来源的驱避剂（如薄荷、熏衣草）	
天然诱集和杀线虫剂（如万寿菊、孔雀草）	
天然酸（如食醋、木醋和竹醋等）	
蘑菇的提取物	
牛奶及其奶制品	
蜂蜡	
蜂胶	
明胶	
卵磷脂	
Ⅱ.矿物来源	
铜盐（如硫酸铜、氢氧化铜、氯氧化铜、辛酸铜等）	不得对土壤造成污染
石灰硫磺（多硫化钙）	
波尔多液	
石灰	
硫磺	
高锰酸钾	
碳酸氢钾	
碳酸氢钠	
轻矿物油（石蜡油）	

（续）

物质名称、组分要求	使用条件
氯化钙	
硅藻土	
黏土（如斑脱土、珍珠岩、蛭石、沸石等）	
硅酸盐（硅酸钠，石英）	
Ⅲ. 微生物来源	
真菌及真菌制剂如白僵菌、轮枝菌	
细菌及细菌制剂（如苏云金杆菌，即 Bt）	
释放寄生、捕食、绝育型的害虫天敌	
病毒及病毒制剂（如颗粒体病毒等）	
Ⅳ. 其他	
氢氧化钙	
二氧化碳	
乙醇	
海盐和盐水	
苏打	
软皂（钾肥皂）	
二氧化硫	
V. 诱捕器、屏障、驱避剂	
物理措施（如色彩诱器、机械诱捕器等）	
覆盖物（网）	
昆虫性外激素	仅用于诱捕器和散发皿内
四聚乙醛制剂	驱避高等动物

七、无公害花生种植制度及其原则要求

良好的种植制度，不仅有利于花生及其他农作物高产优质，而且对培肥地力、改善生态环境也是必不可缺少的，良好的种植制度离不开轮作换茬、间作套种、多种作物复种，以及条件允许情况下实行土地休闲（我国人多地少一般地区不适用）等不同形式的种植制度。

无论哪一种种植制度，无公害基地或农场所种的任何作物，从始至终每一生产环节都必须按无公害农产品、绿色食品、有机食品的要求操作。

（一）轮作换茬

1. 轮作换茬的意义 有利于高产。花生与其他作物轮作，可以充分利用花生与其他作物植物学特征不同，生物学特性不同，播种时间与栽培方法不同，调节土壤养分有利于土壤培肥（表28）。改善土壤的物理性状增加土壤中的有益微生物，从而达到花生和其他作物持续增产的目的。据山东省花生研究所盆栽试验，连作2年、3年、4年花生荚果产量较轮作分别减产14.20%、14.29%、23.32%。江苏省涟水县农业局试验，花生与水稻轮作，花生每公顷单产达到3 030.75千克，较连作花生增产48.37%。如山东省平度市催召镇芦坊村，在实行小麦—玉米—花生两年三作制后，38.7公顷花生连续五年平均单产达到1 876.5千克，较连作花生增产257.9%，55.0公顷粮田的小麦、玉米合计单产连续五年达到3 928.5千克，较小麦、玉米轮作增产54.5%。

表28 花生水稻轮作对土壤速效养分的影响

（吴淑珍，1988）

处理	作物施肥量（kg/hm^2）			后茬土壤速效养分（mg/kg）		
	N	P_2O_5	K_2O	N	P_2O_5	K_2O
基础养分				103.50	19.75	51.50
花生—水稻	86.1	54.45	92.82	146.30	83.90	202.50
水稻—水稻	155.25	65.70	74.25	148.80	45.00	87.50

明显减轻病害。花生喜生茬地，重茬花生病虫危害加重，无论是北方花生产区还是南方产区，重茬年限越长，影响越大（表29）。重茬还易造成营养元素缺乏，植株生长发育缓慢，不发棵，产量低，品质差。实行有计划地轮作换茬，既可改变土壤的理化性能，提高肥力，又可减少病虫的积累，减轻病虫危害，有条件实行水旱轮作效果更好（表30），在减轻花生病害的同时，水稻三化螟、斜纹夜蛾、蛴螬、金针虫等地下害虫明显减轻危害。实践证明，轮作是无公害花生优质高产生产的基本措施之一。丘陵地可采用花生与甘薯、谷类等轮作，中等肥力以上的平原地花生与小麦、玉米、棉花等多种作物轮作。

表29 轮作换茬对花生主要病害的影响效果

（徐秀娟等，2000）

试验单位名称	品种名称	换茬作物	轮作年限	主要叶斑病		菌核病	
				病情指数	比连作减轻（%）	病株率（%）	比连作轻（%）
广东省农科院	湛油30号	水稻	0（连作）	68.2	—	42.3	—
	湛油30号	水稻	1	59.3	13.05	29.8	29.55
	湛油30号	水稻	2	42.8	37.24	12.1	59.40
山东省花生所	8 130	—	0（连作）	66.2	—	65.37	—
	8 130	小麦 玉米	1	53.9	18.58	34.83	46.72

表 30 水旱轮作对花生青枯病的影响效果

（徐秀娟等，2000）

病情比较 处理	第一年		第二年		第三年		第四年	
	病株率%	防病效果%	病株率%	防病效果%	病株率%	防病效果%	病株率%	防病效果%
花生连作（CK）	83.44	—	68.51	—	92.54	—	94.5	—
一年水稻一年花生	—	—	25.60	62.65	38.64	58.25	66.90	29.21
二年水稻一年花生	—	—	—	—	6.30	93.09	35.40	62.54
三年水稻一年花生	—	—	—	—	—	—	1.50	98.41

花生根结线虫病也是花生上主要病害之一，轮作换茬可以明显减轻其病害的危害。据山东省花生研究所试验，花生、小麦、玉米或甘薯实行 2～3 年轮作，花生根结线虫病的感病指数由连作的 63%～100%，降至 23.7%～70.0%，花生单产由每公顷 375～1 065.0 千克，增加到 1 125.0～2 572.5 千克，虫口密度（以 600 克土壤中的线虫条数计）轮作二年的为 23 条，轮作三年的为 15 条，轮作四年的为 7 条，轮作五年的为 4 条。

2. 轮作的原则依据

（1）*茬口特性* 茬口是花生轮作的基本依据。茬口特性是指作物栽培某种作物后的土壤生产性能，是作物生物学特性及其栽培措施对土壤共同作用的结果。合理轮作是运用作物—土壤—作物之间的相互关系，根据不同作物的茬口特性，组成适宜的轮作方式，做到作物间彼此取长补短，以利每作增产，持续稳产高产。花生是豆科作物，与禾本科作物、十字花科作物效果较好，不宜与豆科作物轮作。

（2）*轮作作物组成与主次* 安排轮作首先要考虑各种轮作作物对当地生态的适应性，要适应其自然条件以及轮作地段的地形、土壤、水利和肥水等条件，并能充分利用当地的光、热、水等资源。一般应把当地主栽作物放在最好的茬口上，花生主产区应将花生安排在最好的茬口上。并要考虑感病作物和抗病作物，养地作物和耗地作物搭配合理，前作要为后作创作良好的生态环境。通常在酸性土壤和新开垦的土地，一般先安排花生，由于花生自身有固氮能力，故有花生是“先锋作物”之称和喜生茬地之说。

(3) 轮作周期的长短　花生是连作障碍较明显的作物，轮作时间较短，连作障碍问题得不到解决，花生产量和质量得不到提高。所以花生主产区应尽量创造条件，延长花生的轮作周期，轮作周期最好在三年以上。

3. 不同花生产区的轮作方式

(1) 北方花生产区的主要三种轮作方式

春花生—冬小麦—夏玉米（或夏甘薯等其他夏播作物）

黄河流域、山东丘陵、华北平原等温带花生产区的主要轮作方式。

冬小麦—花生—春玉米（或春甘薯、春高粱等）

黄淮平原等气温较高无霜期较长的地区多采用此种轮作方式。

冬小麦—夏花生—冬小麦—夏玉米（或夏甘薯等其他夏播作物）

该方式已成为气温较高、无霜期较长的地区的主要轮作方式。

长江流域春夏花生交作区的主要五种轮作轮作方式：

冬小麦—春花生—冬小麦—夏玉米（或夏甘薯）

油菜（豌豆或大麦）—花生—冬小麦—夏甘薯（或夏玉米）

冬小麦—夏甘薯—冬季绿肥—春花生

冬小麦—春花生—冬小麦—杂豆—甘薯

湖北、四川、江苏、安徽等省的旱作田多采用上述四种轮作方式。

冬小麦—花生—冬闲—早、中稻—秋耕炕田（休闲）

江西红壤丘陵地区多采用此种水旱轮作方式。

(2) 南方春秋两熟花生产区的几种主要轮作方式

春花生—晚稻—冬甘薯（小麦）

春花生—中稻—晚秋甘薯

早稻—秋花生—（或大麦或蔬菜）

甘薯（早稻）—晚造秧田—秋花生—冬甘薯（或小麦）

在广东、广西、福建、台湾等省（区）土质好，水源足，生产水平较高的产区多采用以上四种轮作方式。

春花生—晚稻—冬甘薯（或小麦、油菜、绿肥）—翌年早稻（或黄麻）—晚稻—豌豆（蚕豆或冬闲）

早稻—秋花生—冬黄豆（蔬菜、麦类、冬甘薯或冬闲）—翌年早稻—晚稻—冬甘薯（麦类或冬闲）

春花生—中稻—晚甘薯（或冬烟、冬大豆）—翌春黄麻（或早稻）—晚稻—冬甘薯（或蔬菜）

（二）花生的间作套种

间作是在同一块地上同时或间隔不长时间，按一定的行比种植花生和其他作物，以充分利用地力、光能和空间，获得多产品或增加单位面积总产量和总收益的种植方法。

套种是在前作的生长后期，与前作的行间套种花生，以充分利用生长季节，提高复种指数，达到其他作物与花生双丰收的目的。

1. 间作套种的依据　一是充分利用自然的光热资源。花生与其他作物间作，增加了全田植株的密度，叶面积系数也随之增加。与其他作物间作形成了符合群体，彼此间的外部形态不同，植株有高有矮，根系有深有钱，对光、水等的需求也不相同。充分利用空间、提高光能利用率，根据考察，一年一作花生或小麦，其光能利用率一般为 0.4%～0.5%，而小麦套种花生，其光能利用率可达0.8%～0.9%。

二是充分利用土地资源。合理间作，可以使原来一年一熟的纯作花生变为一年两熟，提高了复种指数，扩大了种植面积，提高了土地利用率。如地处胶东半岛东部的文登市，1976—1978年大面积实行套种以前，全市7.4万公顷耕地，年均种植小麦7.4万亩，每公顷单产只有2 334.0千克。花生年均种植面积2.07万公顷，单产只有2 040.0千克。1983—1985年大面积实行小麦套种花生，在耕地面积减少666.7公顷的情况下，小麦、花生年种植面积较1976—1978年分别增加28.64%和50.1%，单产分别增加31.8%和46.7%。

三是改善了作物的生长条件。合理间作可以改变田间小气候。据山东省花生研究所测定，玉米间作花生，玉米行间距地面50厘米高处的光强度比单作玉米高出42.7%，25厘米高处的光照强度比单作玉米高出2.7%。50厘米高处CO_2浓度为228毫克/升，而间作玉米田为247.8毫克/升。

合理间作可以调节土壤温湿度、提高土壤养分。花生与高秆作物间作，增加了单位面积密度，提高了地面覆盖度，从而直接散热和水分蒸发，土壤温度和湿度有一定程度提高，以利土壤养分转化与分解以及微生物的活动，也有利于根系对土壤养分的吸收和利用。据贵州省农科院测定，花生玉米间作，低温较单作玉米高0.2～1.0℃，0～15厘米土壤含水量较单作玉米高1.55%。据山东省花生研究所测定，玉米间作花生，比单作玉米土壤中的氮素含量提高3.5%、磷素含量提高23%。

肥水被充分利用，可以达到一水两用，一肥两用，养分互补，一膜两用的优点。山东省招远县农业局试验测定，大垄麦套种覆膜栽培花生，地膜对小麦影响效果也很好。4月和5月份地温分别提高1.48℃和0.96℃。地膜的反光效果同时改善了麦行内光照条件，起到了明显高产作用。

2. 间作套种的方式及其对产量的影响 花生间作套种的方式多达十余种，主要有粮—油间作、油—果间作、油—菜间作、瓜—油间作等。较好的有如下几种方式。

小麦套种花生：小麦套种花生是解决粮油争春、粮油争地的有效措施。适于无霜期较短，全年总热量一年一熟制有余，一年两熟制不足的产区。播种规格多种多样，主要有小沟麦套种花生，其规格为：小垄麦垄距45～50厘米，垄高7～10厘米，垄宽14～16.5厘米，沟内播种两行小麦，麦收前15～25天在垄顶套种1行花生。大沟麦套种花生规格为：垄距80厘米，沟宽26～33厘米，垄高7～10厘米，垄宽50厘米左右，沟内播种2～3行小麦，麦收前20～25天在垄顶套种2行花生。普通畦田麦套花生的规格：小麦按23～27厘米行距，等行距播种，麦收前15～20天在每行小麦的行间套种花生。

果林地间作花生：利用新种植较小的果树地，茶叶、幼林桑树的间隙间作花生，花生不仅增产增收，而且可以减少土地裸露、冲刷，提高土壤保水保肥抗旱能力，促进果林丰收。播种规格根据间隙的大小，小的可以间种1行花生，大的间隙可以间种2行乃至多行。据湖南省长沙县试验，未间作荒芜五年的油茶园，每公顷仅产油茶果577.5千克，不结实率为41.4%，而与花生间作的油茶园，每公顷产油茶果2 257.5千克，不结实率仅13.5%，产量增加了3倍，增效显著。

另外，还有花生间作谷子、花生间作高粱、花生间作甘薯、花生间作西瓜、花生间作甘蔗等间作方式。

对间作套种的花生品种选用，应选择耐阴性强，较早熟、株型紧凑，抗倒伏的品种为好。

八、土壤改良与耕翻

（一）我国花生产区主要土壤类型

我国花生产区主要有丘陵砂砾土、平原砂土、南方红黄壤、南方稻田土和砂姜黑土五大类型。其中南方稻田土、砂姜黑土为近年来花生新产区土壤。现将其分布和特点分述如下。

1. 丘陵砂砾土　丘陵砂砾土为我国北方丘陵花生产区的主要土壤类型，分布在山东半岛、辽东半岛以及湖北、河南等省的部分丘陵山地。

丘陵砂砾土是由花岗岩、片麻岩、砂页岩和板岩等母岩经风化剥蚀和多年耕作而形成的一种粗质土壤。成土母质是各种岩石风化的残积物与坡积物，其特点是：土层较浅，一般在 15～30 厘米，下层即为各种母岩的半风化物（酥岩）；土质粗松，全土层含有大量粗砂砾，表土层质地为砾质粗砂土至砾质黏壤土；呈微酸性或中性反应，有机质和氮素缺乏，磷钾含量较高，一般有机质含量 4～7 克/千克，全氮 0.3～0.6 克/千克，全磷 0.5～1.0 克/千克，全钾 5～9 克。千克。由于其保水蓄肥力弱，不耐干旱，种植花生比其他作物收益高，因而大都栽培花生，但这类土壤因受地势、母岩和耕作的影响，其肥力高低相差很大，所以花生产量和品质也有很大差异。

由花岗岩发育而成的土壤为粗砾砂土或粗砂壤土（山东、辽宁等省农民称马牙砂土或蚂眼砂土），这种土壤表层含有大量较均匀的石英、长石砂粒，耕作层以下即为半风化母岩，深耕冻垡很易松碎；未经改良的土壤耕层浅，土质粗，不抗旱，花生产量不高。但由于土壤通透性好，富含磷钾养分，所产花生壳薄，籽粒饱满，品质好。山东省胶东花生产区的文登、荣成等县（市）多是这种土壤。

由片麻岩发育而成的土壤为麻骨砂土。这种土壤表土层除含有少量较大的石英砾石外，大部分是较细的砂砾，土质为粗砂壤土或砂壤土；成土母质中含有较多的黑云母和角闪石，极易风化，质地较松软，易耕锄，自然肥力和保水蓄肥性能均较马牙砂土高，经过熟化耕作即成为油砂土，种植花生产量高，品质好。湖北、河南丘陵梯田的花生多种在这种土壤上。

由红色（尚有其他颜色）砂页岩或板岩发育的土壤为壤质或黏质土。这种土壤表土层含有大量红色或其他颜色的砂砾和磷状石片，矿物质养分少，自然肥力低；母岩岩层多呈水平状，表土质地较细，土层浅；水分不易下渗，易饱和，雨季常有土壤渍水，形成涝害，若不深翻和增施有机肥料，则花生产量低、品质差。此外，在较低的丘陵梯田土壤，有许多土层夹杂粗砂砾，为黄棕色的黏质砂壤土（俗称夹砂黄土）。这种土壤蓄水保肥力较强，肥力较高，但透气性和耕性差，易造成花生徒长晚熟，荚果不饱满，出仁率低，品质较差，并且由于土壤湿时黏，干时硬，使得中耕和收获都较费工。山东省的即墨、诸城、莱阳等县（市）的丘陵地多属这类土壤。

2. 平原砂土 平原砂土主要集中分布在我国东部的黄淮海平原，以及长江、珠江、辽河中下游的开阔河谷与平原区，沿海砂滩以及各省丘陵山区的沿河冲积地带，是我国花生产区的主要土壤类型之一。主要特点：土壤母质为江河泛滥的冲积物及风积物，砂层深厚程度不一，浅的 1 米左右，深的达 10 米以上。海滩风积砂的底层常有壤质或黏质的覆盖层；江河泛滥冲积砂，由于多次泛滥沉积，砂壤黏沉积物的区域分布及垂直剖面中的质地层理分异明显，中下层常出现胶泥层，因而形成深浅不等的砂黏相间的土层。这类土壤颜色较浅，显示沉积物基质色调，表土一般为黄白色或棕灰色的细砂质或粉砂质土；土壤发生层次不明显，而质地层次非常明显，但厚薄不一；多呈微碱性或石灰性反应，pH 7.0～8.0；自然肥力低，一般有机质含量5～14克/千克，全氮含量0.4～1.0克/千克，全磷含量0.5～0.7克/千克，全钾含量19～23克/千克；土壤质地疏松，通透性好，中耕及农事活动容易，但蓄水保肥力弱，不抗干旱，风蚀严重。这类土壤大体可分为粗砂土、细砂土、两合土和淤砂土等几种。

3. 南方红壤、黄壤土 各种红色和黄色的酸性土壤，由于它们在土壤发生发展和生产利用上有共同之处，统归为红壤系列或富铝化土纲（按1978年“中国土壤暂行分类草案”），包括砖红壤、赤红壤、红壤和黄壤等土类。据全国第二次土壤普查统计，该类土壤在我国境内共有1.02亿公顷以上。其中，红壤5 690.16万公顷，赤红壤1 778.72万公顷，砖红壤393.01万公顷，黄壤2 324.73万公顷。此类土壤分布在我省鲁中部分地区。红、黄土壤性状的共性是：土壤中矿物质经强烈的化学分解，盐基淋失；在盐基淋失过程中，导致二氧化硅也从矿物晶格中部分被析出并遭受淋失；相应的铁、铝氧化物明显富集，pH一般为4.5～5.5。红壤与黄壤的性质基本相同，其差别是：黄壤地势较高，一般见于中山地貌（海拔700～1 200米），较红壤湿润多雨，相对湿度较高，年均温度较同纬度红壤为低，土壤呈黄色或棕黄色，富含水化氧化铁（针铁矿），由于植被茂密，有机质含量可高达50～100克/千克，水分含量和肥力均较高，因而利用情况较好；红壤所处地势低，主要分布于低山丘陵区，气候湿润，具有脱硅富铝化特征，有次生三氧化铁聚集，土层呈红色或棕红色，表土层有机质含量平均为37.6克/千克，植被稀疏、水土流失严重的甚至低于10克/千克，土壤肥力差。

红壤中矿质养分的含量受成土母质的影响。据第二次全国土壤普查统计，全磷含量0.5～0.85克/千克，平均为0.66克/千克。红壤中矿质磷素有 2/3 以上为氧化铁所包被的闭蓄态磷酸铁盐，一般难为作物所利用，所以施用磷肥的增产效果极为显著。

红壤中的钾含量，砖红壤全钾含量为 1.3～27.1 克/千克，其中由花岗岩、砂质岩等母质发育的砖红壤钾含量较丰富，全钾含量为 3.8～27.1 克/千克，由浅海沉积物发育的砖红壤钾素缺乏，全钾含量为 1.3～2.7 克/千克；赤红壤自然状态下全钾含量为 3.1～24.2 克/千克，耕作条件下为 14.9～29.4 克/千克；红壤全钾含量为 15.0～20.0 克/千克，平均为 17.1 克/千克。

红壤中有效微量元素，表层土壤有效硼平均含量 0.26 毫克/千克，锌为 0.65 毫克/千克，钼为 0.23 毫克/千克，锰为 19.61 毫克/千克，铜为 0.44 毫克/千克，铁为 27.3 毫克/千克。由此可见，红壤中钼、锰、铜、铁的有效含量均超过临界值，而硼、锌的有效含量都在缺乏范围之内。因而，在种植花生时应注意对硼肥的施用。

4. 南方稻田土 南方稻田土主要分布于秦岭—淮河一线以南，青藏高原以东的广大平原、丘陵和山区，包括四川、江西、湖南、江苏、上海、福建、云南和贵州等省市，共占全国水稻土面积的 92%左右，其中以长江中下游平原、四川盆地和珠江三角洲最为集中。主要特点：由于长期表层淹水，又经不断排干，土壤中氧化、还原交替进行，土层中可见局部铁锰氧化淀积与还原铁现象并存，形成特有的氧化还原性状。也由于水下耕翻搅动，土粒分散，位移与淀积还受到耕作机具挤压，在耕层下形成较紧实的犁底层等新的发生层段。南方稻田土可发育自多类土壤或直接发生于不同成土母质，情况十分复杂。这就决定了南方稻田土母质、地域和肥力状况的多样性和复杂性。主要的有潴育水稻土、淹育水稻土、渗育水稻土、潜育水稻土几种。

5. 砂姜黑土 砂姜黑土为近年来种植花生的新产区土壤之一，主要分布于黄淮海平原南部，就行政区域而言，主要分布在安徽和河南两省的淮北平原、山东省的胶莱平原和沂沭河平原、江苏省的徐淮平原、河南省的南阳盆地。主要特点：砂姜黑土分布在地形平坦低洼，地下水排泄不畅，其埋深通常在1～2米之间，雨季可上升到1米以内或接近地表。其成土母质主要是浅湖沼相沉积物，沉积物中有的含有较多游离碳酸钙。砂姜黑土土体深厚，上部50～80厘米土体以暗灰黄、橄榄棕色为主，土层中含有砂姜，耕作层以下的土体呈棱块、棱柱状结构，中、小垂直裂隙发育。黏粒矿物组成以蒙脱石为主，其次为水云母，还有少量高岭石，蒙脱石，具有强烈的膨胀性和收缩性，故砂姜黑土遇水膨胀，遇旱收缩。养分状况的主要特点是有机质含量不足，严重缺磷少氮，但钾素较丰富，砂姜黑土的全磷和速效磷含量均低，磷素以无机磷为主，占全磷量的75%～90%以上，有机磷一般只占全磷量的10%～25%。砂姜黑土有效锰、铁的含量较高，有效铜含量适中，而有效锌、硼、钼的含量过低。自80年代以来，随着化学磷肥的连年施用，复种指数和产量的提高，有些田块的速效磷含量明显提高，而速效钾的含量却有一定程度的下降。

（二）中低产田的土壤改良

无公害花生生产中，花生中低产田是以花生产量水平和土壤肥力高低而确定的。据全国第二次土壤普查统计，中低产耕地占78.5%，要改变我国花生生产面貌，必须把中低产田改造作为一项重要战略措施，改造中低产田应以消除或减弱土壤障碍因素，提高地力等级。土壤肥力状况是决定花生能否高产优质的前提条件。花生是深根作物，在土层深厚的土壤上，主根可以深扎2米以上，而其侧根主要分布在30厘米左右的表土层内，如果土壤的熟化程度低、土层浅，不利于主根深扎和侧根伸展，进而会影响对养分、水分的吸收利用，对花生生产有着很大的影响。我国花生多种在丘陵砂砾土、沿海和江河沿岸风积或冲积砂土和酸性红壤、黄壤土上，近年来在南方稻田土、砂姜黑土区种植面积迅速增加。这些土壤一般都存在土层浅薄、质地过粗或过黏、结构性差、自然肥力低等缺点，种植花生虽然能够较其他作物获得较好收成，但难以获得高产、稳产、优质产品。影响花生生长发育的土壤条件主要有土层厚度与熟化程度、质地、结构性、酸碱度、有机质和土壤养分含量等。

1. 不同土壤条件对花生生育的影响　质地和结构性良好的土壤能够同时满足花生对水分和空气的要求，有利于养分状况调节和花生根系的伸展。

砂质土壤总的来说通气透水性良好，易耕作，但蓄水保肥力较差。土温变化较快，花生生育后期易出现脱肥现象，根系活力降低，影响花生正常的生理代谢活动；质地黏重的土壤总的特点是，养分含量比较丰富，保水力和保肥力较强（表 31），但通气透水性差，排水不良，耕作比较困难，植株发育不良，根系结瘤少。花生荚果发育缓慢，荚果秕小，果皮颜色不美观，影响产品价值。

表 31　土壤质地与养分含量的关系

［引自《土壤学》（上册），农业出版社，1983］

养　分	质　地　组		
	砂　土	壤　土	黏　土
有机质（g/kg）	1.0～2.0	3～6	6～10
全氮（g/kg）	0.1～0.3	0.2～0.5	0.5～0.8
全磷（g/kg）	0.7～1.1	1.1～1.5	0.8～2.0
全钾（g/kg）	15～18	18～23	23～29
速效钾（mg/kg）	50～150	100～200	200～500
阳离子吸附量（毫克当量/100g 土）	3～8	5～15	15～30

我国花生田土壤的酸碱度，大多数在 pH4.5～8.5 的范围内，在地理分布上有“南酸北碱”的规律性，更确切讲是“东南酸西北碱”。土壤酸碱度是土壤在形成过程中受生物、气候、地质、水文等因素的综合作用所产生的重要属性。在耕地土壤中，它还受施肥、耕作、灌溉、排水等一系列因素的影响而发生相应

的变化。

由北向南，pH 逐渐减小。大致以长江为界（北纬 33°），长江以南的土壤多为酸性或强酸性，例如华南、西南地区广泛分布的红壤、黄壤，pH 大多在 4.5～5.5 之间；华中、华东地区的红壤，pH 在 5.5～6.5 之间。长江以北的土壤多为中性或碱性，例如华北、西北的土壤大多含碳酸钙，pH 一般在 7.5～8.5 之间，少数碱土的 pH 大于 8.5，属强碱性。通常按土壤酸碱性的强弱，划分为以下等级（表 32）。

表 32　土壤 pH 和酸碱性反应的分级

［引自《土壤学》（上册），农业出版社，1983］

土壤 pH	<4.5	4.5～5.5	5.5～6.5	6.5～7.5	7.5～8.5	>8.5
反应级别	极强酸性	强酸性	微酸性	中性	微碱性	强碱性

无公害花生生产，适宜中性偏酸的土壤，pH 以 6.0～6.5 为好，花生根瘤菌适宜的 pH 为 5.8～6.2，普通型花生对酸碱度的耐受极限为 pH5.0，在南方酸性土壤，如江西、浙江部分产区，花生不能够良好结实，产量低。通过增施有机肥和施用石灰等钙肥，可以使酸性土壤的 pH 提高，满足花生的生育要求。

土壤中有机质的含量虽少，但在土壤肥力上的作用很大。有机质的含量在不同土壤中差异很大，高的可达 20%以上（如泥炭土），低的不足 0.5%（如一些平原砂质土壤）。有机质是土壤的重要组成部分，包括土壤中各种动、植物残体，微生物体及其分解和合成的有机物质，可粗略地分为非腐殖物质和腐殖物质两大类。其不仅含有多种营养元素，而且还是土壤微生物生命活动的能源。有机质直接影响土壤结构，对土壤水、气、热等各种肥力因素起着重要的调节作用。

一般来说，有机质含量高、土壤养分含量高的土壤，能够满足花生生育过程中营养物质的供应，包括氮、磷、钾、钙、镁、硫（以上称大量元素）以及铁、锰、硼、锌、钼（以上称微量元素）等，促进根瘤的形成、生长，保证正常生根发棵和开花结果。反之，植株生长不良。此外，花生不耐盐碱，在盐碱地上即使能发芽，也易死苗，植株矮小，长势弱，产量质量差。

2. 适宜花生生育的土壤条件与土体结构 花生适宜的土壤条件：土层深厚、土质松暄肥沃、质地层次性排列比较合理、中性偏酸、排水和肥力特性良好的壤土或砂壤土。这样的土壤，既有较好的通透性，又有蓄水保肥能力，能满足花生在各个生育时期对水、温、光、气和营养物质的需要。根据科学试验研究结果和生产实践，适宜花生生育的土壤须具有以下主要特性：

土层深厚：全土层 50 厘米以上，耕作层 30 厘米左右，10 厘米左右的结果层土质疏松、通透性好。最好三年以上没有种过花生的地块。

土壤物理性好：泥沙比例为 6∶4，容重 1.5 克/厘米，总孔隙度 40%以上，毛管孔隙度上层小下层大，非毛管孔隙上层大下层小。

土壤肥力高：耕层有机质含量 10 克以上，全氮含量 0.5 毫克/千克以上，速效磷 25 毫克/千克以上，速效钾 30 毫克/千克以上。

土壤酸碱性：土壤 pH 为 6～7 的微酸性土壤。

由于花生适应性强，在中低产情况下对土壤的选择不太严格，通过采用新技术、新方法及配套的改良利用措施，同样能够获得高产优质。

花生良好土体结构特征：耕作层厚度一般为 30 厘米，系干时不散、湿时不黏、耕性良好的砂质壤土。此层还可细分为表土层与亚表土层。上部表土层为结果层，一般厚度为 10 厘米，土壤以浅色松软的砂质壤土或粗砂质壤土最好。该层土壤的结构和性状是：砂粒占 50%～60%，粉粒和黏粒占 40%～50%；毛管孔隙与非毛管孔隙比例为 3.5∶1～4∶1；土壤容重为 1.17～1.38；固、液、气三相比为 3∶3∶1～4∶4∶1。亚表土层是根系的主要分布区，厚度一般为20厘米，土壤为棕色轻壤土，该层土壤的结构和性状是：砂粒占40%～50%，粉粒和黏粒占50%～60%；毛管孔隙与非毛管孔隙之比为4∶1～5∶1，毛管孔隙中保存着足够的水分，非毛管孔隙中保存着足够的空气；固、液、气三相比为5∶4∶1～6∶5∶1；土壤容重1.3～1.5，较表土层大；总孔隙较表土层小，具有稳水、稳肥、稳温和适宜通气的良好性状。耕层的适宜通气性是影响花生高产稳产较为突出的一个因素，土壤中氨化作用在嫌气和通气条件下均能进行，但硝化作用只有在良好的通气条件下才能很好地进行。

心土层位于耕作层以下，厚度一般20～30厘米，固、液、气三相比为9∶6∶1～10∶5∶1；毛管孔隙与非毛管孔隙比例为5∶1～6∶1；这种状况有利于保蓄由耕作层下渗的水分和养分，供花生生长发育需要。

底土层是心土层以下的土层，各地因土壤类型不同，厚度相差较大。此层所处部位较深，受大气影响很小，同时也较紧实，物质转化缓慢，可供利用的营养物质较少，但受降雨、灌溉、排水的水流影响仍然很大。

总之，适于花生生长的良好土壤，其耕作层疏松，水、肥、气、热协调；心土层较为深厚，比上层紧实，能起到保水保肥作用。这种土体有利于花生出苗、根系发育和开花结果，获得高产优质产品。

3. 主要几类中低产田的改良技术

（1）丘陵砂砾土的改良措施　丘陵砂砾土存在的突出问题是土层薄、石砾多、坡度较大，水土侵蚀相当严重，土壤养分含量和肥力水平低，是丘陵砂砾土存在的主要问题。改良措施主要有以下几种：

整修梯田：山区丘陵地坡度大，水土流失严重，花生产量不高不稳，因此整修梯田，保持水土，是提高丘陵坡地花生产量的关键措施。

梯田是在坡地上沿着等高线修成的台阶式田块，梯田分为水平梯田和坡式梯田两种。丘陵坡地修筑梯田后，其基本消除了产生强烈径流的地形条件，就地拦蓄水分，使“三跑”的坡地变成“三保”的梯田。据陕西省绥德水土保持试验站1954—1964年在韭园沟的观测，坡耕地修成梯田后，一般情况下雨水可以就地拦蓄，土壤也不会被冲走；在较大暴雨情况下，水平梯田可拦蓄径流92.4%，可控制泥沙87.6%～95.0%，基本上可以达到水不出田，泥不下坡；地力不断提高。梯田一般规划在25°以下的丘陵、坡耕地上。应该根据地形、坡度、土质等具体情况，以方便耕作、节省用工、保证田坎安全为原则，采取大弯就势，小弯取直的办法，尽量形成集中连片的梯田。修筑梯田，宽度应根据地形和坡度而定，坡度较缓的地块应适当加宽，以便于机械作业和田间管理；坡度较陡的地块应适当窄些，以免搬动土石方过多。整修梯田宜在冬前进行，以便土壤经过冬季冻垡，得到充分的熟化和沉实，促进土壤养分分解，积蓄雨雪，为花生一播全苗创造条件。

注意为了保证修建梯田的质量与当年增产，必须做到整地时保留表土，不乱土层，增施肥料，注意保墒并在早春灌水沉实土壤，当年一般比整地前的施肥量增加一倍，而且最好以有机肥为主。

砂地压黏、黏地压砂：山岭薄地的土壤一般质地较粗，表层含砂砾较多，可在冬前或早春每公顷压黏土450～750千克，压砂或压黏后，砂、黏混合深度一般以15厘米左右为宜。结合进行深耕，使耕作层土、砂混合，既加厚了土层，又改良了土性，提高了蓄水保肥能力。红色或紫红色浆板土和丘陵梯田的黄堰土，土性黏重，通气透水性差，雨后易涝烂果，干时土壤板结坚硬，田间管理和花生收获都较费工，改良方法可结合冬耕或早春耕，每公顷压施河淤砂或含磷风化物或粉煤灰450～750千克，能使土壤的耕作层疏松，土壤容重降低，减轻降雨后地面板结，增加土壤蓄水保肥能力，有利果针入土和荚果充实饱满，减轻烂果并改善花生外观质量，提高花生产量和商品性。

大力发展经济林果：发展经济林果提高经济效益，在坡度较缓、土层较厚的丘陵花生地块，可适当发展经济林果的种植，如苹果、山楂、茶树等，这样可以增加地表覆盖度，减少水土流失，改善生态环境；又可以提高经济效益，增加农民收入，进而改善人民生活和提高对土地的投入能力；还可以达到更合理、充分地开发利用丘陵坡地资源，避免生态环境进一步恶化。增施有机肥，改良土壤结构、提高土壤肥力。无公害食品花生和A级绿色食品花生可以结合适量施用化肥。

(2) 江河冲积土的改良措施　江河冲积土存在的突出问题是由江河泛滥的冲积物及风积物为土壤母质发育的江河冲积土，尽管其土层深厚、质地疏松、通透性好，但存在质地粗松、易受风蚀、漏水漏肥、土壤养分含量较低、土层结构复杂的突出问题，严重影响花生产量。改良的原则是突出于防风固沙，立足于改良质地、改变结构，着重于培肥土壤。主要改良措施：

防风固沙：山东、河北、河南等省的花生地，很多是冲积形成或海滩风积形成的粗砂地，花生产量低。各地针对粗砂土的性质，采用防风固沙的综合措施来改良土壤，收到了良好的效果。防风固沙主要包括种草固沙、营造防风固沙林带和农田防护林带等。营造防风固沙林带和农田防护林带是综合防治措施中的重要环节，也是最基本的组成部分。无论是滨海地区或半干旱的平原区，凡是经常遭受海风袭击的风口地带，首先必须营造防风固沙林带，应根据“因地制宜，因害设防”的原则，以片林和块状林错综分布构成。农田防护林网在防风，降低风速，削弱风力的基础上，改变了温度、湿度，调节了田间小气候，避免了干旱、风沙、霜冻的危害，为花生生长创造了良好环境，促进了高产稳产。此外，在劳力充足地区，结合种草固沙，收效明显。

利用水利工程治沙：水利工程治沙是修建引水渠道、拦河堤坝或塘坝、水库等水利工程，凭借水力冲蚀沙丘或引洪淤灌、引水灌溉，以改善风沙土不良的质地、水分状况。同时，土壤养分亦有显著差异。土壤全量养分大大增加，速效养分也相应提高。据河南省引黄淤灌测定，淤灌前砂土的有机质含量为 3.70 克/千克，代换量为 5.92 毫摩尔（+）/千克，而淤灌后有机质含量为 9.00 克/千克，代换量为 17.6 毫摩尔（+）/千克；淤灌前全氮含量为 0.4 克/千克，全磷含量为 0.92 克/千克，淤灌后全氮量为 0.93 克/千克，全磷量为 1.03 克/千克。

翻淤压砂：飞沙土、响砂土、粗砂土的质地粗松，其下层较深处，常有早年淤积的壤土层或黏土层。通过翻淤压砂，使砂土与黏土掺混，就可以改变原来怕风蚀、怕干旱的不良性状，提高蓄水保肥能力，满足花生生长发育对肥水的要求，从而提高花生产量。翻淤压砂应尽早进行，以保证容纳更多的雨雪和使土壤沉实。翻后要立即平整，使砂黏混合均匀，经过冬季的风化，早春顶凌耙地，同时结合增施有机肥，以利保墒和促进土壤熟化。对于山区丘陵河流两岸冲积平原上的淤砂地，因形成的条件复杂，在一块地里虽然表层土壤较好而且比较均匀，但在中、下层往往有带状的砾石、砂层错纵相间，漏水漏肥，极不抗旱，这种地块群众俗称为“旱龙道”。对这种土壤一般是采取抽砂换土、深翻整平的办法加以改良，使土壤结构得到改善，蓄水保肥能力提高，当年花生即可获得增产。

以肥培土：江河冲积土中，有相当一部分土壤养分含量较低，土壤贫瘠。因此，增施各种有机肥和科学合理地施用化肥（有机食品花生和 AA 级绿色食品花生田除外），不仅能改善土壤的营养状况，而且也改善土壤的物理性状。由于大量的有机肥料施入土壤后，一方面进行着矿质化过程，释放出各种营养元素，供花生生长发育需要，另一方面又可被土壤微生物转化形成土壤腐殖质。改善土壤理化性质提高保水保肥能力、熟化和培肥土壤。

(3) 红壤、黄壤土的改良措施　红壤、黄壤是在湿热的气候条件下形成的一个独立的土壤带，从农业利用的角度来说，因为在其形成和发育过程中所具备的一系列基本性质，不能适应农作物包括花生的正常生长发育需要，所以它是我国主要低产土壤类型之一。其不良性状主要表现为土壤酸性强，有机质极少，胶体品质差，氮、磷等主要营养元素缺乏，结构不良，土质黏重板结，宜耕、宜肥、宜种性能差等。改良措施如下：

修筑梯田：红壤丘陵山区地形起伏不平，加上降水量大，且全年分布不均匀，春、夏季多雨，秋、冬季少雨，极易遭受水土冲蚀，因此修筑梯田是改良红壤、保持水土的一项根本措施。据江西省红壤研究所在红壤丘陵缓坡地测定，在一次降雨60～80毫米情况下，水平梯田基本保蓄了水分，未发生地表径流；等高不水平的梯田可保蓄雨水的70%左右，而坡耕地仅保蓄40%～50%，径流量大，且有不同程度的片蚀或沟蚀。修筑梯田的具体方法是：在梯田的三面筑地堰，堰上种多年生牧草以防止冲刷；在地边和畦间开挖纵横排水沟，相互联通，并在梯田出水口交叉处挖设沉淤池，以阻止水土流失。

深耕加厚活土层：有的红壤耕作层10～13厘米浅薄，土体紧实板结，不利于蓄水抗旱和养分的释放，因而影响花生根系的伸展，植株矮小，开花结果少，产量低。为了给花生创造一个良好的土壤环境，在冬季深耕20～30厘米，就能打破犁底层，加厚耕作层，提高蓄水保肥能力，有利于花生植株的生长发育。

客土掺沙：针对红壤过黏或过沙的特点，人为掺入大量肥沃的泥性或沙性物质，有良好的改土和增产效果。客土的主要作用是改良质地，增加养分和大量的微生物。客土物包括肥沃的塘泥、湖泥、淤泥和炉渣灰、粉煤灰、细砂等。四川省遂宁县用油石骨子（紫色页岩风化碎屑）掺入黄泥土中，使其黏粒由39.1%降到27.8%，砂粒由13.5%增到19%，土壤由紧变松，保水保肥能力也有明显变化，花生也取得显著的增产效果。

施用石灰：施用石灰可中和土壤酸性，有利于土壤中有益微生物的活动，促进有机质的分解，改良土壤结构；减少磷素固定，提高土壤中磷、钾养分的有效性和利用率。试验表明，在pH4.5～5.5的红壤上，每公顷施用750～1 125千克石灰，可增产花生荚果10%～30%。施用石灰不仅要考虑作物适宜的pH，而且还要考虑土壤pH对养分有效性的影响。联合国粮农组织的资料表明：土壤在pH5.5以上时，由铝产生的酸度很低；当pH达6.0时，对磷的有效性比较适宜并能提高钼的吸收，加速有机质的分解，消除锰的毒害作用。

改革种植方式：红、黄壤地区春季雨水较多，土壤冲刷严重，种植方式不合理，会造成水土流失，影响花生产量，因此须采取等高留茬、等高作畦并与等高耕作相结合的方法种植。等高作垄是沿等高线作成宽45厘米左右的垄，垄高10厘米左右，每垄种植花生一行。这是红、黄壤地区较好的花生种植方法，且增产较显著。

增施有机肥：提高土壤肥力和土壤生产力，大量施用有机肥，可以加速土壤有机质积累，是改良红、黄壤一系列不良性状的关键措施。红、黄壤地区的有机肥源丰富，当地群众在这方面也有很多宝贵经验。有机肥源主要包括种植绿肥，农作物秸秆直接还田和秸秆过腹还田，必要时也可以增施商品有机肥或生物有机肥。

低产红、黄壤潜在养分含量低，供花生生长的养分少，因此在大量施用有机肥，培肥土壤的基础上，无公害食品花生和A级绿色食品花生合理施用化学肥料对进一步改善其土壤的供肥状况，提高花生产量，也有重要意义。尤其是红壤中磷的存在形态主要是被氧化铁膜包被起来的闭蓄态磷，砖红壤中闭蓄态磷占无机磷总量的84%～94%，而对作物比较有效的磷酸钙和部分磷酸铝共计不超过10%。据浙江省安吉农场所作的花生肥效试验（表33）表明，氮、磷、钾、钙肥都有增产效果，其中尤以磷、钙的效果最好，其次是氮肥。

表 33　红壤施用氮、磷、钾肥及石灰对花生增产的效果

（引自《中国农业土壤概论》农业出版社，1982）

处理	对照	磷钾钙	氮钾钙	氮磷钾	氮磷钾钙
花生鲜籽（kg/亩）	23.1	52.7	57.1	112.5	183.4
%	100	228.3	247.4	487.6	794.3

但氮、磷的肥效在红、黄壤不同的熟化阶段又有区别。初垦期或尚处于初度熟化期，氮、磷效果都很显著，特别是磷肥，初垦的肥效往往超过氮肥，地越瘦，磷的肥效越大；随着土壤熟化度的提高，大量磷肥的连年施用和土壤有机质的增加，如果继续大量施磷，在没有氮素的配合下，肥效会逐渐降低。

总之，花生中低产田的改造一是加强农田基本建设，采取统一规划，综合治理，先易后难，分期实施，并与区域农业综合开发、生产基地建设紧密衔接，走传统技术与现代技术相结合的路子，也即一方面发挥精耕细作的农业技术，加强农田基本建设；另一方面依靠科技进步和物质投入，运用现代农业技术手段，为高产土壤肥力培育打下基础。二是培育深、活、松的高产土体，古今中外经验证实，砂掺黏、黏掺砂是暄活土体的有效措施，我国有些地方引洪引黄淤灌，更可大面积改良土壤。还有僵板的土壤，采取深翻暴晒、秋耕冻融和耙、耢、压等措施都可使土体酥散暄活。加深活土层的办法，主要是加深耕翻或客土增厚。土壤耕翻应年际间采取深耕与浅耕相结合，耕翻与免耕相结合，避免过去年复一年在同一深度范围内耕翻，形成坚实的亚耕层。采取深、浅、免耕相结合，既可加深耕层厚度，又可使耕层虚实并存，更有利于蓄水保肥和供水供肥。三是增施肥料，培肥土壤，大量施用有机肥料，是培肥花生土壤的良好措施。推广花生平衡施肥技术，尤其应重视磷钾肥、钙质肥料、硅肥、硼肥和铁肥在花生上的施用。在生产实践中，必须注意利用作物与土壤肥力之间的相互关系，因地制宜地采用轮作换茬、间作套种等方式，达到用养结合，合理利用与保护相结合，使土壤肥力不断提高，确保无公害花生高产、稳产、优质、高效。

（三）污染土壤的改良

为了确保无公害花生产品质量，对污染土壤要有计划地进行改良。我国土壤污染物主要有重金属汞、镉、铅、砷、铬、铜等。还有放射性物质铀、镭、钍等以及硝酸盐和六六六、滴滴涕有机氯等有害物质。上述污染土壤的有害物质，主要来源于含金属污水的农田灌溉、污泥的农业利用、化学肥料和化学农药的使用，以及矿区排污和漂尘的沉降。目前，污染的土壤不是在逐渐减少而是在不断增加，这已成为深受全球关注的环境问题。土壤的污染，不仅退化土壤肥力，降低花生与其他农作物产量与品质，而且恶化水环境，并通过食物链危及人类的生命和健康；尤为严重的是，不少污染物在土壤系统中所产生的污染过程具有隐蔽性、长期性和不可逆性的特点。因此，土壤污染的治理一直是国际的难点热点研究课题。

1. 重金属污染土壤的植物修复技术　科学家们经过多年的探索，提出了一种既能实现净化土壤目标又能产生良好生态效益，并具有经济开发价值的植物修复改良办法。植物修复就是利用植物来恢复重建退化的或污染的土壤环境。植物吸取中的螯合诱导修复（*Chelate - induced phytoremediation*），植物挥发中的植物转化修复（*phytotransformation*），根际降解中的植物刺激（*Phytostimulation*）或根际强化植物降解（*Enhanced rhizosphere biodegradation*）修复。植物修复类型如下：

植物吸收：植物吸取是指通过植物根系吸收污染物特别是有毒金属和放射性元素，并将其转移到植物茎叶，然后收割茎叶，异地处理。专性植物，又称为超积累植物，可以从土壤中吸取和积累超寻常水平的有毒金属。澳大利亚 Melbourne 大学的 Alan J. M. Baker 教授是介绍植物修复概念的首批科学家之一。他提出超积累植物具有清洁重金属污染土壤和实现重金属生物回收的实际可能性。这种植物拥有与众不同的生理特性。在工业废物或污泥施用而引起的重金属污染土壤上，连续种植几次超积累植物就有可能去除有毒金属，特别是生物有效性部分。有毒金属污染的土壤一旦被植物清洁，便可复垦和利用。

植物修复概念的早期验证是在英国小规模田间试验中进行的。多种超积累植物种植在曾多年施用富含重金属的工业污泥试验地上。示范性试验表明十字花科遏蓝菜（*Thlaspi caerulescens*）具有很大的吸取锌和镉的潜力。这种植物是一种在富含锌、铅、镉和镍土壤上生长的野生草本植物。

植物挥发：植物挥发与植物吸取相连。他是利用植物吸取、积累、挥发而减少污染物。现有的一个成功例子是植物吸收、积累、挥发而减少高硒土壤中的硒，从而降低硒对生态系统的毒性。另一个例子是用两种细菌基因导入几种植物，使这些植物根吸取的离子态汞和甲基汞脱毒成金属汞。植物以低于可能引起大气汞危害的速率挥发。汞污染土壤和地下水的植物修复技术所需费用可能只是填埋、热处理和化学提取等传统过程方法的一小部分。目前，发达国家的实验室正在通过遗传工程途径将汞与其他重金属一起吸入植物根，并快速转移到茎叶，最后收获和回收金属。

植物降解：植物降解是一种对植物组织内部污染物的代谢作用。例如，植物产生脱卤素酶，催化含氯化合物的降解。实验表明，利用生长快，根系深和需水量大杂交白杨、杨柳，可在水利上控制和生物学上修复三氯乙烯污染的地下水。植物还可用来修复爆炸物质污染的土、水环境。已观察到丝兰花植物（*Yucca glauce*）可在弹药严重污染区生长，并发现在其组织内存在三硝基甲苯（TNT）的转化产物，这表明组织内发生了 TNT 的植物降解。

植物根滤：虽然植物根系比植物地上部分难以收获，但是溶液培养植物，将其移植到污染点，以去除水体中重金属污染物。这就是所谓的“根滤”技术。因植物根系被重金属污染物饱和，所以需要对所收获的根进行处置。根滤技术已成功的应用于污染土壤放射性性物质的浓缩。有试验描述，向日葵根系淹没于水中能快速的积累重金属和放射性元素。

根际强化生物降解：根际强化生物降解作用发生在植物根圈土壤中。植物根系释放自然物质为根际微生物提供基质。其结果是使微生物种群类型增多和数量增加，从而增强对有害有机物降解的速率。已经成功的例子有根际强化生物降解石油烃（PH-CS）。

植物稳定：植物稳定是利用植物吸收和沉淀土壤中的大量有毒重金属，以降低生物有效性和防止其进入地下水和食物链。研究表明，植物根可有效地固定土壤中的铅，从而减少其对环境的潜在风险。植物稳定研究方向是促进植物发育、使植物根须发送、键合和持留有毒金属于土中，不使金属转移到地上部分。

植物修复的调控途径：若以修复植物从污染土壤吸收移走的重金属量表征植物修复效率，那么提高植物修复效率应从植物生物量及单位质量植物的重金属含量着眼，综合考虑植物和土壤两方面，改进植物性能和采取一定的农艺、化学措施调控。

植物修复的前景：虽然目前多种植物修复技术处于田间试验和示范阶段，对所产生的信息也尚未进行系统评价，还需更多的结果来支撑这种技术的研究和发展，但是这种方法具有常规方法所不及或没有的技术和经济双重优势。正是这两方面的长处驱动着植物修复的应用。植物修复的优点包括：一是清洁性，并储存着再生太阳能；二是经济有效，只占机械、热或化学处理费用的10%～15%；三是污染物被分解或挥发而不是移地污染；四是产生一种可再循环的富金属植物残体；五是绿色技术，适应无公害生产要求、美化环境，公众普遍接受。可以预料，植物修复将成为一种广泛应用、环境又好的经济有效的修复被有毒金属、放射性元素和有机污染物质污染环境的方法。植物修复为植物技术开辟了一个令人振奋的新领域。未来的研究和发展活动必将扩大植物修复技术的应用，是植物修复成为一条改善和提高环境质量的、很有生命力和很有价值的生物恢复或生物修复途径。

2. 植物修复技术在重金属污染土壤的应用效果 植物修复概念的早期验证是在英国小规模田间试验中进行的。我国以及其他国家也都曾筛选应用多种超积累植物，有效修复重金属镉、砷、铅、锌等污染的土壤。

根据不同作物品种对土壤中重金属吸收量不同的有关报道，徐秀娟、赵志强等于2002年山东省花生研究所莱西试验田，对花生三个品种鲁花15、花育16、花育17，进行了对重金属吸收量的试验研究，将在同样条件下种植的三个品种的籽仁进行重金属铅、汞、镉和砷含量的分析比较。结果试验田中除了镉之外，其他三种重金属含量很低，几乎未检出，只有镉三个品种籽仁中含量存在明显差异（表34），含量最高的为花育16，次之为鲁花15，最低为花育17，结果说明花育16可利用植物修复重金属污染土壤。

表34 不同花生品种籽仁中重金属含量

检测项目	单 位	指 标	实测数值		
			鲁花15	花育16	花育17
铅	g/kg	≤0.4	未检出（<0.005 0）		
汞	g/kg	≤0.02	未检出（<0.001）		
镉	g/kg	≤0.1	0.14	0.18	0.11
砷	g/kg	≤0.5	未检出（<0.010）		

镉在土壤中半衰期约15～1100年（Kabata-pendias and Pendias，1984），一旦土壤遭受污染将不容易去除。Morishita等1986年试验发现，糙米镉含量平均以Japonica品系最低，Indica品系次之，以Hybrid品系最高。这说明水稻不同品种对镉的吸收能力不同，显然，在镉污染的土壤种植Hybrid品系水

稻，可以降低土壤中镉的含量。

3. 污泥中的重金属微生物去除技术 周立祥、周顺桂近年来研究发现，利用化能自养型嗜酸性细菌（以亚铁和硫为能源物质）如氧化亚铁硫杆菌（*Thilobacillus ferrooxidans*）氧化硫硫杆菌（*Thilobacillus Thiooxidans*）等溶出金属的生物淋滤方法特别有效。该方法的主要原理是在嗜酸性硫杆菌的作用下，污泥中难溶性的金属硫化物变成可溶性的金属硫酸盐，通过固液分离达到去除重金属的目的。该方法反应温和、运行成本低、实用性强。然而，当生物淋滤以亚铁为能源物质（底物）需要预酸化污泥至 pH≤4.5，这不仅增加了操作难度，同时又消耗大量的酸，另外某些重金属，特别是重金属铬去除率低（10%～40%）也是一个亟待解决的问题。采用两种底物（亚铁与硫粉）配合在提高污泥中重金属去除率，特别是铬的去除率及免除污泥预酸化的作用和效果，为生物淋滤法去除污泥中重金属走向工程实际提供了技术支撑。

（1）两种底物（亚铁与硫粉）配合添加并接种 *T. ferrooxidans* 更有利于生物淋滤体系中污泥 pH 下降和 ORP 的上升，其极端值分别为 1.91 和 776.4 毫伏。该处理同时也可维持较高的 Fe^{3+} 的浓度，其最高浓度可达 2 879 毫克/千克。而较高的 Fe^{3+} 浓度对加速重金属的生物浸出极为有利。

（2）两种底物（亚铁与硫粉）配合添加并接种 *T. ferrooxidans* 可加速厌氧消化污泥中重金属的浸出，显著提高它们的去除率，经过 12 天的生物淋滤，铬、铜、锌的去除率分别可达 79.2%、88.3%和 99.3%；而单独加亚铁并接种的处理中三者的去除率分别为 17.7%、60.2%和 100%；单独加硫并接种处理的三者去除率分别为 2.6%、16.1%和 66.5%。

4. 重金属污染土壤的化学整治技术 重金属污染对人类健康及环境品质而言为一重大问题（Chen et al.，1996），由于重金属的移动性极低，因此污染问题大多发生于土壤之中，而对于不同土壤而言，离子强度及 pH 等因子会使镉及锌之吸附不同（Naidu et al.，1994），1998 年台湾受镉及铅污染之农田共 100 公顷，多数的镉及铅污染土壤是由工业区工厂之废水排放所引起（Chen，1991），而部分土壤复育技术则可利用沈殿（percipiation）、吸附（adsorption）或是与有机物错和来降低重金属的溶解浓度（Mench et al.，1994；Chen and Lee，1997；Chen，1998，pierzynski，1999）。

石灰的施用可以明显降低污染土壤中重金属之溶解度（McBride and Blansiak，1979；Somers and Lindsay，1979；Kuo et al.，1985；Chen et al.，1998；Chen et al.，1999），而许多研究亦显示，在污染土壤中施用铁氧化物或锰氧化物，可以降低土壤中水溶性的镉及铅浓度（McKenzie，1980；Kuo and McNeal，1984；Tiller et al.，1984；Khattak and page，1992；Mench et al.，1994；Chen et al.，1997），因此利用两种受镉及铅污染的土壤来评估用不同化学改良剂对于镉及铅生物有效性及小麦总摄取量之影响，盆栽试验的处理包含对照组、堆肥、石灰、铁氧化物、锰氧化物、锌氧化物、石灰与锌氧化物的混合、石灰与堆肥的混合、磷酸钙及合成沸石（zeolite），土壤分别先经 60%水分含量下孵育，再种植小麦（*Triticum vulgace*）于经处理的土壤中，并于温室中生长。结果发现，单独加入石灰或是与锌氧化物（或堆肥）的混合，可降低镉及铅的生物有效性，并明显降低籽粒中镉的浓度及小麦对于镉的总摄取量（$p<0.01$），而加入石灰、锌氧化物或沸石，则可将两种土壤中有效性形态的镉及铅转变成为无效性的形态，降低镉及铅的生物有效性（$p<0.1$），并明显降低小麦对于镉及铅的总摄取量，因此对于两种受镉及铅污染的台湾农田土壤而言，石灰、锰氧化物、沸石或是石灰与锌氧化物，或堆肥的混合，可明显降低镉及铅的生物有效性及小麦的总摄取量。

5. 化肥污染的土壤治理技术 针对不当和过量施肥造成的

土壤污染，专家们进行了大量研究，提出了许多具体治理的技术方案。如过量施用氮肥引起花生籽仁、蔬菜中 NO^{-3} 积累，可以通过配施磷钾肥和有机肥来降低 NO^{-3} 的含量；施用缓效氮肥，使用硝化抑制剂、脲酶抑制剂都能明显降低土壤中 NO^{-3} 的含量。美国将氮吡啉（CP）与硫铵一起使用，可减少 NO^{-3} 的生成，减少的程度可达 50%左右。另外适量喷施铜肥、硼肥和锰肥均能降低作物体内 NO^{-3} 的含量。

对施肥造成的重金属污染，还可以采取使用石灰、增施有机肥料、调节土壤 Eh 等方法降低植物对重金属元素的吸收积累，还可以采用翻耕、客土和换土来去除或稀释土壤中重金属和其他有毒元素。王少仁等人研究表明，土壤有机质与磷肥的 α、β 比放活性呈负相关，为此可通过增加土壤有机质来防治使用磷肥所造成的放射性污染。在中性及酸性土壤上使用氯化钾，应注意配合石灰和有机肥料的施用，防止过低的 pH 和过量活性铝对作物生长的毒害作用。

李洪连、黄俊丽等综述了用有机改良剂，减轻由化学药剂污染土壤，并防治土传病害的报道。有机改良剂的种类主要如下：

壳制粗粉：用得较多的为虾壳、蟹壳，施入土壤后，土壤中微生物数量明显增多，特别是植株根际的放线菌数量大幅度增加。

植物残体：用多种植物秸秆、叶片、荚果皮等制成粗粉，提高土壤有机质含量，改良土壤机构。

绿肥：种植豆科作物掩青，使土壤中的芽孢杆菌大量增加、用油菜叶片作绿肥可以有效地降低土壤中 *Meloidogyne chitwoodi* 的群体密度。

饼肥：经常使用的饼肥有花生饼、豆饼、棉籽饼、菜籽饼、芝麻饼等，可以明显培肥地力，提高对病原菌的拮抗作用。

堆肥和粪肥：目前，不少国家和地区生产出商品化的垃圾堆肥。堆肥的原料来源有城市垃圾、植株残体垃圾、畜肥垃圾、工业垃圾、沼气垃圾等。上述诸多有机改良剂不仅可以减轻土壤污染，更重要的是改良土壤结构，培肥地力，增加根际微生物数量，特别是拮抗菌明显增加，有效防治土传病害，经济高效，应大力推广应用，确保无公害农产品生产质量和效益。

（四）土壤适度深耕与科学耕翻

适度深耕熟化土壤，结合施用大量有机肥料，达到加速培肥熟化土壤，使土壤具有深厚、肥沃的耕层，良好的耕性、肥力和生产性能，使花生生长在一个理想的环境里，是保证持续高产稳产的重要措施，也是提高土壤肥力的基本措施。深耕深翻熟化土壤的作用，主要是改善了土壤物理性状，改良了土壤结构，协调了土壤的水、肥、气、热状况，为作物生育提供了一个适宜的土壤环境条件。使土壤具有深厚疏松的肥土层，好的保蓄性和通透性，保温、保水、保肥能力强，供水、供肥性能好，经常保持稳定的“温、润、肥、厚”的良好肥力特征。翻转耕翻，即是将熟土层较彻底翻于犁底层，可以明显压低病原基数，减轻花生病害发生。

1. 土地深耕深翻的增产机理　改善土壤结构：深耕深翻打破了坚实的犁底层，增加了孔隙度，降低了容重，改善了整个土体的通透性。根据河南省长葛市孟排测定，犁底层的容重比深耕地相同层次大 0.2 克/平方厘米，总孔隙少 8%～9%，大孔隙少 10%以上，中国科学院西北水土保持研究所在关中土娄土上测定，原来犁底层容重为 1.46 克/平方厘米，深耕后降为 1.25 克/平方厘米，孔隙度由 45.9%提高到 53.8%，从而增加了透水蓄水能力。由于深耕、深翻能接纳大量的伏雨、秋雨和灌溉水，蓄水备用，在干旱季节土壤“大水库”可以起到保证供水作用。对于盐碱土地区，深耕、深翻可将“盐隔子”、“盐碱根”、“夹粘层”翻至地表，除去“盐隔子”，再辅以水洗盐措施，促进地表水分及盐分下渗，盐碱土较易得到改良。对于耕层浅，土壤僵板的南方水稻土，通过在轮作制中安排深耕、晒垡，有利于改善土壤僵板等不良性状，还有利于土壤养分释放。试验表明，氧化还原电位显著提高，而各种活性还原物质、还原物质总量、Fe^{2+}、Mn^{2+}等均大幅度下降；土壤干容重、充气孔隙度及水分的日渗透量都有不同程度的增加，非充气孔隙则有所下降。

调节和提高土壤的稳温性：土壤温度和土壤含水量有密切关系，土壤水分影响土壤的导热性，土壤水分增加，土壤的导热性也随之增高。深耕地土壤水分充足，白天吸收的热量向下传导，因而表土温度升高缓慢，夜间热量向上传导，表土温度也不致很快下降，使昼夜温差变幅缩小，增加了土壤的稳温性。另一方面深耕地含水量大，增加了土壤的热容量，热容量大的土壤，温度升降比较慢，深耕比浅耕地温变化小。据中国农业科学院土壤肥料研究所在山东陵县高家基点，从 3 月初开始连续 55 天观测表明，深耕 33 厘米的地温比浅耕 17 厘米的高 0.2～1℃。增温、稳温作用，对促进作物生长、土壤微生物活动、有机质分解、有效养分的转化和释放大有益处。

促进微生物的活动：土壤经过深耕深翻和熟化过程，疏松了土层，改变了土壤物理性状和养分状况，为土壤各类微生物发育和活动创造了良好条件。大多数情况下，深耕改土后土壤中微生物数量比未耕翻的土壤多，这不仅表现在细菌的数量上，也表现在放线菌、真菌和各个生理类群的数量上。固氮菌的分布，在许多情况下深耕地土壤比未深翻土壤多，而分解纤维素生物的数量在未深翻土壤中有时比深翻土壤要多；真菌在许多情况下，深耕深翻土壤中青霉菌属真菌的数量减少，而在一些土壤中曲霉菌属或镰刀霉菌属真菌的数量有所增加，这反映了土壤的熟化程度，深耕土壤中矿化过程比未深耕土壤进行得更加强烈。据河南农业大学测定，土壤深耕后各层微生物数量和生理类群均发生变化，深耕土壤比未深耕土壤的微生物总数增加，特别是在耕作层以下的土层微生物数量有明显增加。土壤经过耕翻，改变了土层的通气状况，氨化细菌、有机磷细菌和好气性自生固氮菌数量剧增，氨化作用和固氮作用所产生的无机氮化物，又增强了纤维素的分解作用。

改善土壤养分和盐分状况：深耕地的良好物理、化学、生物条件，为土壤养分转化和增强微生物的活动提供了优越条件。反过来，微生物的旺盛活动，又有助于养分的分解释放和良好结构的形成。

土壤培肥和熟化有一个从低级到高级、由量变到质变的过程。在深耕深翻过程中，又配合增施有机肥料，才能在深耕使死土变活土的基础上，使活土变油土。据长葛市孟排测定，深翻结合分层施肥，土壤中硝态氮高于表层施肥的 0.2%～0.3%，在深度相同的土层中，深耕的速效磷比浅耕的多 1～2 倍。深耕也是改良盐碱土的一项有效措施，在河南省的新乡洪门、商丘大吴庄等地，均有深耕改良盐碱地的成功经验。深翻之后，表层盐分显著下降，结合施肥灌排等措施，盐碱土逐步得到改善。

促进花生根系的生长和发育。由于深耕加厚了土壤的疏松活土层并改善了土壤结构状况，土壤的热、水、气、肥等肥力因素的协调性得到提高，因而为花生根系生长创造了良好的环境条件。据山东省花生研究所在丘陵地区测定，不同的耕翻深度，花生根系在一定范围内随着耕作层的加深而扩大伸展范围，除主根随着耕翻深度加深外，侧根水平伸展范围也有显著扩大，总根量有明显的增加。根重的增加，不但扩大了吸收水分、养分的范围，而且由于根系发达，扎得深，伸得广，增强了花生的抗旱抗逆能力。据山东省济南农校在砂壤土上试验，深耕时对根系分布情况也有良好的影响，深耕花生根群主要分布在 0～30 厘米的土层内；浅耕的花生根群主要分布在 0～20 厘米的土层内。耕翻深度超过 30 厘米以上时，花生根系分布情况差异不明显（表 35）。

表 35　不同耕作深度对花生产量及根系分布的影响

（山东省济南农校，1958）

耕翻深度（cm）		12		30		45	
产量（kg/亩）		129.7		165.6		168.3	
根　系		风干重（g）	（%）	风干重（g）	（%）	风干重（g）	（%）
层次	0～15	6.320	67.14	7.750	44.28	7.485	41.54
	10～20	1.481	15.73	4.720	27.61	5.055	28.06
	20～30	0.582	6.18	2.100	12.29	2.455	13.63
	30～40	0.39	3.28	0.900	5.26	1.145	6.35
	40～50	0.221	2.35	0.775	4.53	0.858	4.76
	50～60	0.218	2.32	0.620	3.63	0.642	3.56
	60～70	0.282	3.00	0.410	2.40	0.378	2.10

表内为平均一株的根重；0～10 厘米的重量包括根颈在内；土壤为粉砂壤土。

2. 深耕改土的基本原则　在深耕改土过程中，既有成功经验，通过深耕达到了熟化土壤，提高土壤肥力，获得作物增产的目的，也有因深耕措施不当而导致减产的教训，因此深耕应按照以下基本原则，才能收到良好的效果。

（1）掌握适宜深度　深耕的深度必须根据花生的生育要求及不同土壤情况等加以考虑，决不是越深越好，否则就不能达到预期的目的。根据各地在不同深耕条件下对花生根系的观察结果，深耕虽能促使花生根系向下伸展，根量有所增加，但主要根群仍分布在 0～50 厘米的土层内，50 厘米以下根系即大为减少，而在 0～30 厘米内比较集中，约占总量的 70%～85%。如果耕翻过深，下层生土翻压在上层的过多，就会影响花生出苗和幼苗生长，因此对花生来讲，一般深耕以25～30 厘米为宜。深耕的深度还应考虑土层厚度、土壤质地及土体构造。

土层太薄的耕地，不是深耕的问题，而是应设法把土层加厚到20～30厘米，并根据土壤特点，掌握砂掺黏、黏掺砂的原则，以客土改良土壤。

土体构造与深耕关系很大，对于通体是一种质地，上砂下黏，或上黏下砂的土壤，均可通过深翻改良其不良性状，而收到深耕之效。

（2）*熟土在上不乱土层*　耕作层土壤，由于长期耕作、施肥和栽培，已经完全熟化，具有较好的结构和较高的肥力。耕作层以下的生土，物理性状差，土壤肥力低，愈往下，有效养分含量愈低。所以，深耕、深翻时，应尽量保持熟土在上，不乱土层。为了加深耕作层，冬前耕翻时可翻上一部分生土，以便冬春充分风化，加速熟化过程。但每次耕翻，生土不能翻上过多，以免当季不能很好熟化，表层土结构变坏，肥力降低，而影响花生出苗和幼苗生长。

（3）*深耕与增施肥料相结合*　深耕能改善土壤的物理性状，有利于花生根系的扩展和养分的转化，但不能大量增加土壤养分。土壤养分的主要来源是施肥，因此深耕必须结合施用肥料，特别是有机肥料，才能使土、肥相融，并且促进微生物的活动，加速有机质的分解和土壤熟化，进一步改善土壤肥力状况，充分发挥深耕的增产效果。

（4）*深耕与耙、耢整地相结合*　深耕只是耕作改土的基本措施，还必须与其他耕作措施相结合，才能使土块细碎、疏松绵软、平整，巩固和提高深耕效果。北方花生产区的土壤质地砂性大，结构不良，春季干旱，土壤耕作应围绕保墒防旱来进行，这样才有利于适期播种和保证全苗，为花生丰产打下良好基础。耕后耙地是土壤耕作的重要环节，也是保墒的关键措施，否则土壤易失水，跑墒快，遇到春季无雨，会影响整地质量和花生的适期播种及顺利出苗。早春土壤温度升高，土壤解冻，重力水下渗，此时如果地面板结，毛管水就会上升到地面而大量蒸发。因此，冬耕后不论是否已经耙过地，早春都应顶凌耱耙，这是整地保墒的关键措施。至于具体时间，一般以夜冻昼消的情况下进行为好，华北地区一般以2月下旬到3月上旬为宜，东北地区一般以3月下旬为宜。南方雨水多，气温较高，土壤湿度大，耕后经过充分暴晒才能耙地，福建农民有“晒白”的习惯，四川农民有“炕土”的经验，这些措施可以促进土壤风化，改善土壤理化性状，使土壤质地疏松，耕后晒白在南方土壤耕作中是一项重要措施，特别是对水旱轮作、地势较低、质地黏重的花生地，耕后晒白显得尤为重要。

种植秋花生地块，土壤由于经过春夏雨水的淋洗和前茬作物的栽植而比较坚硬，因此在前茬作物收获后应随时进行整地，并反复细耙，方能使土壤细碎疏松，为花生播种打好基础。

（5）适宜的深耕时间　土壤物理性状的改善和枯枝落叶根茬等有机物质在微生物作用下腐熟分解都需要一定的时间，因此要使深耕、深翻当年收效，就必须及早进行。北方地区一般在冬前进行。在深耕的间隔时间方面，据河南省各地经验证明，深耕有效年限一般可维持2～3年。三年轮流深耕一次较为合适，以节省机械和劳力。

需要指出的是，近年来普遍反映少耕法、免耕法的作物产量并不低，通过不断研究改革传统耕作概念和方法。

3. 科学耕翻减轻病害　适度深耕和反转耕翻（表层土翻到犁地层下），能有效控制来自土壤的初侵染源病原基数和虫原基数，减轻花生病害发生，在病害防治上可以少用药或不用药。据山东省花生研究所试验的不同耕地深度与不同方法，对花生病害有明显的影响，具体结果如表36。结果表明，从防治病害结果看，耕翻深度越深病害越轻，但是过深不利于花生生长发育，一般耕深25～30厘米为宜。不同耕翻方法来看，耕翻深度相同，翻转耕翻比常规耕翻病害明显减轻。

表36　不同耕地深度与耕法对花生病害的影响

（山东省花生研究所徐秀娟，1990）

处理＼防效	7月15日调查				8月17日调查			
	叶斑病病指数	防病效果	菌核病病株率	防病效果	叶斑病病指数	防病效果	菌核病病株率	防病效果
常规耕50厘米	5.37	46.7	18.57	22.0	28.20	14.55	20.03	36.64
翻转耕50厘米	4.73	53.0	16.69	29.9	28.17	14.64	18.09	41.87
常规耕30厘米	7.77	22.8	21.35	10.3	30.30	8.18	20.21	35.06
翻转耕30厘米	7.23	28.2	17.89	24.8	21.73	34.15	18.87	39.36
常规20厘米（CK）	10.07	—	23.8	—	33.0	—	31.12	—
翻转耕20厘米	9.70	10.6	19.4	18.5	25.83	21.73	23.73	31.14

九、种子的选用与良种介绍

（一）种子选用准则

无公害花生生产的品种选用，首先应本着优质、高产、综合抗性好的原则。优质系指外观和内在品质而言。荚果外观色泽正常无斑点，种皮粉红或浅红色，表面光滑无裂纹、无油斑，内种皮最好为橘黄色。荚果为普通型。内在品质系指粗脂肪含量≥46%，粗蛋白含量≥23%，口感好。高产的标准，比当地高产对照种增产8%以上，而且抗病虫、抗旱耐涝综合抗性好。

二是依据市场的需求为原则，用于出口的，优质应放在首位，通常以普通型大花生和珍珠豆型小花生为主。用于榨油的选用高油、高产品种。用于鲜食的选用中小果型，含糖量高，早熟或超早熟品种。用于食品加工的，可根据加工企业和客商的要求选用符合要求品种。

三是尽力避免风险，应首选通过本省审定的优良品种。没有审定或外地审定（包括国家审定）的品种要慎用，除非这些品种经当地农业技术推广部门的引种鉴定，试验结果证明该品种适合本地区种植方可引用。

四是高质量品种，要求种子纯度不低于96%，净度不低于98%，水分含量不高于10%，种用籽仁发芽势要在80%以上，发芽率在95%以上。

（二）部分良种介绍

在我国广大科技工作者的努力下，通过不同途径选育出一大批花生良种，自 1978 年以来获国家奖励的 14 个，80 年代以来累计推广面积在 60 万公顷以上的品种 13 个，近十年来通过国家审定的品种 26 个。以上品种其中有小果类型、中小果类型、中大果类型。不同品种其特征特性各具不同，现将适宜生产无公害花生主要品种介绍如下。

花 17

品种来源：山东省花生研究所选育。1976 年以杂选 4 号为母本，莱阳姜格庄半蔓为父本杂交育成。

株型直立，密枝。株高 39.0 厘米，侧枝长 46.0 厘米，结果枝 8 条，总分枝 16 条。单株结果数 18 个，单株生产力 32.6 克。果形普通型大果，以双仁为主，籽仁椭圆形，外种皮粉红色（表 37，下同）。至今，仍为胶东花生产区主要花生出口品种之一。1975 年在山东省区域试验中，较徐州 68 - 4 平均增产 12.1%，一般每公顷产 3 375 千克，高产地块可达 7 500 千克。在全国累计推广面积达 1 000 公顷以上。1978 年获全国科学大会奖。

该品种适宜在排水良好的砂壤土种植，种植密度以每公顷 10.5 万～12.0 万穴，每穴 2 粒为宜。应选择排水良好，肥力较高的沙壤土种植，种植密度以每公顷 211.25 万～12.75 万穴，每穴 2 粒为宜。

鲁花 4 号

山东省花生研究所选育。

株型直立，密枝。属于连续开花亚种中间型。株高 39.0 厘米，侧枝长 46.0 厘米，结果枝 8 条，总分枝 16 条。荚果普通形，果比较大，双仁果率高。籽仁饱满，籽仁椭圆形，外种皮粉红色。单株生产力 32.6 克，在 1981—1982 生产试验，比徐州 68 - 4 增产 8.3%，平均每公顷生产荚果 3 600.0 千克，高产潜力每公顷可达到 7 500 千克。

应种植在土层肥厚的土壤中，密度以每公顷 10.5 万～12.0 万穴，每穴 2 粒为宜。

鲁花 9 号

山东省花生研究所选育。1988 年由山东省农作物品种审定委员会审定命名。

品种来源：1978 年以花 19 为母本，花 17 为父本杂交育成。

株型直立，疏枝。属于连续开花亚种中间型。株高 34.0 厘米，侧枝长 39.0 厘米，结果枝 7 条，总分枝 8 条。荚果普通形大果，籽仁椭圆形，外种皮粉红色，色泽较鲜艳。在山东早熟组花生新品种区试中，在 1986—1987 两年 28 点次，平均每公顷荚果 4 181.5 千克，比对照种花 28 平均增产 12.02%。籽仁增产 11.97%。1988—1989 年在全国（北方区）花生新品种区域试验中，比对照花 28 平均增产籽仁 16.79%。一般每公顷产荚果 4 200千克左右，高产地块者可达 7 500 千克以上。年最大种植面积超过 533 公顷。1995 年获国家科技进步二等奖。

对气候条件要求不严格，北方区各地均可种植覆膜栽培增产潜力更大。春播种植密度每公顷 15.0 万穴，麦套和夏直播以每公顷 16.5 万穴，每穴 2 粒为宜。

鲁花 10 号

栖霞县农业局选育。

株型直立，疏枝。株高 42.0 厘米，侧枝长 45.0 厘米，结果枝 7 条，总分枝 8 条。荚果普通大果型，较花 17 略粗短。籽仁长椭圆形，外种皮粉红色，有光泽。在 1983—1985 年，三年 41 点次出口大花生联合试验中，平均每公顷生产荚果 4 225.5 千克，比花 17 增产 8.0%。该品种是目前山东传统出口大花生中的当家品种之一。

一般不要在太黏重的土壤种植，以免影响其商品价值。种植密度以每公顷 13.5 万～16.5 万穴，每穴 2 粒为宜。

鲁花 11

山东省莱阳农学院选育。1992 年由山东省农作物品种审定委员会审定命名。属连续开花亚种中间型。

品种来源：以花 28 为母本，534-211 为父本杂交育成。

株型直立，疏枝。属于连续开花亚种中间型。株高 45.0 厘米，侧枝长 47.0 厘米，结果枝 7～8 条，总分枝 7～9 条。荚果普通形，中大果。籽仁长椭圆形，外种皮浅红色，内种皮白色。单株结果数 13 个，单株生产力 26 克。在 1989—1990 年山东省春播中熟组花生新品种区试中，平均每公顷产荚果 3 994 千克，籽仁 2 864 千克，分别比对照鲁花 10 号增产 16.81%、16.97%。在 1991 年山东省花生新品种生产试验中平均每公顷产荚果 5 214.3千克，籽仁 3 823.2 千克，分别比海花 1 号增产 5.48%、10.91%。已在整个北方花生产区推广，年种植面积超过 133 公顷。1998 年获国家科技进步三等奖。

该品种对土壤要求不严格，种植密度以每公顷 15.0 万穴，每穴 2 粒为宜。后期注意防涝，以防烂果。

鲁花 14

山东省花生研究所选育。1995 年和 1996 年分别通过山东省和河北省农作物品种审定委员会审定命名，2000 年通过国家审定。1997 年被国家科学技术委员会定为国家级推广品种。

品种来源：(开农 8 号×混巨 5 号) × (开农 8 号×油麻 1-1)。

株型直立，疏枝。属于连续开花亚种中间型。株高 35.0 厘米，侧枝长 41.0 厘米，结果枝 7 条，总分枝 8 条。植株矮，节间短，抗倒伏。荚果普通形，大果。籽仁扁椭圆形，外种皮粉红色，个别有裂纹，无光泽。在 1990—1991 年品种比较试验中，平均每公顷产荚果 4 789.5 千克，比对照品种鲁花 9 号平均增产 10.78%。在 1992—1993 年山东春播早熟组花生新品种区域试验中，平均每公顷产荚果 3 894 千克，籽仁 2 790 千克，比对照鲁花 9 号分别增产 8.7%、10.3%；在 1994 年山东花生品种生产试验中，6 处平均每公顷产荚果 4 644.3 千克，籽仁 3 269.1 千克，比对照鲁花 9 号分别增产 12.3%、12.2%。在 1992—1993 年河北夏播品种区试中，比对照冀油 6 号增产 32.6%。1993 年春播高产示范田 1/7 公顷，平均亩产 706.75 千克，创我国花生早熟品种小面积最高记录。该品种定名后，种植面积迅速扩大，目前已在全国北方区推广。

适应性较强，属于超高产品种。适宜密植，春播密度每公顷在 15.0 万～16.5 万穴，每墩 2 粒为宜。

鲁花 15

山东省花生研究所选育。1997 年通过山东省农作物新品种审定委员会审定。

品种来源：(78961×兰娜) F2 代做母本，r250Gy 照射兰娜干种子 (M1) 做父本，杂交育成。

株型直立，疏枝。株高 40.0 厘米，侧枝长 42.0 厘米，结果枝 6～7 条，总分枝 8 条。叶色绿，荚果葫芦型，网纹粗浅，籽仁桃圆形，外种皮浅红色，内种皮金黄色。其外形和内在品质明显优于白沙 1016，油酸、亚油酸比值 (O/L) 为 1.44，比白沙 1016 高 0.4 以上，相当于美国的兰娜型。适应性较强，产量较高，1994—1995 年山东省小花生新品种（系）春播区域试验，两年 10 点次平均单产荚果 264 千克，籽仁 191.1kg，比白沙 1016 分别增产 13.8%和 14.6%，均居 8 个参试品种之首；1996 年作为惟一入选品种参加生产试验，裸地栽培条件下，5 点次平均每公顷产荚果 3 220.8 千克，籽仁 2 373.15 千克，分别比对照鲁花 12 增产 11.72%和 14.43%，各点荚果和籽仁增产均达 10%以上。对花生条纹病毒病、晚斑病、根茎腐病和网斑病均为高抗。

8130

山东省花生研究所选育。1993 年由山东省农作物品种评审委员会认定。属交替开花亚种普通型。

品种来源：1981年以（花39×突变体RP1）F1×RP1回交选育而成。

株型直立，密枝。属于连续开花亚种中间型。株高40.0厘米，侧枝长42.0厘米，结果枝7条，总分枝10条。荚果普通形，大果。籽仁长椭圆形，外种皮浅红色。在1989—1990年山东省花生新品种区域试验中，平均每公顷产荚果3 690千克，籽仁2 597千克，分别比对照鲁花10号增产7.9%、8.5%。1992年经山东省花生研究所组织的全国花生品种观摩会验收，高产地块平均每公顷产量超过7 500千克。1996年被国家科委确定为全国重点推广项目，目前年种植面积超过6.67万公顷，全国累计推广面积已达100万公顷以上。果仁品质均符合山东传统出口大花生标准。

适宜中上等肥力水平地块种植，在低肥力水平种植高产潜力难以发挥。种植密度以每公顷12.0万穴，每穴2粒为宜。

花育18

山东省花生研究所选育。2001年8月通过北京市农作物品种审定委员会审定。

品种来源：选用8223品系做母本，γ射线250Gy辐照海花1号干种子的M1代做父本，经有性杂交，用改良系谱法选育而成。

株型直立，疏枝。连续开花型。株高40.5～45.1厘米，侧枝长43.9～47.4厘米，结果枝6条，总分枝7～8条。荚果大小适中，网纹明显，结果集中。籽仁长椭圆形，外种皮粉红色，内中种皮金黄色。1999—2000年北京区域试验，平均荚果产量5 036.25千克，比鲁花9号平均增产15.50%。果仁品质均符合山东传统出口大花生标准。

花育19

山东省花生研究所选育。2002年全国农作物品种审定委员会审定。

品种来源：79266×莱农13号

属早熟直立大花生，疏枝型，株高48.0厘米，侧枝长49.8厘米，结果枝6条左右，总分枝7～9条。株型紧凑，节间短，抗倒伏。果柄短，不易落果。后期叶保持时间长，不早衰。2000—2001年在全国北方片品种区域试验中，两年平均每公顷产荚果4 431.0千克，比对照种鲁花11平均增产8.3%。

适宜密植，春播每公顷15.0万穴，夏播每公顷16.5万～18.0万穴，每穴播种2粒为宜。栽培技术要点：应适时早播，适时收获，以充分发挥该品种后期绿叶保持时间长、不早衰的特点。应施足基肥，看苗追肥，确保苗齐壮。及时加强田间管理，注意防旱排涝。及时喷药防治虫害。适宜在山东、河南、河北、安徽淮北和江苏北部地区种植。

花育20

山东省花生研究所选育。2002年全国农作物品种审定委员会审定。

品种来源：8644-6（Robut33-1×Acardenasis）×优早1

早熟直立普通型小花生，疏枝型，株高36.6厘米，侧枝长40.5厘米，结果枝6条左右，总分枝7～9条。连续开花，花量大，结实率高，双仁果率一般占95%以上。株型紧凑，果柄短，不易落果。节间短，抗倒伏。2000—2001年在全国北方片两年品种区域试验中，平均每公顷产荚果3 371.4千克，比对照种白沙1016平均增产15.18%。栽培要点：应抢时早播，适时收获，以充分发挥该品种后期绿叶保持时间长、不早衰的特点。适宜密植，夏播每公顷以16.5万～18.0万穴，每穴2粒为宜。应施足基肥，看苗追肥，确保苗齐苗壮。加强田间管理，注意防旱排涝。及时喷药防治虫害。

花育22

山东省花生研究所选育。2003年3月通过山东省农作物品种审定委员会审定。

品种来源：用8014品系做母本，60Coγ射线250Gy辐照海花1号干种子M1代做父本，辐射与杂交相结合，经系谱法选育而成。

株型直立，疏枝。荚果普通大果型，株高35.6厘米，侧枝长40.0厘米，总分枝9条。单株生产力18.8克。1997—1999年9点次平均每公顷生产荚果5 177.10千克，比对照品种8130增产17.70%。该品种是目前山东传统出口大花生当家品种之一。一般不要在太黏重的土壤种植，以免影响其商品价值。种植密度以每公顷13.5万～16.5万穴，每穴2粒为宜。

花育23

山东省花生研究所选育。2004年3月通过山东省农作物品种审定委员会审定。

品种来源：R1（高代品系8124－19－1×美国Runner（兰娜））×ICGS37

早熟直立小花生，疏枝型，株高37.2厘米，侧枝长43.1厘米，结果枝5.9条，总分枝7.9条。生长稳健，种子休眠性强。2002—2003年在山东花生新品种区域试验中，两年22点次，比对照鲁花12平均增产13.5%。2003年经省内外专家实测验收(实收面积1亩)，折合每公顷8 322.3千克。

适宜密植，春播每公顷15.0万穴，夏播每公顷16.5万～18.0万穴，每穴播种两粒为宜。

中花8号

中国农业科学院油料作物研究所选育。2002年全国农作物品种审定委员会审定。

品种来源：7506－57×油麻-1

株型直，疏枝型，株高46.0厘米，结果枝6.1条，总分枝7.7条。荚果普通形，籽仁椭圆形，中粒偏大。种子休眠性强。籽仁长椭圆形。1999—2001年在全国花生新品种区域试验中，3

年比对照种中华 4 号平均分别增产 16.9％、14.02％和 15.82％。

熟性早，适合一年二熟栽培，春播、夏播套种均可。适宜密植，春播每公顷 12 万～15 万穴，夏播每公顷 15 万穴以上，每穴播种 2 粒为宜。

适于四川、湖北、河南南部、江苏北部等地的非青枯病区种植。

粤油 79

广东省农业科学院作物所选育。1999 年广东省农作物品种审定委员会审定，2002 年全国农作物品种审定委员会审定。

品种来源：(汕油 27×粤油 116) ×印度花皮×粤油 116

株型直立，紧凑，疏枝。荚形较好，饱果率 85.8％，双仁果率 88.3％。株高 55.8 厘米，侧枝长 57.3 厘米，总分枝 7.2 条，结果枝 5.8 条。主茎叶数 19.2 片，收获时主茎青叶数 7.1 片，叶片大小中等，叶色深，植株生势强，抗倒、抗旱性强，叶斑病 3.0 级，锈病 2.7 级，青枯病发病率 1.0％，单株果数 14.3 个，果形较好，饱果率 85.8％，双仁果率 88.3％。在 1997—1999 年，参加国家南方区花生新品种区域试验，平均每公顷生产荚果 4 071.75 千克，籽仁 2 870.55 千克，比对照汕油 523 增产 2.20％和 5.48％。

适于华南花生两熟制地区的水、旱坡地种植。在广东春播宜在惊蛰前后，秋植播立秋前为宜。施足基肥，适量及时追肥，防止后期徒长。以每公顷播种 27.0 万～28.5 万苗为宜。水田种植应注意后期排水，防止烂果。

豫花 15

河南省农业科学院棉花油料作物研究所选育。2000 年河南省农作物品种审定委员会审定。2000 年安徽省农作物品种审定委员会审定。2001 年全国农作物品种审定委员会审定。

品种来源：徐 7506－57×P12

株型直立，疏枝，中间型品种。株高 40.0 厘米，侧枝长

43.0厘米，总分枝7条，结果枝6条。叶片椭圆形，叶大色深。荚果普通形，果嘴锐，腰缢浅。双仁果率高，在1998—1999年，全国北方区花生新品种区域试验，平均每公顷单产荚果3 738.3千克，比对照鲁花9号增产13.95%。

适宜密植，套种、夏播一般每公顷15.0万～16.5万穴，每穴2粒为宜。适宜在河南、安徽淮北地区、辽宁南部、山西太原、山东胶东地区春播种植。在河南南部光热资源充足的地区夏播种植。

邢花1号

河北省邢台农业科学研究所选育。1999年河北省农作物品种审定委员会审定。2001年全国农作物品种审定委员会审定。

品种来源：花17×RH321

株型直立，疏枝，连续开花。主茎高41.4厘米，侧枝长46.1厘米，总分枝7.4条，结果枝4.7条，单株结果22.3个，荚果普通形，网纹明显，籽仁椭圆形，种皮粉红色，千克果数871.0个，千克仁数1 888.2粒，出仁率72.4%。叶片椭圆形，叶色浓绿，茎秆粗壮，结果集中，果柄坚韧，休眠性较强。抗倒性强，抗旱性好，较抗叶斑病，荚果整齐、饱满、双仁果多，籽仁无裂纹，无油斑。1998—1999年参加全国北方区春播早熟组区试，两年平均单产荚果3 690.9千克/公顷，籽仁2 693.7千克/公顷，较对照品种鲁花9号分别增产12.51%和11.64%。2000年生产试验，平均单产荚果4 629.15千克/公顷，籽仁3 220.65千克/公顷，比对照鲁花9号分别增产10.08%和9.61%。

适于春播或麦田套种，春播在河北以4月25日至5月10日播种为宜，麦田套种应在小麦收获前10～15天；种植密度每公顷15.0万穴，麦田套种16.5万穴，每穴2粒为宜；应施足基肥，浇足底墒水或播后浇蒙头水，及时锄草、治虫；成熟时仍有较多绿叶，要以荚果成熟与否为标准及时收获，适宜露地种植。

花育 17

山东省花生研究所选育。山东省农作物品种审定委员会1999年4月审定。全国农作物品种审定委员会2001年审定。2000年获国家农作物新品种后补助。低脂肪出口花生新品种。

品种来源：78212×79266

属近普通型大花生品种，株型直立，株高45厘米左右，分枝数7.1条，叶色深绿；结果集中，荚果普通形，籽仁椭圆形，内种皮金黄色，符合普通型传统出口大花生标准。抗旱耐涝性强，较抗根、茎腐病和病毒病，适应性广。山东省种子管理总站1998年统一在农业部食品质量监督检验测试中心（济南）测试，籽仁含油量44.6%，比一般大花生低5个百分点，提前完成了国家“九五”攻关计划“选育含油量低于45%的花生新种质”的任务；O/L值1.62，与山东普通型传统出口大花生相同。1999年8月经山东省农科院植保所统一对花生主要病害接种鉴定，花育17对花生条纹病毒病、晚斑病、根茎腐病和网斑病均有高抗性能。1996—1997年山东省花生新品种春播区域试验，两年19点次平均单产荚果3 961.5千克/公顷，比高产品种对照鲁花11增产12.5%；1998年参加山东省生产试验，6点次平均单产荚果4 947.0千克/公顷，比对照鲁花11增产13.3%。1998—1999年，在全国（北方片）花生新品种区域试验中，13点次平均单产荚果3 553.5千克/公顷，比对照鲁花9号增产15.1%，居首位。1998年在山东省莱州市培创高产田0.14公顷，经省科学技术委员会组织专家对其中1亩地进行严格实收验收，折合单产荚果9 079.35千克/公顷，是迄今为止花生实收亩产量最高的品种。

适时晚播。每公顷播种15.0万～16.5万穴，每穴2粒。注意防涝，雨水大时及时排水。生育中后期应喷肥保叶；及时收获以免发芽。适宜种植地区北方花生产区。

远杂 9102

河南省农业科学院棉花油料作物研究所选育。2002 年全国农作物审定委员会审定。

品种来源：白沙 1016×A. chacoense

植株直立疏枝，属珍珠豆型。株高 30～35 厘米，侧枝长 34～38 厘米，总分枝 8～10 条，结果枝 5～7 条，叶片宽椭圆形，微皱，深绿色，中大；荚果茧形，果嘴钝，网纹细深，籽仁粉红色，桃形，有光泽，生育期短。高抗花生青枯病、抗叶斑病、锈病、网斑病和病毒病。1999—2000 年参加全国花生区试，1999 年平均单产荚果 3 717.0 千克/公顷，籽仁 2 872.5 千克/公顷，分别比对照品种中花 4 号增产 6.9%和 14.5%。2000 年 11 点平均单产荚果 4 065.9 千克/公顷，籽仁 3 142.5 千克/公顷，分别比对照中花 4 号增产 4.55%和 12.1%。

夏播要抢时早播，在河南以 6 月 10 日左右为宜。播种前施足底肥，生育前期及时中耕，花针期切忌干旱，生育后期注意养根护叶，及时收获。种植密度以每公顷 18.0 万～21.0 万穴，每穴 2 粒为宜。适于河南、河北、山东、安徽等省种植。

远杂 9307

河南省农业科学院棉花油料作物研究所选育。2002 年全国农作物品种审定委员会审定。

品种来源：白沙 1016×（福青×A. chacoense）

植株直立疏枝，属珍珠豆型品种。主茎高 30 厘米左右，侧枝长约 33 厘米，总分枝 8～9 条，结果枝约 6.5 条，单株结果数 11～14 个，叶片宽椭圆形，深绿色，中大；荚果茧形，果嘴钝，网纹细深，籽仁粉红色，桃形，有光泽，生育期较短，北方花生产区夏播 110 天左右，高抗青枯病，抗叶斑病、网斑病和病毒病。

2000—2001 年参加全国北方花生区试。2000 年两年平均单产荚果 3 190.65 千克/公顷，籽仁 2 348.55 千克/公顷，分别比对照白沙 1016 增产 9%和 14.15%。2001 年在全国花生生产试验中，平均单产荚果 3 729.75 千克/公顷，籽仁 2 722.35 千克/公顷，分别比对照白沙 1016 增产 10.94%和 15.93%。

夏播要抢时早播，一般不晚于 6 月 10 日。生育前中期以促为主，播种前施足底肥或苗期及早追肥，及时中耕，花针期切忌干旱，生育后期注意养根护叶，及时收获。种植密度以每公顷 18.0 万～21.0 万穴，每穴 2 粒为宜。适于在河南、山东、河北、山西省及安徽省北部，江苏省北部种植。

豫花 7 号

河南省农业科学院经济作物研究所选育。1995 年河南省农作物品种审定委员会审定。1999 年安徽省农作物品种审定委员会审定。2000 年全国农作物品种审定委员会审定。

品种来源：开封大拖秧×徐州 68-4

直立疏枝型，主茎高 32～47 厘米，侧枝长 34～54 厘米，总分枝 8～10 条，结果枝 5～8 条；叶片椭圆形，深绿色，中等大小；荚果普通形，多为二室果，籽仁粉红色，椭圆形，出仁率 70.8%～77.1%；油酸含量 39.18%，亚油酸含量 40.13%。麦套生育期 120 天左右。抗叶斑病、病毒病，对一般常见病（锈病、网斑病）抗性较好。1992—1994 年河南省麦套花生区域试验，3 年平均折合单产荚果 3 939.15 千克/公顷，籽仁 2 915.85 千克/公顷，分别比对照增产 14.56%和 20.87%。1993—1994 年参加河南省花生生产试验，两年平均每公顷产荚果 2 929.5 千克，籽仁 2 094.0 千克，分别比对照增产 7.4%和 11.8%。1997—1998 年安徽省生产试验，两年平均每公顷产荚果 5 335.45千克，籽仁 4 035.75 千克，分别比对照增产 20.42%和 23.79%。2000 年获国家科技进步二等奖。

麦田套种应在麦收前 10 天左右播种，在河南等地，一般在 5 月 20 日左右；春播一般在 4 月底或 5 月初；地膜覆盖可提早到 4 月上中旬。麦田套种花生一般每公顷播种 15.0 万穴左右，每穴2粒为宜；春播可根据地力适当稀植，一般掌握在每公顷12.0万～13.5万穴。

豫花9号

河南省濮阳农业科学研究所选育。1997年河南省农作物品种审定委员会审定。1999年北京市农作物品种审定委员会审定。2000年全国农作物品种审定委员会审定。

品种来源：濮阳513×濮阳77-4

植株直立，密枝型，交替开花。出苗整齐，发棵早，长势强，不早衰。株高41.9厘米，总分枝11.1条，结果枝5.9条。叶片椭圆形、绿色、中等大小，叶片功能期保持时间较长。荚果普通形，籽仁椭圆形，粉红色，色泽鲜艳，无油斑。开花早，花量大，结实性强，双饱果多。麦套110～120天。较抗叶斑病、病毒病、锈病及枯萎病。种子休眠性强。1995—1996年参加河南省区试，两年平均折合单产荚果3 775.5千克/公顷，籽仁2 734.5千克/公顷，分别比对照豫花1号增产12.34%、14.94%。1995—1996年参加河南省生产试验，两年平均公顷产荚果3 652.8千克，籽仁2 588.25千克，分别比对照增产8.76%、10.10%。1996—1998年参加北京市区试，3年平均折合单产荚果4 470.45千克/公顷，比对照鲁花9号增产9.72%。1997—1998年北京生产试验两年6次平均每公顷产荚果4 363.5千克，比对照增产6.35%。

在河南春播5月1日前后播种，地膜覆盖提早到4月中旬，麦田套种5月20日左右。春播或高肥水地块每公顷种植12.0万～13.5万穴，麦田套种或中低产田种植13.5万～15.0万穴，每穴均为2粒。春播种植，尤其地膜覆盖，应注意施足底肥，增施有机肥；麦垄套种，麦收后要及时中耕灭茬，可结合中耕每公顷施优质农家肥1.5万～3.0万kg，磷肥225～375千克，尿素75～112.5千克，促苗早发；高产地块要注意控旺防倒。适宜河南、北京花生产区种植。

豫花 10 号

河南省开封市农林科学研究所、辽宁省锦州市农业科学院选育。由河南省开封市农林科学研究所申报。1997 年河南省农作物品种审定委员会审定。1999 年北京市农作物品种审定委员会审定。2000 年全国农作物品种审定委员会审定。

品种来源：8001①×锦交 4 号

株型直立，疏枝型，连续开花。主茎高 40.3 厘米，侧枝长 45.7 厘米，总分枝 6.6 条，结果枝 4.3 条。叶片椭圆形、绿色。单株果数 12.0 个，单株生产力 17.0 克。荚果曲棍形，一室率 21.7%，二室果率 62.7%，三室荚果率 15.6%，饱果率 69.3%。籽仁长椭圆形，种皮浅粉红色，无油斑。出苗整齐，苗期长势强，后期不早衰、有效叶面积大。籽仁蛋白质含量 31.10%，脂肪含量 46.64%。全生育期春播 130 天左右，麦套 120 天左右。较抗病毒病、枯萎病、锈病、叶斑病。抗旱性中等，抗涝性稍弱。1994—1996 三年全国北方春播区试中河南省试点平均折合单产荚果 2 719.5 千克/公顷，较对照鲁花 9 号增产 7.4%。1994 年，1997—1998 年参加北京市区试，三年平均折合单产 3 070.5 千克/公顷，比对照花 37 增产 14.3%。1995—1996 年河南省生产试验两年平均每公顷产量 2 509.5 千克，比对照增产 7.25%。1997—1998 年北京市生产试验两年平均每公顷产荚果 4 408.5 千克，比对照增产 6.3%。

适宜春播和麦田套种，春播覆盖地膜应于 4 月下旬～5 月上旬播种，麦套 5 月中旬前后播种，每公顷播种 13.5 万～16.5 万穴，每穴 2 粒。要施足底肥，高水肥地块注意控徒长，将株高控制在 50 厘米左右。当饱果率达到 70%左右时及时收获，避免荚果发芽。适宜河南、北京大花生产区种植。

豫花 11

河南省农业科学院棉花油料作物研究所选育。1998 年河南省农作物品种审定委员会审定。2001 年全国农作物品种审定委员会审定。

品种来源：抗青10号×鲁花3号

株型直立，疏枝，属中间型品种。主茎高40～47厘米，侧枝长45～51厘米，总分枝7～10条，结果枝6～8条，单株结果数10～13个。叶片长椭圆形，深绿色，中等大小。荚果普通型，果嘴微锐，网纹细浅，多为二室果，籽仁椭圆形，粉红色，千克果数649.8个，千克仁数1 324.2粒。出仁率74.3%。麦田套种生育期120天左右，春播134天左右。抗叶斑病和锈病，耐病毒病。1998—1999年参加全国（北方区）春播中熟组花生区域试验，两年平均单产荚果3 990.45千克/公顷，籽仁3 319.0千克/公顷，分别比对照鲁花9号增产7.32%和8.41%。2000年生产试验，平均单产荚果4 360.5千克/公顷，籽仁3 174.0千克/公顷，分别比对照鲁花9号增产6.9%和6.9%。

在河南麦田套种应在5月20日左右播种，春播在4月底至5月初播种，地膜覆盖栽培可提前到4月15日左右播种。以每公顷12.0万～15.0万穴，每穴2粒为宜，麦田套种应在麦收后及时中耕灭茬，早追肥促苗早发；中期，高产田块要及时控制旺长倒伏；后期应注意旱浇涝排，适时进行根外追肥，补充营养，促进果实发育充实。适于在河南西北部、江苏北部、河北北部、陕西关中地区种植。

豫花14

河南省农科院棉花油料作物研究所选育。1999年河南省农作物品种审定委员会审定。2002年全国农作物品种审定委员会审定。

品种来源：1985年以抗青10号为母本，鲁花3号为父本杂交育成。

株型直立，株高39.7厘米，侧枝长44.7厘米，总分枝8条，结果枝6条，单株果数10.8个。属珍珠豆型中粒早熟品种，夏播生育期110天左右，叶片倒卵形、深绿色、中大。荚果为茧形，百果重 166.7 克，籽仁粉红色、桃形，百仁重 63.0 克，出仁率 75.62%。蛋白质含量 28.94%，脂肪含量 51.03%，油酸含量 35.7%，亚油酸含量 42.58%，油酸/亚油酸值 0.84。抗叶斑病、锈病、病毒病，高抗青枯病。1998—1999 年参加全国（北方区）夏播组花生区域试验，两年 13 点平均单产荚果 3 501.3千克/公顷，籽仁 2 589.0 千克/公顷，分别比对照鲁花 12 增产 0.03%和 5.36%。

麦收后要抢时早播，一般不应晚于 6 月 15 日，最好在 6 月 10 日前播种结束。有条件的地方，整地前要施足底肥，足墒播种，争取一播全苗。一般水肥地以每公顷 15.0 万～18.0 万穴，每穴 2 粒为宜，旱薄地要加大密度，最低保持在每公顷 18.0 万穴，高肥水地块适当减至 15.0 万穴左右。田间管理以促为主，促控结合。适于河南、安徽等小花生产区种植。

开农 30

河南省开封市农林科学研究所选育。2001 年河南省农作物品种审定委员会审定、北京市农作物品种审定委员会审定。2002 年全国农作物品种审定委员会审定。

品种来源：开 83-3×鲁花 9 号

属直立疏枝型大花生，连续开花。全生育期 130 天左右。主茎高 41.4～46.3 厘米。总分枝 8.0 条左右。荚果普通型，网纹粗而明显，果嘴稍显，果长 3.82 厘米，籽仁椭圆形，粉红色，无油斑。高抗病毒病和枯萎病，抗叶斑病和网斑病，轻感锈病。抗涝性强，抗旱性中等。1997—1998 年参加河南省区试。1997 年平均单产荚果 4 797.0 千克/公顷，籽仁 3 413.25 千克/公顷，分别比对照豫花 1 号增产 10.12%和 12.18%。1998 年平均单产荚果 3 663.3 千克/公顷，籽仁 2 506.2 千克/公顷，分别比对照增产 3.24%和 7.57%。2000 年北京市生产试验平均单产荚果 4 458.0千克/公顷，籽仁 3 264.0 千克/公顷，分别比对照鲁花 9 号增产 7.0%和 3.9%。

适宜春播和麦套种植。春播地膜覆盖应于4月下旬～5月上旬播种，每公顷种植12.0万～12.75万穴，每穴2粒。麦套应于5月15～20日播种，每公顷种植13.5万～14.25万穴，每穴2粒。施足底肥，补充微量元素肥料。中后期注意控制旺长，将株高控制在50厘米左右。适于河南和北京春播和麦套种植。

天府11（原名粤油220）

广东农业科学院作物研究所选育。四川省南充市农业科学研究所申报。1997年四川省农作物品种审定委员会审定。1999年全国农作物品种审定委员会审定。

品种来源：（粤油187×粤油92）F1×（粤油320－26×粤油92）F1

株型直立，连续开花，叶片椭圆形。株高47.1厘米，单株总分枝数6～7条，结果枝5～7条。荚果蚕茧形和斧头形，果壳网纹中等，果嘴不明显，种仁桃形和椭圆形，种皮粉红色。荚果发育快、早熟性好，春播生育期120～130天，夏播110天。抗叶斑病性较强，耐旱性、耐涝性、种子休眠性均优于中花2号。高抗青枯病。在南方表现抗锈病能力弱。1988—1999年参加全国南方片花生品种抗青枯病组区试，3年18次平均折合单产3 084.15千克/公顷，比感病对照粤油116增产47.26%，比抗病对照粤油92增产17.32%（均达显著水平）。1996、1997年参加全国长江片区试抗病组10点次试验，平均折合单产3 333.0千克/公顷，比对照中花2号增产10.4%，达显著水平。青枯病抗性率达95.1%，比中花2号高0.9个百分点。1998年参加生产试验，平均单产荚果3 370.5千克/公顷，较对照增产17.2%；籽仁较对照增产19.0%。一般单产3 000.0千克/公顷左右，高产栽培可达5 250.0千克/公顷以上。

长江流域3月下旬至5月上、中旬播种，麦套花生以麦收前30天左右播种为宜。种植密度公顷13.5万～15.0万穴，穴播2粒，单株栽培21.0万株左右。大垄双行栽培或宽窄行栽培，垄距 80～83 厘米，其中宽行距 50～56 厘米、窄行距 27～30 厘米、穴距 17.5～20 厘米。每公顷施纯氮（N）90～120 千克，P20560～90 千克，K2060～90 千克。适宜长江流域等花生产区种植。

天府 14

四川省南充市农业科学研究所选育。2001 年四川省农作物品种审定委员会审定。2002 年全国农作物品种审定委员会审定。

品种来源：天府 9 号×海花 1 号

株型直立，连续开花，属中间型早熟中粒种，春播生育期 130 天左右，夏播 110 天左右。株高 43.0 厘米左右，单株总分枝数 5.4～7.5 条，结果枝 4.8～5.8 条，总果数 14.1～14.7 个。荚果普通形和斧头形，果壳网纹较浅，果嘴不明显或中等，籽仁椭圆形，种皮浅红色。抗倒力强，抗旱性较强，不抗叶斑病和青枯病。1999—2000 年参加全国长江片区域试验，两年平均单产荚果 4 042.5 千克/公顷，较对照中花 4 号增产 9.6%。2001 年生产试验，平均单产荚果 4 704.0 千克/公顷，籽仁 3 579.0 千克/公顷，分别较对照增产 8.52%和 15.27%。

长江流域春播以 3 月下旬至 5 月上、中旬为宜，麦套以麦收前 30 天左右播种为宜。种植密度以每公顷 13.5 万～15.0 万穴，每穴 2 粒为宜。施足基肥，及时防治病虫害，适时收获。青枯病疫区不宜种植。

适于长江流域非青枯病区种植。

粤油 202－35

广东省农业科学院作物研究所选育。1997 年广东省农作物品种审定委员会审定。1999 年全国农业作物品种审定委员会审定。

品种来源：粤油 39—54×粤油 116

株型直立紧凑，株高 55.9 厘米，侧枝长 61.67 厘米，总分枝 6.05 条，有效分枝 4.87 条，后期青叶多，叶色浓绿，叶片中等大小，单株结荚 11.8 个，饱果率 78.18%，双仁果率 80.79%。该品种生长势强，生育期偏长，为 130 天左右；荚壳较厚。抗倒伏，耐旱耐涝，高抗锈病和青枯病。1992—1994 年参加全国南方片花生新品种区域试验，3 年 35 点次平均折合单产 3 371.55 千克/公顷，比对照粤油 116 增产 20.50%，达极显著水平，居参试品种首位。

春播在惊蛰前后，秋植在立秋前后播种为宜。每公顷种植 27.0 万～28.5 万苗为宜。施足基肥，适量及时追肥，防止后期徒长。水田种植应注意后期排水，防止烂果。适宜华南花生两熟制地区的水田、旱坡地种植。

中花 5 号

中国农业科学院油料作物研究所选育。1997 年湖北省农作物品种审定委员会审定。1998 年全国农作物品种审定委员会审定。

品种来源：中花 1 号×鄂花 4 号

主茎高 45 厘米左右，总分枝 7～10 条，荚果斧头形，种皮粉红色，夏播 105～110 天。丰产性好，抗旱性强。1992—1993 年参加全国长江流域早熟花生区试，比对照中花 4 号增产 10.52%，达极显著水平。

春播一般 4 月中、下旬，夏播 6 月中旬播种为宜。春播密度每公顷 12.0 万～15.0 万穴，夏播 15.0 万穴以上，每穴双株。注意预防锈病和青枯病。适宜湖北、四川省以及河南、江苏、安徽等省南部产区种植。

湛油 30

广东省湛江市农业科学研究所选育。1999 年广东省农作物品种审定委员会审定。2002 年全国农作物品种审定委员会审定。

品种来源：粤油 223×汕油 523

株型直立，疏枝，属珍珠豆型品种，全生育期 120 天。主茎高 51.5 厘米，侧枝长 52.1 厘米，总分枝 6.6 条，结果枝 5.6

条，单株果数12.8个，饱果率81.2%。叶片小，深绿色。荚果普通形，双仁果率86.3%，百果重170.1克，籽仁粉红色，椭圆形。抗锈病、青枯病能力较强。油酸含量43.73%，亚油酸含量36.30%。1996—1998年参加全国（南方片）花生区试，三年平均单产荚果3 326.25千克/公顷，较对照汕油523增产5.14%。

应选择水田或有水源灌溉的旱坡地种植，栽培密度以每公顷28.5万～30.0万粒为宜；生长较旺的田块，注意控制徒长。适于华南地区种植。

徐花8号

江苏省徐淮地区徐州农科所选育。2001年全国农作物品种审定委员会审定。

品种来源：8034—5×鲁花6号

株型直立、疏枝、连续开花，属中间型中早熟大粒品种。主茎高48厘米左右，侧枝长52厘米左右。总分枝7～8条，结果枝5～6条。叶片椭圆形，较大，绿色。荚果普通形，较大，籽仁椭圆形，种皮粉红色，无褐斑裂纹。千克果数696.8个，千克仁数1 504.2粒，出仁率68.7%。夏播地膜覆盖110天左右。抗旱、抗涝性及抗病性均比对照强。

1998—1999年全国北方片花生区试，两年平均单产荚果3 584.4千克/公顷，比对照品种鲁花9号增产9.26%。2000年生产试验，平均单产荚果4 604.55千克/公顷，比对照品种鲁花9号增产9.50%。

选择排水良好的沙土、沙壤土种植，重黏土不宜种植。淮北地区春播露地栽培适宜播期为4月底5月上旬，地膜覆盖可提前15天，夏播要力争早播，不能晚于6月15日。种植密度中肥地块春播每公顷12.0万～13.5万穴，夏播15.0万～18.0万穴，每穴2粒为宜。要施足基肥，增施有机肥，有条件的可采用起垄和地膜覆盖。生育中后期如出现生长过旺，要进行调控并及时做好田间管理和病虫害的防治工作。

适宜在辽宁南部、安徽淮北地区及江苏北部种植。

锦花 5 号

辽宁省锦州农业科学院选育。2001 年全国农作物品种审定委员会审定。

品种来源：1988 年从引入的 N836-1 品系的变异株中系选育成。

株型直立，疏枝，属早熟中粒品种，在北方夏播生育期 107.5 天。主茎高 41.9 厘米，侧枝长 45.2 厘米，总分枝数 7.7 条，结果枝数 5.3 条，单株结果数 11.6 个，千克果数 917.0 个，千克仁数 2 022.8 个，出仁率 71.2%。叶色绿，抗倒性强，较抗叶斑病。1998 年全国北方片夏播组区试，平均单产荚果 4 195.05千克/公顷，较对照增产 13.6%；1999 年平均单产荚果 3 628.35千克/公顷，较对照增产 14.29%；两年平均单产荚果 3 934.6千克/公顷，较对照增产 12.38%。2000 年生产试验，平均单产荚果 2 605.5 千克/公顷，较对照增产 9.5%，籽仁 1 839.0千克/公顷，较对照增产 8.3%。

选择沙壤土种植，应增施肥料。种植密度每公顷 15.0 万穴，每穴 2 粒为宜。在辽宁只适于春播。

适宜在河北、河南东部、江苏北部、山东中北部、安徽淮北地区种植。

珍珠红 1 号

广东省农业科学院作物研究所选育。2002 年 3 月通过广东省农作物品种审定委员会审定。

品种来源：（湛油 12×狮油红）×湛油 12

是国内首次育成并通过审定的富含白藜芦醇花生新品种，种皮和子叶白藜芦醇含量分别达到 9.2 微克/克和 9.3 微克/克，比美国报道的同类品种含量高 10 倍。2000—2001 年参加广东省花生新品种区域试验，平均单产 3 666.4 千克公顷，分别比对照粤油256增产15.14%，达到极显著水平。

为特殊用途品种，系属营养保健型花生，适应市场需求。

泰花3号

江苏省泰州市旱地作物研究所选育。2002年全国农作物品种审定委员会审定。

品种来源：泰花1号×粤油551-116

株型直立，紧凑。株高40.6厘米，总分枝数7.9条，结果枝6.4条。单株果数12.8个，生长势强，结荚集中。荚果普通形，中等稍大。籽仁椭圆形，种皮粉红色，无油斑、无裂纹、有光泽。百果重193.5～228.8克，百仁重81～91.9克，出仁率75.0%。籽仁水溶性糖含量达5.8%，较普通花生含2.8%翻了一番。鲜食甜美可口，烘烤后甜香浓郁，被称为“泰兴甜花生”。生育期短，在江苏春播生育期125天左右。抗旱性较强，种子休眠性强。为俗称的“泰兴甜花生”系列新品种之一。

1999—2000年参加全国（长江流域片）区域试验，1999年平均单产荚果3 766.5千克/公顷，较对照中中花4号增产4.18%。2001年生产试验，平均单产荚果4 385.55千克/公顷，籽仁3 235.5千克/公顷，分别较对照中花4号增产4.32%和7.38%。

应选择肥力中等以上的沙土、沙壤土田块种植。重施基肥、早施苗肥，做到平衡施肥。适于覆膜栽培，种植密度以每公顷13.5万～14.25万穴，每穴2粒为宜。适于江苏南部、安徽江淮之间、四川东部种植。

表37　部分优质高产花生品种主要特征特性

品种名称	生育期d	常规特性	百果重g	百仁重g	出米率%	蛋白含量%	脂肪含量%	总抗病性	O/L	高产水平kg/hm²
花17	145	抗旱不耐涝、瘠	252.6	108.4	72.1	27.5	54.19	较强		7 500以上

（续）

品种名称	生育期 d	常规特性	百果重 g	百仁重 g	出米率%	蛋白含量%	脂肪含量%	总抗病性	O/L	高产水水平 kg/hm²
鲁花4号	140	抗旱	253.0	104.3	75.4	28.56	52.53	较强		7 500左右
鲁花9号	130	抗旱	223.5	93.8	72.6	27.83	55.19	强		7 500以上
鲁花10号	140	抗旱耐肥	274	116	71.4	26.99	54.20	较强	1.58	7 500以上
鲁花11	135	抗旱耐肥	230.8	92.6	73.2			强		9 375
鲁花14	130	抗旱耐瘠	274	116	71.4	26.99	52.20	强		10 602
鲁花15	130	适应性强	142.3	62.2	73.0			强	1.44	
花育18	130	耐肥水	225.7	103.3	77.0	26.00	54.80	强		7 500以上
花育19	130	耐旱抗倒	251.4	96.4	70.0	28.6	52.99	强	1.97	9 123.0
8130	140	抗旱耐肥	230	100	73.0	27.0	54.00	较强	1.76	7 500以上
花育20	夏播114	抗旱抗倒	173.8	68.6	73.3	27.7	53.72	强	1.51	6 753.0
花育22	130	抗旱耐涝	250	110	72.1	24.3	49.2	强	1.71	9 222.0
花育23	129	适应性强	153.7	64.2	74.5	22.9	53.1	强	1.54	8 322.3
中华8号	125	抗旱	227.4	90.8	75.3	25.86	55.37	较强		
粤油79	124	抗旱抗倒	173.2		70.5	32.23	51.92		1.69	
豫花15	套种115	耐肥	234.3	93.7	71.1	25.93	55.46	强		
邢花1号	135.7	抗倒耐阴	181.1	74.0	72.4	27.64	53.07	强		
花育17	130	抗旱耐涝	216.1	90.0			44.6	较强	1.62	9 079.35
远杂9102	夏播100	耐肥水	165.0	66.0	73.8	24.15	57.4	强		
远杂9307	夏播110		182.2	74.9	73.6	26.52	54.07	强		
豫花7号	夏播120		230.0	95.0	70.8～77.1	28.59	54.62	较强	0.98	

（续）

品种名称	生育期 d	常规特性	百果重 g	百仁重 g	出米率%	蛋白含量%	脂肪含量%	总抗病性	O/L	高产水平 kg/hm²
豫花9号	130	抗旱耐涝	240.0	94.0	72.0	28.82	47.58	强		
豫花10号	130	不够抗涝	201.5	84.3		31.10	46.6	较强		
豫花11	134		221.1	92.5		23.90	52.15	强		
豫花14	夏播110		166.7	63.0		28.94	51.03	强	0.84	
开农30	130	抗涝性强	222.6	108.7		23.65	53.36	强	1.1	
天府11	120～130	抗旱耐涝	154.1	61.2		28.4	50.94			
天府14		抗倒伏	155.7	68.9		23.88	51.86			
粤油202-35	130	抗旱耐涝	164.19			32.23	53.5	强	1.56	
徐花8号	135		246.3	89.8		24.77	55.0			
中花5号	120～125		185.0	85.0		26.51	55.4	较强		
湛油30	120		170.1	63.8		26.2	49.08	较强	1.02	
锦花5号	夏播107.5		138.7	60.5				较强		
珍珠红1号		高含白藜芦醇								
泰花3号	125	抗旱	193.5～229	81.0～91.9	75.0					

（三）因地制宜选用抗病品种

不同品种感病种类和感病程度不同，为了确保无公害花生高产优质，应因地制宜选用抗病品种。危害花生的病害多达50余种，仅就几种主要病害而言，如果花生根结线虫病较重的产区，应选用高抗品种鲁花9号、花育16和79266，禁用高感品种鲁花8号。如果花生黑斑病、褐斑病发生重的年份，选用高抗品种鲁花11、8130和鲁花14，禁用豫花5号。如果花生网斑病发病重的年份，选用鲁花10号、群育101、和鲁花11，禁用高感品种鲁花8号。如果花生菌核病发病重的年，选用鲁花11、鲁花8号和豫花5号，禁用高感品种8130。抗锈病兼抗青枯病品种粤油79，抗青枯病品种中花4号等。推广选用抗病品种，可不用或减少化学农药的施用。

根据需要选用品种，喜欢高蛋白含量的，选用鲁花4号、花育19、鲁花9号。喜欢低蛋白含量的选用花育17、21和潍花6号。喜欢高脂肪含量的选用豫花15、中华8号、鲁花9号。为了耐储藏，选用油酸/亚油酸值大的品种，比值大的品种有花育19、8130、花育22等。由此可见，花生良种的选用要因需选用。

在无公害花生生产过程中，要防止品种单一化和多、乱、杂，根据当地自己的具体情况，确定一个主栽品种和1～2个搭配品种。在具体种植过程中，一般要掌握中熟品种搭配早熟品种，高产品种搭配中产稳产品种，出口品种搭配油用品种，垂直抗性品种搭配水平抗性品种。这样既可避免因自然灾害发生而导致花生产量大幅度减产；又可避免因内、外贸形式不好而造成农民收入降低。

（四）保持优良品种种性主要技术

由于各产区选用的良种是几个，生产过程中人为机械混杂，种植时间长了，生物学混杂，品种本身遗传性发生变化和自然变异，以及不正确的选择等，往往都会导致良种混杂退化。随着良种使用年限的延长，品种混杂退化的程度就愈加严重。良种退化后，生长不整齐，成熟期不一致，产量降低，质量下降。尤其是直接影响到对外贸易，近几年，我国出口花生适销品种较少，而且退化混杂比较重。如山东省在20世纪70年代末逐渐以花17、鲁花4号等新品种代替传统出口的农家品种，这些新品种承袭了传统品种的大部分优点，因此享有较高的国际声誉。但是，由于混杂退化问题已使我国出口花生在国际市场上的竞争力大大下降。中国检验检疫部门规定出口花生的异类型粒不得超过5%，而美国的花生标准规定异品种限量为1%。

研究与实践表明，良种在推广过程中，保持良种原种性是高产优质的前提，最有效的办法是坚持经常性地提纯复壮。生产实践证明，经过提纯复壮的花生原种一般可增产10%左右，而且可大大延长优良品种的使用寿命和应用价值。花生良种提纯复壮技术，主要包括简易原种繁殖技术（三年二圃制）、果选和仁选等技术。

1. 简易原种繁殖技术 简易原种繁殖技术也即三年二圃制技术，是花生良种提纯复壮最常用的技术，具体内容如下：

选择单株：提纯复壮的花生良种必须是生产上大面积推广，并且具有利用前途的品种，或试验示范表现好而准备推广的新品种，亦即具有广阔的推广前景准备作为生产原种的品种。为了选株方便和有利于植株充分生长发育，种植密度不宜过大，而且必须单粒播种。花生收获时，首先进行田间单株选择，选择具有原品种特征、特性、丰产性好的典型优良单株，为了保证质量，已经生产原种的，应在原种圃内选择。选择单株数量应根据原种圃面积而定，一般每种植6.6公顷选1 000株左右为宜。当选单株要及时挂牌编号，充分晒干，分株挂藏或分袋保存。播种前再根据荚果饱满度、结果多少、种子形状和种皮色泽等典型性进行一次复选。

种株行圃：选择地势平坦、地力均匀、旱涝保收、无线虫病、不重茬的地块为株行圃。将上年当选的优良单株，分株剥壳装袋，以单株为单位播种，每个单株播种1行，每9行或19行设1行原品种为对照行。行长一般为6～10米，行距45厘米。以单株编号顺序排列。生育期间要做好鉴定、观察和记载。苗期主要观察记载出苗期和出苗整齐度；花针期主要观察记载株型、叶形、叶色、开花类型、分枝习性、抗旱性等；成熟期主要观察记载成熟早晚、抗病性、株丛高矮及是否表现一致等；收获期要记载收获时间，先收淘汰行和对照行，后收初选行，同时观察记载初选行的丰产性、典型性和一致性，以及荚果形状、大小及其整齐度等性状。性状一致的株行可混合摘果。性状特别优良的株行可分别单独摘果装袋，标记株行号。收获后抓紧时间晒干，搞好种子贮藏。

种原种圃：要选择中等肥力以上的砂壤土，施足基肥后作为原种圃。将上年度株行圃混收的种子，单粒播种，密度不宜过大，要按高产高倍方法繁殖原种。秋季适时收获，搞好贮藏，以供翌年无公害生产用种。

2. 选花生果、选花生仁技术 选果：选果要坚持每年进行。首先在种子田或大田收获时，选择生长发育正常的地片，剔除病株、杂株和劣株后混合收获，然后，结合场上晒种时淘汰劣、病果和杂果，选出双仁，好果留种。

选仁：在果选的基础上，在播种前结合剥壳，首先剔除芽仁、伏仁、病仁和杂仁后进行分级粒选。一般分为三级，以一级仁作种为最好，在种源少时也可选用二级仁搭配用种，三级仁不宜作种用。

以上几种提纯复壮技术比较，简易原种繁殖技术较选果、选仁技术的提纯复壮效果好，性状遗传性强，但工作量较大；选果、选仁提纯复壮效果较差，性状遗传性弱，但经历时间短，工作量少，各产区根据当地具体情况灵活运用，确保优良花生品种种性。

十、无公害花生地膜、除草剂的选用与除草技术

我国花生田杂草种类繁多，数量较大，发生普遍，在花生生产过程中与花生争光、争肥、争水，直接影响到花生的产量和质量。杂草还是病虫害的寄主，可以助长病虫害的发生蔓延。要控制杂草危害，首先要识别杂草，了解其发生规律和危害特点，掌握其经济高效的防除方法。

（一）花生田杂草种类及其特性

据报道我国花生田杂草多达80余种，分属30余科。以禾本科杂草为主，其发生量占花生田杂草总量的60%以上。其次为菊科、苋科、茄科、莎草科、十字花科、大戟科、藜科、马齿苋科等。

1. 禾本科杂草 主要有马唐、牛筋草、野燕麦、狗牙根、大画眉草、小画眉草、白茅、雀稗、狗尾草、结缕草、止血马唐、稗草、千金子、龙爪茅、虎尾草等。

（1）马唐（*Digitaria sanguinalis* L. Scop.） 别名暑草、叉子草、线草。马唐为一年生杂草，株高40～60厘米，上部直立，中部以下伏地生，节具有不定根。叶鞘短于节间，稀疏长毛；叶舌卵形，棕黄色，膜质；叶片长线状披针形或短线形，疏生软毛或无毛。总状花序，由2～8个细长的穗集成指状，小穗较大，狭披针形，孪生或单生。颖果长椭圆形，较大，成熟后灰白色或微带紫色。马唐适应性较强，主要旱作物田间均有发生，通常单生或群生，喜湿喜光性较强，适生于潮湿多肥的花生田。

多数5～6月份出苗，7～8月份开花，8～9月份成熟。一生均可为害花生，一株马唐种子数百至数千粒。种子边成熟边脱落，靠风力、水流和人畜、农机具携带传播。种子生命力强，被牲畜整粒吞食后排出体外或埋入土中，均能保持发芽力。

（2）牛筋草（*Eleusine indica* L. Gaertn） 别名蟋蟀草、蹲倒驴。牛筋草为一年生杂草，根须状，秆扁，自基部分枝，斜生或偃卧，秆与叶强韧，不易拔断，高10～60厘米，叶鞘压扁而有脊，叶舌短。叶片条形，扁平或卷折，无毛或上部具有柔毛。穗状花序2～7枚，呈指状排列于秆顶，有时其中1～2枚单生于花序之下。小穗无柄，有花3～6朵，成2行，紧密着生于宽扁穗轴之一侧，颖披针状，不等长，有脊，外颖短，内颖长。内稃短，脊上有纤毛，外稃长，脊上有狭翅。颖果呈三角状卵形，黑棕色，有明显的波状皱纹。牛筋草根系发达，耐旱，繁殖量大，适生于向阳湿润环境，由于根系发达，故与花生争夺土壤养分明显。5～8月份屡见幼苗，开花结果期6～10月份，一生均可为害花生。由种子繁殖，种子边成熟边脱落，可由风和人畜携带远距离传播。种子经冬眠后发芽。种子寿命较长，埋在旱田的种子寿命比水田的长，3年后旱田内发芽率为23.8%，水田为13.5%。4年后分别为6.7%和3.0%。

（3）画眉草（*Eragrostis pilosa* L. Beauv.） 别名蚊子草、星星草。画眉草为一年生杂草，株高20～60厘米，秆细弱，直立或茎部膝曲，多密集丛生。叶鞘有脊，口缘具长毛，叶片线形，柔软；叶舌具有纤毛。圆锥花序，总花梗下部光滑，上部粗涩。小穗直立，线状披针形，成熟后暗绿色或带紫色，小花3～14枚，护颖易脱落，外稃侧脉不显著，内稃弓状弯曲。种子为不规则椭圆形，棕色或微带紫色。画眉草喜潮湿肥沃的土壤。多数5～6月份出苗，7～8月份开花，8～9月份成熟，一生与花生共生。一株发育良好的画眉草，能产生几十个分蘖，产生种子数万粒，种子极小，可借风力远距离传播，埋在土壤深处的种子能保持几年不丧失发芽力。

（4）狗尾草（*Setaria viridis* L. Beauv.） 别名谷莠子。狗尾草为一年生晚春杂草。株高20～60厘米，直立或茎部膝曲，通常丛生，叶鞘圆形，短于节间，有毛，叶舌纤毛状。叶片线形或纤状披针形，基部渐狭呈圆形，开展，圆锥花序紧密呈圆柱形，通常微弯垂，绿色或变紫色，总轴有毛，小穗椭圆形，顶端钝，3～6个簇生，外颖稍短，卵形，具3脉，内颖与小穗等长或稍短，具有5脉，不稔花外颖与内颖等长，结实花外颖较小，穗较短，卵形，革质。颖果椭圆形，扁平，具脊。狗尾草适应性较强，各种类型花生田均可生长，多数4～5月份出苗，7～8月份开花，8～9月份成熟。在良好的生长条件下，植株高大，分枝多，否则相反，但均可开花结实。种子由坚硬的厚壳包被，被牲畜整粒吞食后排出体外或深埋土壤中一定时间，仍可保持较高的发芽力。

2. 菊科杂草 主要有刺儿菜、蒲公英、苍耳、苦菜、飞镰、黄花蒿、艾蒿、三叶鬼针草等。

（1）刺儿菜［*Cephalanoplos Segetum*（Bunge）Kitam.］ 别名小蓟、刺蓟。刺儿菜为多年生根蘖杂草，有较长的根状茎。茎直立，株高20～50厘米，上部具有分枝，全草被绵毛，叶互生，有短柄或无柄；叶片狭长卵形，狭披针形或长椭圆披针形，先端尖，全缘或有齿缘，有刺，头状花序，单生于顶端，雌雄异株，雄花序较小，雌花序较大，花苞片多层，外层苞片短，有刺，淡红色或紫红色，全为冠状花，瘦果长卵形，褐色，冠毛羽状，白色或褐色。适宜生长在多腐殖质的微酸性至中性土壤。根分布在50厘米左右的土壤中，最深可达1米。土壤上层的根着生越冬芽，向下则着生潜伏芽。多数5～9月间可随时萌发，6～7月份开花，7～8月份成熟。一株刺儿菜有种子数十粒，但通常只开花而较少结实，或者只生长茎叶不开花结实。铲掉地上部或犁断根部，残茬和根部都能成活。

(2) 苦菜 [*Ixeris chinensis* (Thunb.) Nakai] 别名山苦荬、黄鼠草、苦荬菜、苦麻子、奶浆草。苦菜为多年生草本根蘖杂草。株高 10～20 厘米，茎直立或茎部稍斜，多分枝，全草具有白色乳汁。根叶簇生，有短柄或无柄，叶片狭长披针形或线形，羽裂或具有浅齿，裂片线状，幼时常带紫色。茎叶互生，无柄，向上渐小，全缘或疏具有齿牙。头状花序排列成稀疏的聚伞状，花朵小而多。总苞 2 列，钟状。舌状花白色、黄色或粉红色。瘦果黑褐色，有条棱，冠毛白色。苦菜抗旱、耐寒，在酸性和碱性土壤中都能生长，解冻不久就返青，到上冻时就枯死。根斜行或平行伸在 10～15 厘米的土壤中，主、侧根都着生不定芽。5～6 月份开花，7～8 月份成熟。种子边成熟边脱落，能被风吹到很远处，经过两周左右的休眠期，即可发芽出苗。根的再生能力强，被切得很短的根段，都能发芽成活。

(3) 鬼针草 (*Bidens bipinnata* L.) 别名鬼叉草、鬼子针、婆婆针。鬼针草为一年生晚春性杂草，株高 40～60 厘米，上部多分枝，茎圆形，黑褐色。叶互生或对生，有柄，叶片羽状细裂，裂片线形或狭长圆状披针形，背面具有长毛。头状花序，顶生。花状两种：舌状花黄色，通常 1～3 朵，不发育；管状花黄色，发育。瘦果线状，有 3～4 棱，有短毛。顶端冠毛芒状，3～4 枚，长 2～5 厘米。鬼针草适应性强，高燥地和低湿地块皆有发生。在肥沃的地块，植株高大，分枝也多。在旱薄地生长纤细，分枝少。多数 5～6 月份出苗，7～8 月份开花，8～9 月份成熟。一株鬼针草有种子数百至数千粒。种子能借助果实的刺毛，黏附在人、畜体上向外传播。充分成熟的种子，经过越冬能全部整齐地出苗。

3. 苋科杂草 主要有反枝苋、白苋、凹头苋、青葙（鸡冠子）等。

(1) 反枝苋 (*Amaranthus retroflexus* L.) 别名苋菜、人苋菜、西风谷。反枝苋为一年生晚春性杂草。株高 80～100 厘米，直立。茎圆形，肉质，密生短毛。叶互生，有柄，叶片倒卵形或卵状披针形，先端钝尖，基部广楔形，边缘具有细齿。圆锥花序，顶生或腋生，密集成直立的长穗状花簇多刺毛。花被5，白色，先端钝尖，雄蕊5，雌蕊1，子房上位。种子扁圆形，极小，黑色，光亮。反枝苋适应性强，不同条件下的花生田均有生长。不耐阴，在高秆作物田生长不良。多数5～6月份出苗，7～8月份开花，8～9月份成熟。出苗期可持续到8月份，晚期出苗的矮小株也能开花结实。一株可有种子数万粒，种子边成熟边脱落，经过越冬才能发芽出苗。种子被牲畜整粒吞食后排出体外仍能发芽。埋在深层土壤中可保持10年的发芽力。

（2）青葙（*Celosia argentea* L.）　别名野鸡冠花。青葙为一年生草本，全株光滑无毛。茎直立，高30～100厘米，有分枝或不分枝，具条纹。叶互生，具短柄。叶片椭圆状披针形至披针形，全缘。穗状花序圆柱状或圆锥状，直立，顶生或腋生。苞片，小苞片和花被片干膜质，光亮，淡红色。胞果卵形，盖裂。种子倒卵形至肾脏圆形，稍扁，黑色，有光泽。由种子繁殖，喜较湿润农田，秦岭以南各省区较多。多数6月份出苗，8～9月份开花成熟。

4. 茄科杂草　主要有苦职、龙葵、曼陀罗、附地菜等。

（1）苦职（*Physalis pubescens* L.）　别名毛酸浆、洋姑娘。一年生草本，全体密生短柔毛。茎铺散状分枝，斜横扩张，高20～60厘米。叶互生，具长茎。叶片卵形或卵状心形，边缘有不等大的齿。花单生于叶腋，花梗弯垂。花萼钟状，先端5裂。花冠钟状，直径6～10毫米，淡黄色，5浅裂，裂片基部有紫色斑纹，具缘毛。雄蕊5，花药黄色。浆果球形，被膨大的宿萼所包围，宿萼椭圆状卵形或宽卵形，基部稍凹入。种子倒宽卵形。由种子繁殖，长江以南各省较多，5～6月份出苗，7～8月份开花，8～9月份成熟。

（2）龙葵（*Solanum nigrum* L.）　别名猫眼、黑油油、黑

星星、七粒扣。龙葵为一年生晚春杂草。株高50～100厘米，直立，上部多分枝，茎圆形，略有棱，叶互生，有柄，卵形，质薄，边缘有不规则的粗齿，两面光滑或有疏短柔毛，伞房状花序，腋外生，有梗。萼钟状，5深裂。花瓣5，白色。雄蕊5，花药黄色。雌蕊1，子房球状，2室。浆果球形，直径约8毫米，成熟时黑色。种子扁平，近卵形，白色，细小。龙葵喜光性较强，要求肥沃、湿润的微酸性至中性土壤。多数5～6月份出苗，7～8月份开花，8～9月份成熟。花由下而上逐次开放。浆果味甜可食，整粒种子被吞食后排除体外仍能发芽。种子埋入耕作层，多年不丧失发芽力。

5. 其他科杂草

（1）*碎米莎草*（*Cyperus iria* L.） 别名三棱草、荆三棱。属莎草科一年生杂草，具须根，秆丛生，株高8～85厘米，扁三棱形，基部具有少数叶，叶宽2～5厘米，叶鞘红褐色。叶状苞片3～5枚，通常较花序长。长侧枝聚伞状花序复出。具4～9个辐射枝，最长者达12厘米，每个辐射枝具有5～10个穗状花序。穗状花序短圆状卵形，小穗排列松散、斜展、扁平，短圆形或披针形。雄蕊3，花柱短，柱头为小坚果倒卵形或椭圆形，三棱状，与鳞片等长，褐色，密生微突起细点。碎米莎草喜生于潮湿的花生田，田间湿度低于20%不能生长。多数5～6月份出苗，7～8月份开花，8～9月份成熟。一株有数千至数万粒种子，种子边成熟边脱落，种子极小，可随气流传播到远处。种子在当年处于休眠状态，经越冬后才能发芽出苗，埋在土壤深处的种子可以保持几年不丧失发芽力。

（2）荠［*Capsella bursa-pastoris*（L. Mcdic.）］ 别名荠菜、吉吉菜。属十字花科一年生或越年生杂草。株高50～60厘米，直立，多分枝，具有短毛，根叶簇生，呈莲座状，有柄，叶片长圆形披针形，疏浅裂至羽状深裂。茎叶互生，无柄，叶片长圆形至披针形，上叶近乎线形，基部箭头状，抱茎。总状花序，花白色。短角果倒三角形，中脉隆起，中间具有残余花柱。种子卵圆形，表面具细微疣状突起。适应性广，耐寒，抗旱。种子繁殖，以种子和幼苗越冬，越冬苗土壤解冻不久即返青。多数是3～4月份出苗，6～7月份开花，8～9月份成熟，一株有数十粒至数千粒种子。

（3）铁苋菜（*Acalypha australis* L.） 俗名野苏子、夏草、人苋。属大戟科一年生晚春性杂草。株高20～50厘米，茎直立，多分枝。叶互生，具有细长柄。叶片卵状披针叶，边缘具有细钝齿，叶面有麻纹。穗状花序腋生，单性花，雌雄同花序。雄花多数生于花序上端，雌花生于叶状苞片内，此苞片展开时肾形，闭合时如蚌壳。小蒴果，钝三角状，表面有小瘤。种子卵形，黑色。铁苋菜适应性广，5～6月份出苗，7～8月份开花，8～9月份成熟，一株有数百粒种子。种子边成熟边脱落，可借风和水流向外传播。在土壤深层不能发芽的种子，能保持数年不丧失发芽力。

（4）藜（*Chenopodium album* L.） 别名灰菜、灰灰菜。属藜科一年生早春杂草。株高60～120厘米。茎直立，上部多分枝，常有紫斑。叶互生，有细长柄，叶片变化较大，大部为卵形、菱形或三角形，先端尖，基部广楔形或楔形，边缘疏具不整齐的齿牙。叶片下面背生白粉，花顶生或腋生，多花聚成团伞花簇。花被5，黄绿色，雄蕊5，雌蕊1，子房卵圆形，花柱羽状2裂。胞果扁圆形，果完全包于花被内或顶端稍露。种子肾形，黑色，无光泽。藜适应性强，抗寒，耐旱，喜光喜肥，在适宜条件下能长成多枝的大株丛，在不良条件下株小，但也能开花结实。从早春到晚秋可随时发芽出苗，发芽温度为5～30℃，适宜温度10～25℃。一般7～8月份开花，8～9月份成熟。一株有数万粒种子，种子细小，可随风向外传播。被牲畜整粒吞食的种子，排除体外仍能发芽。种子在土中发芽深度为2～4厘米，深层不得发芽的种子，能保持发芽力10年以上。

（5）马齿苋（*Portulaca oleracea* L.） 别名马齿菜、蚂蚱菜、马舌菜。属马齿苋科一年生草本。由茎部分枝四散，全株光滑无毛，肉质多汁，叶互生，有时对生，叶柄极短，叶片倒卵状匙形，基部广楔形，先端圆或半截或微凹，全缘。花腋生成簇。苞片4～5，萼片2，花瓣5，黄色。雄蕊8～12，雌蕊1，子房半下位。蒴果盖裂，种子细小。马齿苋极耐旱，拔下的植株在强光下曝晒数日不死，遇上降雨可以复活。发芽温度为20～40℃。多数5～6月份出苗，7～8月份开花，8～9月份成熟。一株有种子数千粒至上万粒。再生力强，除种子繁殖外，其断茎能生根成活。

另外还有旋花科的打碗花、牵牛花、常春藤打碗花（小旋花），灯心草科的灯心草，萝藦科的萝藦，蒺藜科的蒺藜，车前草科的小车前、大车前，木贼科的问荆，锦葵科的野苘麻、野西瓜苗，蔷薇科的地榆，堇菜科的梨头草，蓼科的萹蓄、天蓼、杠板归、本氏蓼、马氏蓼，桑科的律草，石竹科的鹅不食草，鸭跖草科的鸭趾草，天南星科的半夏，茜草科的猪殃殃（拉拉藤），豆科的野绿豆，紫草科的附地菜等，对花生都有一定的危害。

（二）花生田杂草的分布、消长规律与危害特点

在同一草害区，花生田杂草的种类和发生密度受气候、地势、土壤肥力、栽培制度、花生种植方式等多方面因素影响。

1. 杂草的分布 山东省泰安市农业科学研究所蒋仁棠等（1985）对山东花生田杂草的区域分布进行了调查，其分布特点是胶东花生田的优势杂草为马唐，平均密度为73株/平方米，其次为牛筋草，平均密度50.8株/平方米；鲁西的优势种为马唐和铁苋菜，平均密度分别为28.2株/平方米和0.9株/平方米；鲁北的优势种为马唐和马齿苋，平均密度分别为113株/平方米和147株/平方米。鲁中南夏播花生田的优势杂种为马唐，出现频率为100%，平均密度为113株/平方米，总的趋势是由南向北

随纬度的推移，喜温、湿的杂草渐减，耐寒抗旱的杂草增多。

山东省花生研究所徐秀娟等（1989）对山东省的烟台、威海、青岛、临沂、泰安、日照等6市（地）的11个重点花生生产县（市）的158块花生田的杂草种类及发生密度进行了调查，发现种群最大的为禾本科，共16种，占花生杂草种群的22.5%，其次为菊科，9种，占总种群的12.6%，再次为蓼科、苋科、藜科和茄科。主要杂草的发生密度为：马唐37.6株/平方米、莎草31.6株、铁苋菜9.7株、马齿苋9.3株/、稗草1.4株、藜0.4株。其中单子叶杂草占63.6%。主要杂草田间出现的频率平均为：马唐95.3%、铁苋菜87.3%、莎草86.7%、牛筋草68.7%、马齿苋67.3%、刺儿菜62.9%、画眉草39.1%、稗草34.7%、狗尾草34.0%。主要杂草的分布特点是：马唐、马齿苋等杂草在平泊地的发生密度较山丘地显著大，其密度比例分别为1.6∶1和2∶1。喜肥水的杂草如车前子、苍耳、千金子等主要在平泊地发生，丘陵薄地则很少见。马唐、马齿苋、牛筋草、铁苋菜、苋菜、莎草、画眉草等杂草在沿海地区花生田的发生密度大于内陆地区花生田；而狗尾草、稗草、藜等的发生密度则内陆大于沿海。在同一地区，同一杂草，一般在夏花生田发生密度大，春花生田发生密度少；在平作花生田发生密度大，垄作花生田发生密度少，如马唐在平作田的发生密度为96.5株，在垄作田为79.0株。

2. 田间消长规律　花生田杂草的田间消长动态受温度和土壤水分等因素影响，一般是随着花生播种出苗，杂草也开始出土，春播露地栽培，因温度低，北方地区多数年份春季干旱，地表5厘米土层水分不足，影响杂草出土生长，出草高峰期出现较晚，一般要在花生播种后一个月以上。地膜覆盖栽培及麦套和夏直播花生，由于温度高，土壤水分较高，出草高峰期出现较早，一般在花生播种后20～30天。随着花生及出土杂草的生长，由于花生及已出土生长杂草的遮阴及肥水竞争，露地栽培春播花生一般在花生播种后60天左右再萌发出土的杂草很少，麦套及夏直播花生一般在花生播种后45～50天，即很少再有杂草萌发出土。地膜覆盖栽培则在花生播种后30天，即不再有杂草萌发出土。据山东农药研究所王智（1985）观察，在山东济南地区，于4月28日覆膜播种花生，5月28日，膜内草量达到高峰，其中单子叶杂草占花生全生育期总出草量的75.6%，到6月8日杂草基本不再萌发出土。据开封市农林科学研究所刘素玲等（1999）对开封地区麦套花生田调查，花生于5月25日套种，6月15日为杂草始盛期，6月25～30日达高峰，7月5日为盛末期。

3. 杂草对花生的为害　杂草对花生的为害程度，取决于杂草密度和与花生共生时间的长短。杂草密度愈大，共生时间愈长，为害愈严重，反之则相反。杂草对花生的为害具体表现在争光、争水、争肥等生存条件的竞争，直接影响到花生植株发育，最终导致花生减产。

对光的竞争：杂草对花生受光有一定的影响，并随杂草密度的增加，花生株丛受光越来越差。据中国农业大学高柱平等1985年和1986年在北京花生夏花生田试验，在人工控制马唐密度的情况下，随着密度的增加，花生株丛中部受光状况越差，随着杂草的生长，共生时间越长，影响越重（表38）。山东省花生研究所徐秀娟等研究了不同密度混群杂草对花生株丛的受光影响，发现每平方米5株、10株、20株、30株、60株、120株、240株混群杂草（马唐、马齿苋、苋菜、莎草、铁苋菜、藜、狗尾草、牛筋草、稗草混生）使花生株丛光照较无草花生株丛分别减弱16%、37.9%、63.8%、76.1%、77.2%、87.5%、89.2%。当杂草密度每平方米在30株以内，每一密度间受光差异均显著，而杂草每超出30株之后，30株与60株之间光照差异不显著，而与120株的差异又显著，而120株与240株之间的差异又不显著。

表 38 马唐不同密度对北京夏花生群体受光状况的影响

（高柱平等，1986）

马唐密度（株/m^2）	花生株丛中部光强（klx）					
	7月15日	差异显著性	8月2日	差异显著性	8月25日	差异显著性
0	36.12	aA	23.6	aA	5.5	aA
5	36.0	aA	23.6	aA	5.5	aA
10	35.7	aA	23.0	aA	5.4	aA
20	35.3	aA	21.3	bB	4.9	bB
30	35.0	aA	14.9	cC	3.5	cC
60	34.7	aA	12.4	dD	2.4	dD
120	31.7	bB	8.3	eE	1.0	eE
240	30.0	bB	5.8	fF	0.6	fF

在同一杂草密度下，杂草与花生共生时间的长短，对光照影响程度不同。杂草与花生共生时间愈长，对花生群体受光影响愈大。花生出苗后20天、35天和50天，就与花生杂草共生的3个杂草密度（30株/平方米、80株/平方米和120株/平方米）与无草的对比，光照影响差异均达到5%显著水平。而出苗后50天与杂草共生的三个密度之间，花生受光差异不显著。这表明，花生生长后期杂草与花生共生时间较短，花生群体已达到生育高峰，杂草群体小，失去竞争优势，故杂草密度对光照的影响差异不显著。

对水分的竞争：杂草与花生共生，与花生对水分的竞争也很激烈，且随着杂草密度的增加，共生期的延长，竞争更加激烈。据中国农业大学试验，北京地区夏花生每平方米有5株、10株、20株、30株、60株、120株、240株马唐，7月10日0～15厘米土壤含水量幅度为16.40%～16.51%，各处理间差异不显著。8月11日土壤含水量各处理的幅度为12.27%～15.26%，随着马唐密度的增大含水量降低，少于20株/平方米差异仍然不显著，而大于30株/平方米差异达到极显著水平。表明，马唐密度越大，与花生共生时间越长，马唐争夺水分越强。徐秀娟等对山东春播花生田混群杂草的研究结果表明，混群杂草密度不同，对水分的竞争力也不相同。6月5日0～15厘米的土壤含水量，不同杂草密度间差异较小，此时是花生与杂草幼苗期，需水量少，尤其是杂草群体小，竞争能力差，故密度间差异不显著。到8月5日和8月30日，土壤含水量随着杂草密度的加大而降低，当每平方米有混群杂草5株以上，各密度间土壤水分差异显著（表39）。

表39　不同密度混群杂草对花生田含水量的影响

（山东省花生研究所徐秀娟等，1991）

杂草密度（株/m^2）	6月5日			8月5日			8月30日		
	土壤水分（%）	差异比较		土壤水分（%）	差异比较		土壤水分（%）	差异比较	
0	17.18	a	A	19.30	a	A	20.85	a	A
5	17.16	a	A	19.03	a	AB	20.43	ab	A
10	17.13	ab	AB	18.41	b	BC	20.07	b	AB
20	17.12	ab	AB	18.03	bc	CD	19.46	c	B
30	17.10	ab	AB	17.61	cd	DE	18.41	d	C
60	16.99	bc	ABC	17.18	d	EF	17.30	e	D
120	16.93	c	BC	16.64	e	FG	15.89	f	E
240	16.89	c	C	16.07	f	G	14.95	g	F

对养分的竞争：当杂草与花生共生时，杂草的存在势必导致花生吸收养分的减少，从而使花生减产。杂草吸收矿物质营养的能力比较强，而且以较高的量积累于组织中。例如马唐积累的N、P_2O_5和K_2O分别占干物质重的2%、0.36%和3.48%；藜分别占25.9%、0.37%和4.34%；马齿苋分别占2.40%、0.09%和4.57%；苍耳分别占2.47%、0.64%和2.54%；而花生则分别占其干物质重量的2.72%、0.52%和1.50%。鲁因阿德（Ruinard）的研究报告指出，肥料只能使花生增产30%，而防除杂草则可使花生增产65%。赛米高达（Thimme Gowda）报道，花生萌发前，每公顷使用2.5千克除草醚，除草效果很好，即使减少40%的施肥量，花生产量也没有明显差异。表明杂草

与花生对养分的竞争相当激烈。

杂草对花生植株生育和产量的影响：花生田杂草与花生争光、争水、争肥，对花生的植株生育和产量均有不同的影响，且随着杂草密度的增加和共生期的延长，影响加重。据江苏省东海县农业局试验，露栽春花生田，利用自然草被，设立不同人工除草时间和次数，自 6 月 7 日开始，每次除草间隔 10～15 天，随着除草次数的减少，单位面积鲜草重显著增加，花生产量、植株性状、荚果性状均受到显著影响，其中侧枝长、分枝数、成熟期的绿叶数、单株结果数均与单位面积杂草鲜重呈极显著负相关。与产量损失率呈极显著正相关，为指数函数关系。与花生主茎高度关系不显著（表 40）。

据中国农业大学试验，在北京夏花生田，单一杂草马唐不同密度对花生单位面积株数、株粒数、百粒重、出仁率均有影响（表 41）。

表 40　杂草鲜重与花生植株性状、产量、质量的关系

（韩方胜等，1991）

处理序号	1	2	3	4	5	6(CK)	回归方程
除草时间（日/月）	7/6	22/6	6/7	18/7	28/7	10/9	R 显著临界值
累计除草次数	4	4	3	2	1	0	P0.05=0.811 4
杂草鲜重（X）(g/0.11m^2)	1	43.8	117.	142	153.	200.3	P0.01=0.917 2 P0.005=0.922 5
花生性状（Y） 主茎高（cm）	34.5	33.7	35.3	34.8	34.6	35.3	Y=34.1+0.005 1x r=0.648 9
侧枝长（cm）	37.3	36.2	29.3	27.6	26.6	25.5	Y=37.79−0.067 2x r=−0.980 7
分枝数	8.9	8.68	7.2	6.48	5.87	5.6	Y=9.16−0.018 6x r=−0.977 6
单株绿叶片数	40.1	39.5	30.1	18.9	15.7	13.1	Y=43.21−0.154 8x r=−0.954 4
单株生产力（g）	16.2	16.1	13.6	9.6	8.3	7.6	Y=17.299−0.049 4x r=−0.939 7

（续）

处理序号	1	2	3	4	5	6(CK)	回归方程
荚果损失率（%）	2.7	7.0	21.5	44.5	52.2	56.0	Y=sin211.329e0.07x r=0.976 9
饱果率（%）	59.3	58.1	53.5	51.4	51.7	1	Y=sin（56.35−0.036x） r=−0.992 6
单株果数（个）	15.2	15.3	13.9	11.7	9.77	9.2	Y=16.192−0.033 5x R=−0.918 6

表 41　马唐不同密度对夏花生产量性状的影响

（高柱平等，1995）

马唐密度株/m²	株数/亩	比 CK 增减（%）	单株粒数	比 CK 增减（%）	百粒重（g）	比 CK 增减（%）	出仁率（%）	比 CK 增减（%）
0（CK）	15 635	/	23.78	/	27.28	/	62.51	/
30	13 824	−11.5	20.77	−12.66	24.87	−8.83	58.45	−6.49
60	9 458	−39.51	20.65	−13.16	24.58	−9.97	57.20	−8.49
120	6 010	−61.56	17.45	−26.62	22.52	−17.45	53.25	−14.91
240	792	−95.93	9.81	−58.75	20.1	−26.32	51.81	−17.12

据徐秀娟等试验，山东春花生产量也随田间混群草被密度的加大减产幅度增加。平均每平方米有草 5 株与无草的产量差异不显著，多于 5 株以上差异均显著。当每平方米有混群杂草 10 株以上对花生产量均有显著影响，当每每平方米超过 30 株，各密度间差异不显著（表 42）。

表 42　杂草不同密度对花生产量的影响

（徐秀娟等，1991）

杂草密度（株/m²）	产量（kg/hm²）	差异显著性比较		比无草减产（kg/hm²）	比无草减产（%）	单株生产力（g）
0	2 472.45	a	A	/	/	14.03
5	2 128.95	a	AB	344.25	13.89	9.48
10	1 627.50	b	BC	844.50	34.16	7.85
20	1 278.00	b	C	1 194.45	48.31	5.57
30	488.55	c	D	1 983.90	80.24	3.90
60	386.55	c	D	2 085.90	84.37	2.23

（续）

杂草密度（株/m²）	产量（kg/hm²）	差异显著性比较	比无草减产（kg/hm²）	比无草减产（%）	单株生产力（g）
120	309.00	c　　D	2 163.45	87.50	1.22
240	141.45	c　　D	2 331.00	94.28	0.50

不同密度杂草与花生共生时间不同，对花生产量的影响也不相同。花生出苗后20天有草，影响产量最重，其次为花生出苗后35天有草，出苗后50天有草对产量影响最轻，三者每公顷产量依次为393千克、1 772.9千克和2 654.9千克，三者间差异达到1%显著水平。杂草与花生共生时间越长，对产量的影响越大。由于花生本身有一定的竞争力，每平方米有草少于5株对产量影响不显著。花生出苗后50天，即花针期，再出现杂草，不论密度有多大，对花生产量的影响均不显著。

（三）无公害花生除草剂与地膜的选用

花生田常用的除草剂，当前多达60余种。无公害花生中的无公害食品花生和AA级绿色食品花生，在除草过程中允许限种限量使用化学除草剂。花生田除草剂主要分为两大类型，一种是土壤处理剂，又称芽前除草剂；一种是茎叶除草剂，又称芽后除草剂。另外还有杀草药膜及有色除草膜。下面介绍几种无公害花生田可以使用的几种除草剂与地膜。

1. 除草剂种类与特性　土壤处理剂是将除草剂喷洒于土壤表层或者施药后通过混土操作把除草剂拌入土壤的一定深度，形成除草剂的封闭层，待杂草萌发接触药层后即被杀死。乙草胺、扑草净、氟乐灵、五氯酚钠等均属土壤处理剂。土壤处理剂先被土壤固定，然后通过土壤中的液体互相移动扩散，或者与根茎接触吸收，再进入植物体内。土壤处理技术除利用除草剂自身的选择性外，多系利用位差和时差来选择杂草。覆膜栽培的花生田全是采用土壤处理剂，当花生播种后，接着喷除草剂处理土壤，然后立即覆膜。露栽花生播种后，花生尚未出土，杂草萌动前药剂处理土壤即可。土壤处理剂必须具备一定的残效，才能有效的控制杂草的萌动。进入土壤立即钝化失去活性的除草剂不宜作土壤处理剂。

茎叶处理剂是将除草剂用水稀释后，直接喷洒到已出土的杂草茎叶上，通过茎叶吸收和传导消灭杂草。盖草能、排草丹、灭草灵、拿草净等均属茎叶处理剂。茎叶处理主要是利用除草剂的生理生化选择性来达到灭草保苗的目的。在花生出苗后，用药剂处理正在生长的杂草。此时药剂不仅接触杂草，同时也接触作物，因此要求除草剂应具有选择性。茎叶处理剂主要采用喷雾法，使药剂易于附着与渗入杂草组织，保证药效。生育期茎叶处理的施药适期，应在对花生安全而对杂草敏感的生育阶段进行，一般以杂草 3～5 叶期为宜。花生常用的除草剂。

（1）乙草胺（Acetochlor） 又名消草安。加工剂型为 50%、86%乳油，工业品为深黄色液体，不易挥发和光解，性质稳定。在 30℃时，比重为 1.11，在 25℃时，水中溶解度为 223×10^{-6}。系低毒性除草剂，对人、畜安全，但对眼睛和皮肤有轻微刺激作用，大鼠急性口服 LD50 为 2 593 毫克/千克，家兔急性口服 LD50 为 3 667 毫克/千克。系选择性芽前除草剂，禾本科杂草主要由幼芽吸收，阔叶杂草主要通过根吸收，其次是幼芽，药剂被植物吸收后可在植物体内传导。其作用机理是抑制和破坏发芽种子细胞的蛋白酶，当药进入植物体内后抑制幼芽和幼根的生长，刺激根产生瘤状畸形，致使杂草死亡；而花生吸收该药后很快代谢，因而安全。在土壤中的持效期为 8～10 周。主要防除一年生杂草，对苋、藜、鸭跖草、马齿苋也有一定的效果，对多年生杂草无效。50%乙草胺乳油露栽田每公顷用量 1.17～1.50 千克，覆膜田 0.67～0.99 千克，对水 750～1 050 千克，均匀喷洒土壤表面。花生出苗后可与盖草能混合使用喷洒地面，既抑制了萌动尚未出土的杂草，又杀死了已出土杂草，提高防效。用量应注意随土壤有机质含量的高低而确定上、下限。有机质含量多的土壤除草剂活性差，用量多，取上限；有机质含量少的土壤除草剂活性强，用量少，取下限。

（2）扑草净（Propanil） 加工剂型为50%、80%可湿性粉剂。原粉为灰白色粉末，熔点113～115℃，有臭鸡蛋味。在20℃时，水中溶解度为33×10^{-6}，易溶于有机溶剂。不燃不爆，无腐蚀性。土壤吸附性强。50%扑草净可湿性粉剂外观为浅黄色或浅棕色疏松粉末，pH 6～8。系低毒除草剂，原药大鼠急性口服LD50为3 150～3 750毫克/千克，50%扑草净可湿性粉剂大鼠急性口服LD50为9 000毫克/千克。该除草剂为内吸传导型，药可从根部吸收，也可从茎叶渗入体内，传导至绿色叶片内发挥除草作用。中毒杂草产生失绿症状，逐渐干枯死亡，对花生安全。主要防除一年生阔叶杂草、禾本科杂草和莎草科杂草。系芽前除草剂，于花生播后出苗前，每公顷用药0.75～1.125千克，对水900～1 050千克，均匀喷雾于土表，扑草净还可与甲草胺混合使用，效果很好。

（3）氟乐灵（Trifiuralin） 又名氟特力等。加工剂型为48%乳油、2.5%、5%颗粒剂。48%乳油外观为橙黄色液体，比重为1.067（20℃），沸点138℃，闪点45.6～48.3℃，系低毒除草剂。48%氟乐灵乳油，大鼠急性口服LD50>2毫升/千克。该除草剂是通过杂草种子发芽生长穿过土层的过程中吸收，是选择性芽前土壤处理剂。氟乐灵施入土壤后，易挥发、光解，潮湿和高温会加速药剂的分解速度，因此，适宜于覆膜花生田。露栽田施药后应立即混土，以防挥发、光解。其防杂草的持效期为3～6个月，主要防除禾本科杂草，花生播种后苗前用药液喷洒地面，每公顷0.72～1.08千克。为了扩大杀草谱，可与灭草猛、赛可津等除草剂混用。

（4）盖草能（Haioxyfop） 加工剂型为12.5%、24%乳油。12.5%乳油为橘黄色液体，比重0.966（20℃），沸点

160℃，闪点29℃，乳化性好，常温贮存稳定期两年以上。系低毒除草剂。12.5%乳油对大鼠急性口服LD50为2 179～2 398毫克/千克。盖草能为芽后选择性除草剂，具有内吸传导性，茎叶处理后很快被杂草叶片吸收，并输导至整个植株，抑制茎和根的分生组织并导致杂草死亡，对抽穗前一年生和多年生禾本科杂草防除效果很好，对阔叶杂草和莎草无效。花生2～4叶期，禾本科杂草3～5叶期，每公顷用药0.075～0.12千克，按常量对水（900～1 050千克/公顷）喷雾于杂草茎叶，干旱情况下可适当提高用药量。当花生有禾本科杂草和苋、藜等混生，可与苯达松、杂草焚混用，扩大杀草谱，提高防效。

(5) 普杀特（Amiben） 又名豆草唑。加工剂型5%水剂。其外观为棕色透明液体，比重1.01，沸点与水接近，不易燃，不易爆，贮存稳定期两年以上。系低毒除草剂，普杀特5%水剂，大鼠急性口服LD50>5 000毫克/千克。为选择性芽前和早期苗后除草剂，通过根叶吸收，积累于分生组织内，阻止乙酰羟酸合成酶的作用，影响有机酸的形成，破坏蛋白质，造成杂草死亡。而豆科作物吸收药剂后，在体内很快分解，因而安全。适用于豆科作物防除一年生、多年生禾本科杂草和阔叶杂草等，杀草谱广，在花生播后苗前喷于土壤表面，也可在花生出苗后茎叶处理。黏土或有机质含量高的地块，用量酌增；砂质土或有机质含量低时，用药量宜少。每公顷用药量同乙草胺。在单、双子叶混生的花生田可与除草通或乙草胺混合施用，提高药效。

(6) 排草丹（Bentazone） 又名苯达松。加工剂型48%液剂，25%水剂。48%液剂含灭草松钠盐252克/升，外观为黄褐色液体，比重为1.19。常温下贮存稳定期至少两年以上。系低毒除草剂，大鼠急性口服LD50为1 750毫克/千克，急性经皮LD50为>5 000毫克/千克。系触杀型芽后除草剂，药剂主要通过茎叶吸收，传导作用很小，因此喷药时药液要均匀覆盖杂草叶面。杀草作用是抑制光合作用、蒸腾作用和呼吸作用，抗性植物能将苯达松降解代谢为无活性物质，故能迅速恢复生长。除了适用于花生田外，还可以用于水稻、大豆、禾谷类作物防除莎草科和阔叶杂草，如碎米莎草、异型莎草、鸭舌草、苍耳、马齿苋及部分水田杂草。对禾本科杂草无效。有禾本科杂草的田块可与稳杀得、禾草克等混用。与液体氮肥混用茎叶处理时，增加除草活性2～4倍。在花生2～4片复叶时施药，最多施用一次。每公顷常用量为1.15～1.44千克。注意选择高温晴天时用药，除草效果好。阴天和低温时药效差。

（7）杂草焚（Acifluorfen-sodium） 又名达克尔，布雷刚。加工剂型为21.4%水溶液，由有效成分三氟羧草醚、表面活性剂、溶剂和水组成，外观为琥珀色液体，在乙烷、甲苯、乙醚中溶解度<1%，在丙酮、甲醇、乙醇中全溶解，25℃条件下贮存稳定期至少2年。系低毒除草剂，21.4%水溶液对大鼠急性口服LD50为5 260毫克/千克。杂草焚为选择性触杀除草剂。苗后早期处理，药剂被杂草吸收，促使杂草气孔关闭，借助于光发挥除草剂的活性，引起呼吸系统和能量产生系统的停滞，抑制细胞分裂使杂草死亡。杂草焚进入花生、大豆体内可被迅速代谢，因而能选择性防除阔叶杂草。在普通土壤中能被土壤微生物和日光降解成二氧化碳，在土壤中半衰期为30～60d。适用于花生、大豆等作物防除阔叶杂草，如马齿苋、鸭跖草、铁苋菜、龙葵、藜、蓼、苋、苍耳、嵩属、鬼针草等，对于芽后1～3叶期禾本科杂草也有效。花生1～3叶期，阔叶杂草3～5叶期用药，每公顷用药量0.36～0.48千克，兑成药液，均匀喷洒于杂草茎叶，与防除禾本科杂草的盖草能、稳杀得等先后使用，除草彻底。本品为水剂，需在0℃以上的条件下贮存。

（8）灭草灵（Butachlor） 加工剂型25%、50%可湿性粉剂，20%乳油。纯品为白色结晶固体，熔点112～114℃，工业品为褐色固体，熔点110～113℃，难溶于水，室温下溶于丙酮（46%）。遇碱易分解，一般情况下稳定。大鼠急性口服LD50为

552毫克/千克。系选择性内吸兼触杀型除草剂。药物由杂草根系吸收，向上传导至地上部分，杀草机理为抑制细胞分裂，扰乱代谢过程。旱田在作物播后苗前土壤处理，杂草芽前或芽后早期（1～3叶期）用药，每公顷2.7～5.6千克，可用于花生、棉花、甜菜、大豆、玉米、小麦等作物田，防除一年生禾本科杂草和某些阔叶杂草，如稗草、马唐、牛筋草、狗尾草、三棱草、藜、苋、马齿苋、车前草等。

（9）拿扑净（Sethoxydim） 又名稀禾定、乙草丁。加工剂型为20%乳油、12.5%机油乳油。20%乳油由有效成分、乳化剂、溶剂组成，外观为浅棕或红棕色液体，比重为0.934，沸点183℃，闪点63℃，乳化性良好，室温下贮存稳定期至少两年。系低毒除草剂，大鼠急性口服LD50为4 000毫克/千克。拿扑净为选择性强的内吸传导型茎叶处理剂，药剂能被禾本科杂草迅速吸收，并传导到顶端和节间分生组织，使其细胞遭到破坏。本剂在禾本科和双子叶植物间选择性很高，对花生和其他阔叶植物安全。施入土壤很快分解失效，在土壤中持效期短，宜作茎叶处理剂。本剂传导性强，在禾本科杂草2～3个分蘖期间均可施药，降雨基本不影响药效，花生田每公顷用量0.20～0.40千克。

总之，用于花生田的除草剂种类繁多，各有特点，在使用过程中应根据其性能、特点，注意有关方面的问题，以利提高药效。如同种药剂的用药量，在有机质含量高的壤土地要比有机质含量低的砂土地酌情增加用量。低温干旱情况下，不利于土壤处理剂和茎叶处理剂的药效发挥，高温高湿杂草生长快，对除草剂的吸收传导也快，温度约每增加10℃，吸收传导增加一倍，一般20～30℃为宜，茎叶处理剂适于15～27℃用药。春季用药，在高温天气和中午温度高时效果好。土壤pH过高过低都不利于药效的发挥，喷雾药液时，风速8～10米/秒，防效降低50%，无风天喷药有利于提高药效。采用高压低用量药械施药效果好，污染轻，是今后的发展方向。

2. 地膜的选用

（1）花生地膜覆盖栽培高产优质　我国花生地膜覆盖栽培技术是一项高产优质高效的新技术，自 1978 年由日本引进以来，推广迅速，应用面积逐年扩大，至 1999 年花生地膜覆盖面积已超过 100 万公顷，是我国覆盖地膜面积最大的农作物。花生覆膜栽培的同时，膜内的杂草必须考虑妥当的除草问题，包括除草剂和地膜的选择以及相伴而来的系列问题。花生地膜覆盖栽培技术适应性广泛，不受地理位置限制，无论是南方花生产区还是北方花生产区均适宜。不受土壤类型和地形限制，在高、中、低不同肥力、重壤土、壤土、轻壤土、沙土等不同土质、平泊地、丘陵地等不同地势，覆盖地膜栽花生均明显增产。不受土壤酸碱度限制，据河南省原阳县试验，盐碱地花生覆膜栽培，比露栽田增产花生荚果 87.1%～118.3%。

花生地膜覆盖栽培可以明显提高产品质量，由于地膜覆盖栽培改变了花生的生态环境，同时相应改善了花生内在品质。明显提高了双仁果率和饱果率，增加了花生油分和蛋白质含量，油酸和亚油酸的比值增大，氨基酸含量增高等。据山东省进出口商品检验局和青岛海洋大学测定，我国传统出口大花生品种花 17，地膜覆盖栽培与露栽比，油酸与亚油酸的比值，由 1.49 增大到 1.69，赖氨酸等 8 种人体必需的氨基酸含量提高了 27.87%，谷氨酸等 17 种氨基酸含量也提高了 24.46%。

（2）地膜种类　随着科学种田水平的不断提高，覆盖花生田的地膜生产种类、规格、质量多种多样。传统地膜生产方法，凡压力小于 20.265×10^5 帕的为低压膜，20.265×10^5 帕以上的为中压膜，这两种膜都以高密度聚乙烯为原料。压力在 $1\,013.25\times10^5$～$3\,039.75\times10^5$ 帕为高压膜，所用原料为低密度聚乙烯。以吹塑工艺生产地膜的方法，多以原料的密度为标准，密度为 0.91～0.935 克/平方厘米称为低密度聚乙烯，密度为 0.94～

0.97克/平方厘米称为高密度聚乙烯，介于两者之间的为线型低密度聚乙烯。现在市场所销售的超薄膜都是用线型聚乙烯原料吹塑而成。

地膜又分无色地膜、有色地膜（黑色、墨绿色、银灰色、褐色、无色与黑色相间等色）和有药（带有除草剂）地膜、无药地膜。膜幅宽度不一，有80～90厘米、100～110厘米、200厘米等宽度。膜副的选择主要根据当地花生播种规格而定，目前生产中主要选用80～90厘米宽膜副。地膜厚度有0.018毫米、0.007毫米、0.006毫米、0.007毫米、0.006毫米、0.005毫米、0.004毫米等不同厚度。地膜过厚，成本高，而且影响花生果针下扎。过于薄，保温保湿效能差，增产效果不理想。花生地膜的适宜厚度为0.007～0.004毫米。

通过不同地膜特点，了解各种地膜的质量，从而选优利用。一般地膜透光度≥70%为宜。若透光度小于50%，会显著影响太阳光辐射热的透过。铺展性能要好，断裂伸长率纵横≥100%，田间覆膜时不易破裂。

高压常规膜：宽度80～90厘米，厚度为0.014毫米，用量150千克/公顷，该膜物理强度大，耐老化，覆膜时不容易破碎。透明度≥80%，增温保墒效果好，能控制高节位无效果针入土，果针有效穿透率在50%以上。由于膜厚度大，成本高，应用较少，特需情况下有所选用。

低压超薄微膜：宽度85～90厘米，厚度为0.006毫米，用量60千克/公顷，该膜强度高，用量较少，对无效果针控制较好，但透明度偏低，透光率<60%，增温保墒效果较差，横向拉力小，容易破裂，铺展性差。介于一些不足之处，生产应用较少。

线型超微地膜：宽度85～90厘米，厚度为0.004毫米，用量37.5千克/公顷，该膜强度较好，用量较少，物理性能与农艺性能均达标。目前以0.005～0.004毫米超薄膜生产上应用较多。

除草地膜：这类膜是利用含除剂的树脂，经过吹塑工艺加工而成。这种地膜可以有效控制花生田杂草，除草效果在90%以上。据山东省花生研究所徐秀娟等人测定，除草剂残留比常规直接喷到地面明显降低（表43)。其除草过程是除草膜覆盖地面后，膜下形成一层水蒸气水滴，水滴将除草剂淋溶下来，除草剂是逐渐释放到地表面杀死萌动杂草。常用的厚度为0.005毫米，用量为45.0千克/公顷，无公害食品花生和A级绿色食品花生最适宜用这类除草膜。但是任何一种无公害花生田禁用聚氯乙烯地膜。用于花生田的除草药膜种类不断增加，目前主要有如下几种适用于无公害花生生产。

甲草胺（Alachlor）除草膜：每100平方米含药7.2克，除草剂单面析出率80%以上。经各地使用，对马唐、稗草、狗尾草、画眉草、莎草、藜、苋等的防除效果在90%左右。

扑草净（Prometryne）除草膜；每100平方米中含药8.0克，除草剂单面析出率70%～80%。适于防除花生田和马铃薯、胡萝卜、番茄、大蒜等蔬菜田主要杂草，防除一年生杂草效果很好。

异丙甲草胺（Metolachlor）除草膜：有单面有药和双面有药两种。单面有药注意用时药面朝下。对防除花生田的禾本科杂草和部分阔叶杂草效果很好，防治效果在90%以上。

乙草胺（Acetochlor）除草膜：杀草谱广，对花生田的马唐、牛筋草、铁苋菜、苋菜、马齿苋、莎草、刺儿菜、藜等，防效高达100%，是花生田除草较理想的除草药膜。

使用除草药膜，不需喷除草剂，不需备药械，工序简单，不仅节省工日，除草效果好，药效期长，而且除草剂的残留明显低于直接喷除草剂覆盖普通地膜。据山东省花生研究所试验，使用乙草胺除草膜，乙草胺在土壤、植株、荚果内的残留均低于直接喷乙草胺覆盖普通膜的处理。

用于生产的主要有色膜有黑色地膜、银灰地膜、绿色地膜还有黑白相间地膜等。有色膜除草效果也较好，尤其对防除夏花生田杂草效果突出，据山东省花生研究所试验其除草效果达100%。在除草的同时，如银灰膜，还可驱避花生蚜等害虫。黑色膜既可以除草，还可提高地温，增加产量。由于有色膜无化学除草剂，所以无毒无残留，适宜于生产无公害花生、绿色食品花生和有机食品花生，是可持续发展农业的理想产品。

表 43　乙草胺除草膜残留量测定结果

处理名称	取样时间（月、日）	土壤残留（mg/kg）	除草膜低（%）	植株残留（mg/kg）	除草膜低（%）	荚果残留（mg/kg）	除草膜低（%）
乙草胺除草膜	5.24	0.136	84.89	0.086	64.02	—	—
普膜喷乙草胺	5.24	0.900	—	0.239	—	—	—
乙草胺除草膜	6.29	0.058	75.63	0.018	75.68	—	—
普膜喷乙草胺	6.29	0.238	—	0.074	—	—	—
乙草胺除草膜	7.29	0.008	93.33	0.008	80.95	0.006	25.0
普膜喷乙草胺	7.29	0.120	—	0.042	—	0.008	—
乙草胺除草膜	8.27	0.007	—	—	—	—	—
普膜喷乙草胺	8.27	0.007	—	—	—	—	—

有色地膜：厚度在0.006毫米以上，保湿性较好。透光性差，由于盖在膜下的杂草长时间不见光而死掉。使用于有机食品花生和AA级绿色食品花生，尤其是黑色膜用的较多。

（四）无公害花生除草技术

山东省花生研究所徐秀娟等人1997—2000年对无公害花生除草技术进行了较系统研究，研究结果如下：

1. 碎草覆盖地面除草　花生为夏直播，7月9日播种，品种花育17。7月19日调查各处理区的草情，调查各种杂草株数并分别称鲜重，统计各种杂草防治效果。从六种处理的除草效果（表44）看，起垄覆膜的两个处理，盖麦糠的比不盖的处理除草效果好，对试验田内的马唐［*Digitaria sanguinalis*（L.）scop］、苋菜（*Amaranthus retroflexus* L.）、狗尾草［*Setaria virdis*（L.）Beauv］、稗草［*Echinochloa crusgalli*（L.）］四种杂草均达到100%的防治效果；在平种不盖膜的盖三种碎草的处理中，除草效果均比不盖草的对照好，而且差异显著，对马唐、狗尾草、稗草三种禾本科杂草的株数防效为87.0%～100%；鲜重防效达79.2%～100%；对阔叶杂草苋菜的株数防效为83.5%～89.6%；鲜重防效为79.2%～98.0%。以上结果说明，夏直播花生田覆膜不喷除草剂盖麦糠或覆盖普通膜不喷除草剂不盖草的基本都可达到除草目的。其结果是由于7月中旬以后，膜下温度较高，萌动的杂草，刚出土即被膜下高温烤死，而且多数草种也发不了芽。结果还说明，平种的三种处理，不覆膜不喷除草剂覆盖碎草即可以达到无公害除草目的，而且覆盖烂草还可以起到保持土壤湿度和增加土壤有机质的作用，达到长短利益结合的目的。

表44 碎草覆盖地面防除花生田杂草效果

处理名称	马唐				狗尾草				稗草				苋菜			
	株数	防效(%)	鲜重(g)	防效(%)	株数	防效(%)	鲜重(g)	防效(%)	株数	防效(%)	鲜重(g)	防效(%)	株数	防效(%)	鲜重(g)	防效(%)
垄种覆膜盖麦	0	100	0	100	0	100	0	100	0	100	0	100	0	100	0	100
垄种覆膜不盖草	0	100	0	100	0	100	0	100	0	100	0	100	0.67	98.8	1.4	99.1
平种不覆膜盖麦康	0	100	0	100	0	100	0	100	0	100	0	100	9.0	83.5	3.2	98.0
平种不覆膜盖麦康	0.67	95.8	2.07	97.3	0	100	0	100	0	100	0	100	7.7	85.9	32.9	79.2
平种不盖膜盖烂草	1.0	93.8	3.03	96.0	0.33	100	0	100	0	100	0	100	5.7	89.6	26.2	83.4
平种不盖膜不处理CK	16.0	—	76.2	—	1.0	—	2.07	—	33.3	—	16.83	—	54.67	—	158.3	—

不同处理的产量高低和除草效果的好坏相一致（表45），各种处理均比平种不覆膜不盖草的对照产量高，增产37.86%～117.92%。

表 45　不同碎草覆盖地面除草产量 LSR 测验结果

处　　理	产量（kg/hm²）	比 CK±		差异显著性	
		（kg/hm²）	%	5%	1%
起垄覆膜盖麦康	3 696.255	2 000.1	117.92	a	A
起垄覆膜不盖草	2 493.255	797.1	46.99	b	AB
平种不覆膜盖麦康	2 396.250	700.05	41.28	b	AB
平种不覆膜盖柳叶	2 355.045	658.89	38.85	b	AB
平种不覆膜盖麦秧	2 338.395	642.3	37.86	b	AB
平种不覆膜不处理（CK）	1 696.155	/	/	b	B

以上六种处理研究结果，其中除草药膜的两个处理适合用于无公害食品花生和 A 级绿色食品花生田除草，余者处理均适宜用于有机食品花生田和 AA 级绿色食品花生田除草，而且花生增产效果理想。

2. 覆盖不同地膜除草　小区试验于花生所试验田，该地片连续 8 年没有用过化学肥料和农药以及调节剂，符合有机生产要求。壤土，肥力中等。草种基数较大，包括禾本科杂草和阔叶杂草。扶大垄双行播种，品种花育 17。5 月 1 日播种，播种后 38 天调查各处理除草效果。收获时以区为单位晒干计产，比较不同处理间的产量差异。

大田示范共设 4 处，有莱西市朱翠村示范基点和乳山市乳山寨小庵村示范基点（为基点 1），山东省花生研究所莱西试验站西泊试验田路南和路北两处大田示范（为基点 2）。示范田为轻壤土和沙壤土，地力中等和中等偏上，杂草种子基数中等偏大，包括禾本科杂草和阔叶杂草。5 月 1 日前后播种，品种鲁花 15、花育 16、花育 17，扶大垄覆膜播种双行。播种后 30～40 天调查不同地膜的除草效果，并进行分析比较。

试验处理：

（1）聚乙烯配色吹型膜（下同）黑白相间膜中间不带除草剂（中间为无色两边为黑色，山东省三塑集团提供，下同）；

（2）黑白相间膜中间带除草剂（中间为无色两边为黑色）；

（3）无色无药增温地膜（加有增温剂）；

（4）金都尔除草膜；

（5）无色无药普通地膜（不喷除草剂为对照）。

田间设计为三行区，小区面积 12.3 平方米（2.46 米×5.0 米）。随机区组排列，重复三次。大田示范面积在 666.7 平方米以上，不设重复，不同地膜依次排列。

小区试验结果：参试地膜的除草效果均较好，对禾本科和阔叶杂草的株数防除效果在 88.89%～100%，鲜重防效在 92.98%～100%（表 46）。无药无色增温地膜和无药黑白相间膜的除草效果与有药地膜的除草效果差异不显著，所有膜与无药无色普通地膜（对照）除草效果差异显著。结果说明，无药无色增温膜和无药黑白相间地膜用于有机食品花生田除草效果较好，而且无污染，是比较理想的除草手段。有药黑白相间地膜和金都尔除草地膜在除草效果较好的同时，比普通地膜喷除草剂药剂残留明显低，适合用于无公害花生和 A 级绿色食品花生田除草。

表 46　不同地膜防除花生田杂草效果

处理	马唐		牛筋草		狗尾草		马齿苋		苋菜		莎草	
	株数鲜重 g	防效 %	株数鲜重 g	防效 %	株数鲜重 g	防效 %	株数鲜重 g	防效 %	株数鲜重 g	防效 %	株数鲜重 g	防效 %
无药	2.3	88.9	2.3	90.0	0	100	0	100	0	100	0	100
黑白膜	1.6	93.0	0.1	96.8	0	100	0	100	0	100	0	100
无药	2.7	94.0	0	100	0	100	0	100	2.3	98.2	0	100
增温膜	0.6	97.4	0	100	0	100	0	100	0.3	98.4	0	100
有药	0	100	0	100	0	100	0	100	0	100	0	100
黑白膜	0	100	0	100	0	100	0	100	0	100	0	100
金都	2.3	97.4	0	100	0	100	0	100	2.3	98.2	0	100
尔膜	0.2	99.1	0	100	0	100	0	100	0.2	99.0	0	100
普膜	11.7	—	3.0	—	2.7	—	2.0	—	16.3	—	2.3	—
CK	22.7	—	3.1	—	0.5	—	6.3	—	19.1	—	0.9	—

产量的高低同除草效果好坏和提高地温的高低是一致的（表 47），产量最高的为无药无色增温地膜，比对照增产 37.85%。

但是由于施加增温剂，成本偏高。次之为黑白相间中间无药地膜，比对照产量高27.64%，增产主要表现在提高饱果率和出米率，可见提高产量的同时又提高了产品质量。

表47　不同地膜对花生产量的影响效果

处理名称	500g 花生果					小区产量（kg）	公顷产量（kg）	比对照增减产（%）
	总果数（个）	饱果数（个）	饱果率（%）	米重（g）	出米率（%）			
黑白相间膜中间有药	300	100	33.33	377	75.4	6.07	4 935.0	23.96
黑白相间膜中间无药	260	104	40.00	395	79.0	6.25	5 081.6	27.64
无药无色增温膜	254	120	47.24	378	75.6	6.75	5 488.1	37.85
金都尔除草膜	288	120	41.67	378	75.6	5.87	4 772.6	19.88
普通膜不喷除草膜 CK	296	108	36.49	370	74.0	4.88	3 981.2	—

大田示范效果：不同地膜大田除草效果同小区试验除草效果相一致（表48），无论对禾本科杂草还是阔叶杂草防除效果均较好，从株数防效和鲜重防效都能说明，参试的不同地膜既能防除杂草又能抑制杂草生长，比普通膜不喷除草剂的对照除草效果差异显著。

表48　不同色膜大田示范除草效果

处　理	马唐		狗尾草		马齿苋		莎草		备注
	株数鲜重	防效%	株数鲜重	防效%	株数鲜重	防效%	株数鲜重	防效%	
黑白相间膜	0	100	0	100	0		0	100	示范点1
中间有药	0	100	0	100	0		0	100	
黑白相间膜	2.7	94.17	0.7	58.82	1.3		0.3	88.89	
中间无药	2.5	92.38	0.13	85.56	2.6		0.07	90.00	

（续）

处理	马唐		狗尾草		马齿苋		莎草		备注
	株数鲜重	防效%	株数鲜重	防效%	株数鲜重	防效%	株数鲜重	防效%	
无药无色增温膜	0 0	100 100	0 0	100 100	0.7 0.4		2.0 0.4	25.93 42.86	示范点1
普通膜不喷药CK	46.3 32.8	— —	1.7 0.9	— —	0 0		2.7 0.7	— —	
黑白相间膜中间有药	0 0	100 100	0 0	100 100	0 0	100 100	0 0		示范点2
无药无色增温膜	1.3 0.6	98.12 98.63	0 0	100 100	0 0	100 100	1.0 1.2		
金都尔除草膜CK	0 0	100 100	0 0	100 100	0 0	100 100	0 0		
普通膜不喷药CK	69.3 43.7	— —	2.0 1.0	— —	0.70 0.26	— —	0 0		

总之，在花生生产过程中，根据当地的耕作需要，可因地制宜选择除草技术措施控制草害，达到优质高效生产目的。

十一、花生主要病害及其无公害防治技术

危害花生的病害种类繁多，已鉴定的有50余种，有的病害分布广泛，危害严重，无公害花生要经济有效地控制病害，必须以预防为主，实施综合防治技术，采取综合防治技术更显重要，要以农业措施为主，科学合理地运用物理、生物化学防治为辅等各种防治措施，创造有利于花生生长发育而不利于病害发生的环境条件。防治花生病害，首先必须认识病害、摸清流行规律和危害特点，有的放矢进行防治。不同病害病症和危害特点不同，防治上所采取的措施也不同。

（一）花生叶斑病

花生叶斑病多达近10种，主要包括花生褐斑病、黑斑病、网斑病、焦斑病、胡椒斑病等。

1. 花生褐斑病和黑斑病

分布与危害：花生叶斑病是世界性普发病害。花生褐斑病和黑斑病又分别称为花生早斑病和晚斑病。在我国各花生产区普遍发生，是我国花生上分布最广、为害最重的病害之一。我国多数地区以花生褐斑病为主，但有的地区，有的年份花生黑斑病能上升为主要病害。感染病害的花生，由于叶片上产生病斑，叶绿素受到破坏，光合作用效能下降；随着大量病斑产生而引起早期落叶，严重影响干物质积累和荚果饱满、成熟。受害花生一般减10％～20％，严重的达30％以上。

症状特点：病害主要发生于叶片，严重时，叶柄、托叶和茎

秆均可受害。病害始见于花生花期，在生长中、后期形成发病高峰。黑斑病发生比褐斑病晚。

两种病害初期在叶片上均产生黄褐色小斑点，不易区分。随着病害发展，褐斑病产生近圆形或不规则形病斑，直径达1～10毫米。叶正面病斑暗褐色，背面颜色较浅，呈淡褐色或褐色。病斑周围有明显黄色晕圈。在潮湿条件下，大多在叶正面病斑上产生灰色霉状物，即病菌分生孢子梗和分生孢子。有时侵染茎秆，茎部和叶柄病斑为长椭圆形，暗褐色，稍凹陷。严重时，叶片病斑相连，叶片枯死脱落。

黑斑病和褐斑病可同时混合发生。黑斑病病斑一般比褐斑病小，直径1～5毫米，近圆形或圆形，较规则。病斑呈黑褐色，叶片正反两面颜色相近。病斑周围黄色晕圈较窄、不明显。在叶背面病斑上，通常产生许多黑色小点的病菌子座，成同心轮纹状，并有一层灰褐色霉状物，即病菌分生孢子梗和分生孢子。危害同褐斑相似。

病原：褐斑病和黑斑病病原菌无性世代分别为 *Cercospora arachidicola Hori* 和 *C. personata* (Berk. &Curt.) v. Arx.，属于半知菌类，丛梗孢科，尾孢菌属和暗拟棒束梗霉属。有性世代分别为 *Mycosphaerella arachidis* Deighton 和 *Mycosphaerella berkeleyi* W. A. Jenkins，属于子囊菌纲、座囊菌目、球腔菌属。

侵染循环：两种病害侵染循环基本相似。病菌以菌丝座和菌丝在土壤病残体上越冬，翌年于适宜条件下菌丝直接产生分生孢子，随风雨传播。通常子囊孢子不是病菌主要侵染源。分生孢子在22℃下，经2～4小时即可萌发，产生芽管直接从花生叶片表皮或气孔侵入。在25～30℃和较高湿度下，10～14天产生病斑。病斑首先出现在靠近土表的老叶上。病斑上产生分生孢子成为田间病害再侵染源。据观察，分生孢子扩散高峰在清晨叶面上露水刚消失时和下雨之前。在合适温、湿度条件下，分生孢子重复再侵染，促进病情发展，至收获前造成几乎所有叶片脱落。在南方产区，春花生收获后，病残株上病菌又成为秋花生的初次侵染源。

温度高湿度大有利于发病，病菌生长发育温度范围为10～37℃，最适温度为25～30℃，低于10℃或高于37℃均不能发育。病害流行要求80%以上湿度。阴雨天气或叶面上有露水，有利于病菌分生孢子发芽和侵入及病害流行。品种间抗性差异明显，有的品种感病轻，有一定的水平抗性。花生品种对叶斑病抗性表现在病菌侵入到症状出现潜育期长，病斑小、单位叶面积病斑数少，病斑不产孢或很少产孢，落叶率少。连作地菌源增加，病害加重，连作年限越长，病害越重。通常土质好、肥力水平高、花生长势好的地块病害轻；肥力低，花生长势弱，病害重。

防治技术：

一是选育抗病品种。抗病品种是防治叶斑病的重要途径。近年，山东省花生研究所徐秀娟等人研究报道，鲁花11、鲁花14、花育16和群育101对晚斑病感病程度轻，花17、鲁花4号、花28和粤油92对两种叶斑病和网斑病综合抗性较好。广东农科院曾报道湛油1号等花生品种感病轻。推广抗病品种，减轻病害。而花37和鲁花3号高感褐斑病，P12高感黑斑病，连花2号和白沙1016高感两种叶斑病，一般情况下，最好不种植。20世纪70年代以来，国内外对花生种质资源对叶斑病的抗性进行了大规模筛选，发现一批高抗叶斑病的抗源材料。这些抗性好的材料，为抗叶斑病育种打下了良好基础。

二是采取农艺措施防治。轮作明显减轻病害，花生与甘薯、玉米、水稻等作物轮作1～2年均可减少田间菌源，收到明显减轻病害效果，轮作年限越长，防病效果越显著；花生收获后，及时清除田间残株病叶，深耕深埋或用作饲料均可减菌源，减轻病害。加强栽培与管理，促进花生健壮生长，提高抗病力，减轻两种斑病发生。

三是化学农药防治无公害花生和A级绿色食品花生。病害防治指标以10%～15%病叶率，病情指数3～5时开始第一次喷药，以后视病情发展，相隔10～15天喷一次。病害重的喷药2～

3次，可以控制病害发生。防治两种叶斑病可选用的低度杀菌剂有50%多菌灵WP800～1 500倍液、75%百菌清WP500～800倍液、70%代森锰锌WP300～400倍液、1∶2∶200波尔多液（硫酸铜∶石灰∶水）、农抗120 200倍液等。

2. 花生网斑病

分布和危害：花生网斑病又称云纹斑病，是20世纪70年代我国北方花生产区发生的一种新病害。此病在辽宁、山东、陕西等省发生普遍。山东1984和1985年调查，此病发生普遍率仅次于褐斑病，但由于网斑病导致落叶严重，故为害较重。陕西90年代调查，网斑病叶率78%以上，病情指数28.3～55.1，对花生影响超过叶斑病。流行年份网斑病可造成20%～30%的产量损失。已报道发生此病的还有美国、津巴布韦、澳大利亚、巴西等国。

症状特点：该病最早发生于花生始花期基部叶片上，病斑初期呈粉状白点，随叶脉呈星芒状向外扩展，呈现网状，故此而得名。病斑随着发展逐渐扩，颜色由白色→灰白色→褐色→黑褐色，斑点近圆形较大斑点，直径达1～1.5厘米，病斑没有明显的边缘，边缘也没有黄色晕圈，这点是与其他斑病最明显区别。病斑中前期背面症状不明显。到后期叶背面表皮下产生栗褐色小突起，即病菌分生孢子器。高温高湿病害发生严重，蔓延快，10天左右即可导致大部分叶片脱落，故危害重。

病原：该病病原菌为*Phoma arachidicola Marasas* Pauer & Boerema，属半知菌类，球壳孢目，茎点霉属。病菌有性世代划分比较混乱，曾分别报道为Mycosphaerella、Didymosphaeria和Didymella属的一个种，尚待进一步统一。

侵染循环：该病菌一般以菌丝和分生孢子器在病残株中越冬。翌年病菌分生孢子器释放出分生孢子，借风雨传播，成为田间初侵染来源。国外报道，病害初侵染源还有病菌子囊孢子。在适宜条件下，孢子产生芽管直接穿过表皮，菌丝成网状在表皮下蔓延，杀死邻近细胞，形成网状坏死症状。菌丝也伸入到表皮下组织，随着菌丝大量生长和引起细胞广泛坏死，产生典型斑块症状。病组织上产生分生孢子在田间扩散引起反复再侵染。据辽宁和山东等地观察，病害一般在花生花针期开始发生，8、9两月是发病盛期，病害严重地块造成花生多数叶片脱落，影响花生产量和质量。

花生生长中后期，遇持续阴雨天气，将导致病害严重流行。大连市新金县，分析1979—1985年6年期间8月份雨量，以1980年最高，达150.4毫米，该年此病大流行，8月末田间叶片几乎全部脱落，平均减产30%～40%，而1983年同期降雨量只有43.2毫米，病害仅轻度发生。山东莱西1985年8月至9月上旬，降雨量高达501毫米，造成网斑病大发生。定点调查花生地块，病害病情指数从7月下旬的2左右，迅速上升到8月上旬的62，9月份几乎达到100。据山东田间调查，此病平泊地明显重于山岗地，平泊地病害普遍率平均26.3%，山岗地平均12.4%，是因为平泊地田间湿度比山岗地大的缘故。此外，重茬地花生病重于轮作地，覆膜地花生重于露栽田，品种间抗性差异显著。

防治方法：首先采用农业措施，清除田间病残体，收获时彻底清除病株、病叶，以减少翌年病害初侵染源。二是合理轮作，该病菌寄主范围很窄，试验证明越冬分生孢子生活力不超过一年，因此与其他作物合理轮作1～2年，可以明显减轻病害发生。三是选用抗病品种，推广应用综合抗性好的品种。在美国，随着大面积推广种植抗病品种Florunner，显著减轻了网斑病造成的损失。四是药剂防治，A级绿色食品和无公害食品花生可以结合选用低毒化学杀菌剂，在病害高发期以前用70%代森锰锌WP500倍稀释液，或5%百菌清WP800～1 000倍液，每隔两周叶面喷雾一次，共喷2～3次，可以收到良好防病效果。

3. 花生焦斑病

分布和危害：花生焦斑病在我国各花生产区均有发生。严重时田间病株率可达100%，在急性流行情况下可在很短时间内，引起大量叶片枯死，造成花生严重损失。

症状：该病通常产生焦斑和胡麻斑两种类型症状。常见焦斑类型症状，通常自叶尖，少数自叶缘开始发病。病斑呈楔形向叶柄发展，初期褪绿渐变黄、变褐，边缘常为深褐色，周围有黄色晕圈。早期病部枯死呈灰褐色，上面产生很多小黑点，即病菌子囊壳。该病常与叶斑病混生把叶斑病病斑含在楔形斑内。胡麻斑类型症状产生病斑小（直径小于1毫米），不规则至圆形，有时凹陷。病斑常出现在叶片正面。收获前多雨情况下，该病出现急性症状。叶片上产生圆形或不定形黑褐色水渍状大斑块，迅速蔓延造成全叶枯死，并发展到叶柄、茎、果针。在叶片、茎部病斑上均出现病菌子囊壳。

病原：该病病原菌为 *Leptosphaerulina crassiasca*（Sechet）Jackson & Bell.，属子囊菌亚门，细球腔菌属。

侵染循环：病菌以菌丝及子囊壳在病残株中越冬。花生生长季节，子囊孢子从子囊壳内释放出，扩散高峰在晴天露水初干和开始降雨时。子囊孢子生出芽管可以直接穿入花生叶片表皮细胞。病害在田间发生较早，通常在花生花针期即可发现。据观察品种间抗病性差异显著。

防治方法：选育和应用抗病品种。无公害花生和A级绿色食品花生用防治黑斑、褐斑两种叶斑病所选用的低毒杀菌剂即可兼治焦斑病。

（二）花生菌核病

分布与危害：花生菌核病是90年代初我国花生上新发生的一种病害，一般导致减产15%～20%，重的年份达25%以上。随着我国花生生产的不断提高，高产地块越来越多，田间郁闭现象较普遍，高温高湿易导致花生菌核病的发生。山东、河南、广东都有发生（表49、50）。在山东的莱西、河南的洛阳首次发现分别为1993年和1998年。1993年8月我们在田间进行花生病害普查过程中，首次于山东省花生研究所莱西试验农场花生田发现危害叶片、茎秆等地上部的花生菌核病。花生菌核病系属真菌病害，发病中后期，由菌丝体于病体上纠结形成菌核，故此而得名。当年该病发病的普遍率较高，播种8130的地块发病株率最高，植株呈点片枯死，死亡率高达30%以上。播种其他品种的田块均有不同程度发病，危害较重。

表49　河南、广东花生菌核病大田发病情况调查结果

（每调查点代表面积930～2 460hm²）

日/月	调查地点	播种方式	品种名称	调查株数	病株数	病株率%	备　注
28/7	偃市市	春直播	白沙1016	1 000	0	0	地处丘陵；洛阳农科所左五洲调查
18/8	汝阳县	春直播	白沙1016	1 000	1	0.1	
19/8	孟津县	春直播	白沙1016	1 000	0	0	
20/8	宜阳县	春直播	白沙1016	1 000	2	0.2	
15/25	开封县	春播覆膜	豫花7号	100	0	0	开封市农林科学研究所汤玉煊调查
25/25	杞县	麦田套种	豫花10号	100	0	0	
5/8	杞县	麦田套种	豫花10号	100	2	2.0	
10/8	兰考县	麦田套种	海花1号	100	0	0	
15/8	开封县	麦田套种	豫花7号	200	7	3.5	
6/7	广东	平垄种	湛油12	50	13	26.0	广东作物所黎惠林调查

表50　花生菌核病病情大田调查结果

（徐秀娟等人2003年）

市别	品种名称	地形	前茬作物	调查株数	发病株数	病株率（%）	其他病株率（%）
即墨市	鲁花10号	平泊	玉米	120	16	13.33	
	白沙131	平泊	玉米	120	24	20.00	
	小白沙	平泊	玉米	120	26	21.67	
	白沙1016	平泊	玉米	120	30	25.00	
	双季2号	岗地	玉米	120	0	0	
	不详	岗地	玉米	120	0	0	
胶南市	潍花6号	平泊	蔬菜	120	0	0	灰霉34.2
	鲁花10号	平泊	玉米	120	26	21.67	
	丰花1号	平泊	玉米	120	16	13.33	
	8130	平泊	玉米	120	17	14.17	
	不详	岗地	玉米	120	8	6.67	

（续）

市别	品种名称	地形	前茬作物	调查株数	发病株数	病株率（%）	其他病株率（%）
莱西市	8130	平泊	玉米	120	22	18.33	
	101	平泊	玉米	120	5	4.17	
	花育 17	岗地	玉米	120	0	0	
	不详	平泊	玉米	120	31	25.83	
莱阳农学院	101	平泊	玉米	120	11	9.17	
	8130	平泊	玉米	120	50	41.67	
	莱农 10 号	平泊	玉米	120	32	26.67	

所调查的乡镇和单位花生菌核病普遍发生，地块发病普遍率为 77.78%，没发病的地块全为山岗地和平泊生茬地，如胶南市农场是平泊地，但是多年没有种过花生，虽然田内较涝，仍无一发病。各市发病的地块，病株率幅度分别是，胶南市平均为 6.67%～21.67%、即墨市为 13.33%～25.00%、莱西市为 4.17%～18.33%、莱阳农学院 25.83%～41.67%。大田调查结果表明，花生菌核病的发生，平泊地比山岗地发病率明显高、重茬地比生茬地发病率高、不同品种间发病率差异明显等特点。

病症特点：随着田间湿度的不同有所变化。危害部位前期主要是叶片，随着病害发展也可危害茎秆、果针。若天气干旱，叶片上的病斑呈近圆形，直径 0.5～1.5 厘米，暗褐色，边缘有不清晰黄褐色晕纹；当雨量多，田间湿度大时，叶片上的病斑为水渍状，呈不规则大斑。感病叶片脱落很快，脱落叶片干缩卷曲。当病斑沿叶柄蔓延到茎秆上形成不规则状大斑，使其软腐，轻者造成烂针、落果，重者，全株枯死，烂针、烂果，严重影响产量和质量。田间湿度大时，病组织表面常有白色蛛丝状的菌丝，落叶丝连，故其在田间往往呈点片发生。菌体上的菌丝逐渐缠结成团，形成黑褐色菌核。徐秀娟等人与国内外所报道的在花生上能结核的其他 8 种类同病害进行了病症特点比较。这些病害分别是：花生小菌核病、花生立枯病、花生紫纹羽病、花生菌核茎腐病、花生纹枯病、花生炭腐病、花生白绢病、花生叶腐病和花生菌核病（表 51）。

表 51　几种花生结菌核病害症状特点比较表

病害名称	病原菌学名	侵害部位	主要症状	菌核形态		
				大小	形状	颜色
1. 花生小菌核病	*Rhizoctonia arachidis*	叶片、茎秆、荚果等	圆或不规则形斑，株枯	0.5～2.5mm	不规则表面粗糙	外黑内白
2. 花生立枯病	*Rhizoctonia solani*	植株各部器官	凹陷伤痕，芽枯、株枯	大小不一	扁平不规则	褐至黑褐
3. 花生紫纹羽病	*Helicodiummompa*	茎基部、根及荚果	叶尖黄植株生长迟滞病部有紫色霉	大小不一	扁球形	褐紫至黑紫
4. 花生菌核茎腐病	*Sclerotina miyabeana*	茎秆	不规则赤褐色大斑株枯	大小不一	不规则表面粗糙	黑色
5. 花生纹枯病	*Pellicular asasaRii*	主要叶片、茎秆	圆或水渍不规则斑株枯	大小不一，多为绿豆大	圆形至卵圆形	褐色至暗褐色
6. 花生炭腐病	*Rhizoctonia bataticola*	茎基部	赤褐色不规则大斑株枯	0.5～1.0mm	圆或不规则形表面光滑	黑色
7. 花生白绢病	*Scleotium rolfsii*	茎基部	病体地表一层白绢株枯	0.5～2.0mm	近圆形表面光滑	深褐色
8. 花生叶腐病	*Rhizoctonia solani*	叶片边缘、茎秆、荚果	褐色或黑褐色病斑株枯	(0.34～3.5)×(0.25～1.9) mm	圆形或扁圆形	褐色或黑褐色
9. 花生菌核病	*Rhizoctonia solani*	叶片、茎秆、荚果	圆或不规则水渍状斑点株枯	0.5～3.5mm	不规则形表面粗糙	黑褐色内外色一致

病原及其特性：花生菌核病病原通过科赫斯法则分离接种鉴定，明确其病原属于半知菌类，无孢菌群，丝核菌属（*Rhizoctonia solon* Kühn）AG1-IA菌丝融合群。有性世代为担子菌纲，瓜亡革菌属［*Thanatephorus*（Frank）Donk］。该菌不产生无性孢子，担孢子也少见。病原菌核抗旱耐涝，适应性强，故病害易大面积流行。

病害侵染循环与消长规律：花生菌核病（Rhizoctonia solani Kühn）初侵染源来自残留于土壤中的病残体，以菌核为主于土壤中越冬。再侵染是病株与健株相互接触时，病部的气生菌丝攀缘到健株的枝叶上，连续蔓延扩展，重复侵染。也可以随人畜田间作业携带或病体随流水、风力进行再侵染。花生菌核病发病初期，在我国北方产区一般为7月上旬，高峰期为7月下旬至8月中旬。在南方产区（广东），始发期和盛发期相应提早半月左右，始发期为6月中下旬，盛发期为7月上中旬至8月初。

防治技术：花生菌核病的防治同期他病害一样，必须采取综合防治措施，才能获得经济高效防治结果。优先采用农艺措施，如土地深耕，结合翻转耕翻法（表层土彻底翻于犁底层以下）防病效果显著；合理轮作，与和谷类作物合理轮作，有条件的地区实行水旱轮作效果好。轮作年限愈长防病效果愈好；及时铲除病株残体减轻病害。注意从田内向外带病株残体时，不要掉到别处，避免不必要的无意传播；雨季及时排涝，破坏病原菌繁育环境，可以明显减轻病害发生。二是选用抗病品种：花生研究所多年经40余个花生良种（系）抗性鉴定结果表明，抗性较好的大果类型的为鲁花11、79-266、鲁花8号、9号、豫花5号和7号。小果类型的有青兰2号、花育20、鲁花12和15。抗性差的为8130、88-8和93-1。花生不同品种（系）对花生菌核病抗病性存在显著差异。首先是内在抗性机制差异，表现在相同条件下不同品种表现的差异。次之为外部条件影响造成的差异，同一品种不同年份，也即不同条件下同一品种抗性表现的差异都比较明显。三是应用生物杀菌剂、增产剂以及低毒化学之剂（限于无公害食品花生和A级绿色食品花生用）。徐秀娟等人先后试验筛选的药剂有铜高尚、霉易克、力贝佳、菌核净、清菌、杀菌王、菌毒杀星、菌克宁、轮纹净、炭特灵、百菌净、美生、多菌灵、代森锰锌、菌核净、绿芬威、灭菌威、克菌康、消菌灵、爱生、美丹、康泰菌克、菌毒清、霜速净、迪克、灭菌强、咪鲜胺、菌立灭、力贝佳、美奇海藻肥、多抗霉素、等。在使用方法上有的可以拌种、或叶面喷洒以及与除草剂混合封锁地面控制初侵染原等方法。以上低毒杀菌剂，均有一定的防病效果，防效平均达到67.5%，挽回荚果产量损失为8.6%。较好的有霉易克、菌克宁、铜高尚、力贝佳、EM原露等，防病效果在65.0%以上，增产荚果9.0%以上。并兼治花生叶斑病等病害。主要防治结果如表52～表56。

花生播种前用水浸透种子，然后将药剂拌于种子表面，再播种。拌种时注意不要碰掉种皮，以防有害生物侵染。

表52　不同拌种剂防病效果

处理名称	花生菌核病		主要叶斑病	差异显著比较	
	病株率%	防治效果%	病情指数	5%	1%
清水（CK）	18.33	—	88.603	a	A
多菌灵	9.17	49.97	87.327	a	A
福来坞	5.83	68.19	85.730	a	A
霉易克	0	100	84.657	a	A
喷得宝	17.50	4.53	83.820	a	A
美奇海藻肥	16.67	9.06	82.917	a	A
惠满丰	0	100	78.993	a	A

在花生播种后，覆膜前，将低毒杀菌剂与除草剂混合喷洒于地面。共设有3个组合，以喷清水为对照，研究结果有两个组合防病效果达到100%，另一组合发病较对照重，分析问题的出现，或许是试验误差或许是该组合能诱发菌核病发生，有待今后进一步研究。3个处理组合，对花生主要叶斑病均有一定效果，

但处理间差异不显著。

表 53 封锁初侵染源防治花生病害效果

处理名称	花生菌核病		花生主要叶斑病病情指数	差异显著性比较	
	病株率（%）	防治效果（%）		5%	1%
力贝佳十乙草胺	0	100	84.203	a	A
杀菌优十乙草胺	14.17	－239.81	83.737	a	A
乙草胺（CK）	4.17	—	80.033	a	A
霉易克十乙草胺	0	100	77.187	a	A

表 54 抗生素制剂防治花生菌核病效果差异比较

处理名称	花生菌核病病株率	差异比较		防效（%）
		5%	1%	
清水（CK）	16.500	a	A	—
4%春雷霉素 800 倍	7.500	b	B	54.55
50%多菌灵 1 000 倍	7.000	b	B	63.64
50%多菌灵 500 倍	6.000	b	B	57.58
1.5%多抗霉素 400 倍	5.000	b	B	69.70
1.5%多抗霉素 500 倍	4.500	b	B	72.73
1.5%多抗霉素 300 倍	4.000	b	B	75.76

本试验参试的抗生素有 1.5%抗生素 WP、4%春雷霉素 WP 和常用低毒杀菌剂 50%多菌灵，分别以不同浓度，于花生菌核病发生初期开始喷洒叶面，每次间隔 12～14 天，共喷洒 3 次，以防再侵染原蔓延。结果各处理均有较好的防病效果，通过 LSR 测验，防效比喷清水对照均达到极显著标准，而处理间差异不显著。

选用表 55 中 4 种生物制剂喷洒叶面，防病效果良好，落叶率和普遍率均明显降低，防病效果 40.08%～60.45%，增产幅度为 1.86%～10.23%。最好为 EM 原露 500 倍的处理，防病与增产效果一致。

表 55　生物制剂防治花生菌核病效果

处理名称	落叶率（%）	普遍率（%）	病株率（%）	防治效果（%）	增产效果（%）
EM 原露 500 倍	11.66	34.29	2.93	60.46	10.23
中生菌素 300 倍	7.38	32.74	3.70	50.07	4.17
硫酸链霉素 5 000 倍	5.24	34.52	2.96	60.05	3.61
病毒克 600 倍	5.36	30.12	4.44	40.08	1.86
清水（CK）	13.86	35.12	7.41	—	—

表 56　不同药剂防病效果 LSR 测验结果

处理名称	病株率（%）	防病果效（%）	差异显著性比较	
清水（CK）	61.8	—	a	A
百菌清	42.9	30.58	a	A
轮纹净	14.3	76.86	c	B
百菌净	14.3	76.86	c	B
炭特灵	14.3	76.86	c	B

以上研究结果表明，抗生素、春雷霉素、EM 原露三种生物制剂防病、增产效果好。

另外通过小区试验和基点试验示范，筛选了 10 余种生物杀菌剂和低毒化学杀菌剂，叶面喷洒防治花生菌核病效果较好的有铜高尚、力贝佳等。

（三）花生茎腐病

分布与危害：花生茎腐病又称颈腐病，在全国各花生产区均有发生，其中以山东、江苏、河南、河北、陕西等北方产区发病较重。一般田块发病株率 10%～20%，严重的达 50%以上。此病原菌寄主范围广，除花生外，还有大豆、棉花、绿豆、菜豆、甘薯、茄子、田菁等。

症状特点：花生整个生育期均可感病。发病部位于植株的子叶节处，产生黄褐色水渍状，渐变黑褐色病斑。病斑扩展环绕茎基时，地上部萎蔫枯死。在潮湿条件下，病部产生密集的黑色小突起，即病菌分生于孢子器，表皮易剥落。田间干燥时，病部皮层紧贴茎上，髓部干枯中空。成株期发病时，先在主茎和侧枝茎基部产生黄褐色水渍状病斑，病斑向上、下发展，茎基部变黑枯死，引起部分侧枝或全株萎蔫枯死，病部密生小黑点。

病原：病原菌为 *Diplodia gossypina*（Cke）McGuire & Cooper.，属半知菌类，色二孢属。病菌有耐干燥和水浸特点。田间采集病株在室外贮放 226 天，和在室内存放 869 天，病菌仍具侵染能力。

侵染循环：病菌菌丝和分生孢子器在种子和土壤病残株上越冬，成为第二年初侵染源。病株和粉碎的果壳饲养牲畜后的粪便，以及混有病残株的土杂肥也是传播蔓延的重要菌源。病害在田间主要通过风雨、流水传播。在北方花生产区，一般 5 月下旬到 6 月初出现病株，6 月中、下旬出现发病高峰。8 月中、下旬出现的第二次发病高峰，一般发病较轻。

造成发病的因素有：种子质量差是导致病害流行的主要因素。霉捂种子由于生活力下降及带菌率增加，容易引起病害发生。据山东调查，这类种子带菌率达 50%以上，而质量好的种子仅为 5%左右；播种霉捂种子发病率 25%，质量好的种子仅为 3%～4%。北方花生产区，收获后凡遇到多雨年份，种子不能及时晒干，在贮藏中造成霉捂，常造成第二年病害大面积流行。花生苗期降雨较多，土壤湿度大，病害发生重；尤其雨后骤晴，气温回升快，即能出现大批死株。陕西调查，阳光过强造成花生幼苗热灼伤，有利于病害发生。连作花生地发病重，轮作发病轻。使用花生病株茎蔓饲喂牲畜的粪肥，以及混有病残株未腐烂的土杂肥均会加重病害发生。土壤结构和肥力好的花生地病轻，沙性强、瘠薄地病重。春播花生病重，夏播花生病轻。品种间抗病性有差异。

防治方法：防止种子霉捂，保证种子质量。播前晒种和选种，粒选大粒饱满种子，剔除变质、霉变、受伤种子，以减少病菌初侵染源和提高花生生活力和抗病力。此外，北方可选用夏播花生留种，夏播花生发病轻，种子生活力强。合理轮作，轻病地与禾谷类等非寄主作物轮作1～2年，重病地轮作3～4年。花生收获后及时清除病残株，并深翻，以减少土壤病菌量。将带菌的粪肥和混有病残株的土杂肥施用前充分沤熟，均能减轻病害发生。A级绿色食品和无公害食品花生可以结合选用低毒化学杀菌剂25%多菌灵WP按种子量的0.5%，或50%多菌灵WP按种子量的0.3%拌种，均可收到明显防病效果。为使拌种均匀，用水浸润花生种子，药粉加入5～10倍细干土拌匀，然后将药土和种子混合均匀。药液浸种可用同量的药剂加水60升配成药液，浸种50千克，浸24小时，中间翻动两次，将药剂吸干后播种。

（四）花生根结线虫病

分布和危害：花生根结线虫病又称地黄病等。花生根结线虫病在我国大部分花生主产区均有发生，其中以山东、河北、辽宁等三省发病较重。受害花生一般减产20%～30%，重者达70%～80%，甚至绝产。如1993年山东临沂调查，全区8县市发病面积1.31公顷，减产2546万千克；发病重的乡、镇，发病面积占种植面积的37.7%。山东省估计发病面积约270公顷。

症状特点：花生根结线虫对花生的入土部分（根、荚果、果柄）均能侵入为害。花生播种后，当胚根突破种皮向土壤深处生长时，侵染期幼虫即能从根端侵入，使根端逐渐形成纺锤状或不规律形的根结（虫瘿），初呈乳白色，后变淡黄至深黄色，随后从这些根结上长出许多幼嫩的细毛根。这些毛根以及新长的侧根尖端再次被线虫侵染，又形成新的根结。这样经过多次反复侵染，使整个根系形成了乱发似的须根团。

我国两种花生根结线虫为害形成的根结略有不同。一种是北方根结线虫，主要分布于北方花生产区，是为害我国花生的主要根结线虫。为害形成的根结如小米粒大小，其上增生大量细根，严重时根密集成簇，在根结上方生出侧根是北方根结线虫侵染的特征。另一种是花生根结线虫，主要分布在南方花生产区。为害所形成的根结较大或稍大，症状特点为根结与粗根结合，根结大并包括主根。荚壳上的虫瘿呈褐色疮痂状的突起，幼果上的虫瘿乳白色略带透明状，根颈部及果柄上的虫瘿往往形成葡萄状的虫瘿穗簇。根结线虫主要侵害根系，根的输导组织受到破坏，影响到水分与养分的正常吸收运转，因此，植株的叶片黄化瘦小，叶缘焦灼，直至盛花期萎黄不长。在山东花生生产区，麦收前地上部症状非常明显。到7、8月间伏雨来临，病株由黄转绿，稍有生机，但与健株相比，仍较矮小，生长势弱，田间经常出现一片片的病窝。鉴别这一病害时，要特别注意虫瘿与根瘤的区别。虫瘿长在根端，呈不规则状，表面粗糙，并长有许多小毛根，剖视可见乳白色砂粒状的雌虫；根瘤则长在根的一侧，圆形或椭圆形，表面光滑、不长小毛根，剖视可见肉红色或绿色的根瘤细菌液。此外，花生遭受蛴螬为害或缺肥、重茬，植株亦能表现矮小黄化，但其根系不形成虫瘿。

病原及生物学特性：北方根结线虫 *Meloidogyne hapla* Chitwood与花生根结线虫 *Meloidogyne arenaria*（Neal）Chitwood，属垫刃线虫目，异皮线虫科，根结线虫属。

病原线虫寄主范围广泛。据报道北方根结线虫有550种，国内已发现的寄主作物有16个科80余种，野生寄主19科50余种。花生根结线虫有330种，花生根结线虫能侵染禾谷类植物。耐淹性强。将新鲜虫瘿浸泡在水中135天，仍具一定的侵染力。不抗干燥。将带有虫瘿的新鲜根、果置于室外阳光下晒干，或室内风干至含水量为8%～10%时，则根、果虫瘿内的线虫均失去侵染致病力，全部死亡。耐寒性强。将虫瘿内的线虫放于－10℃的冰箱26小时，仍有侵染力。横向移动与垂直分布。据宋协松等在山东砂土地观察，4月下旬至7月下旬侵染期幼虫横向缓慢移动，可达60厘米；但能随大雨后地面径流作远距离移动。在土壤内垂直分布为：0～30厘米占65.5%，30～50厘米占25.6%，在1米以下仍有少量线虫存在。

侵染循环：病原线虫以卵和幼虫附于残根、残果上在土壤或粪肥中越冬。第二年春天，当平均地温为12℃时卵开始孵化。刚孵化的幼虫为仔虫期幼虫，在卵壳内脱第一次皮后脱壳而出，发育成侵染期幼虫。随着土壤温度的升高，越冬幼虫与刚孵化的幼虫在土壤中开始活动；当平均地温达到12℃以上时，春播花生的胚根刚萌发，侵染期幼虫就能从根端侵入，由根皮细胞向内移动，经过皮层，头部钻入中柱或中柱的分生组织，用吻针对细胞壁进行频繁的穿刺，最后吻针插入细胞内，由食道腺分泌毒液，破坏中柱细胞的正常生长，引起薄壁部细胞过度发育、核多次分裂，形成多核和核融合的巨型细胞，并以此为中心肥大生长，形成突起的瘤状根结（虫瘿）。在根组织内的幼虫，取食巨型细胞内的液汁，作为其生长发育所需的营养。当雌雄虫发育成熟后，雌成虫仍定居于原处组织内继续为害、产卵，不再移动；雄虫则可离开虫瘿到土壤中，钻入其他虫瘿与雌虫交配。雌虫产卵集中在卵囊内，卵囊一端附于阴门处，一端露于虫瘿外或埋于虫瘿内，雌虫产卵后即死亡。卵在土壤中孵化成侵染期幼虫，继续为害花生。卵囊内卵的孵化不是同期完成的，延续期可长达4～5个月。花生根结线虫在广东花生上发生3～4代。据在山东省烟台地区观察，北方根结线虫一年完成3个世代，第一代约需50～62天，于6月下旬到7月上旬完成；第二代约需32～46天，于8月下旬完成；第三代约需44～56天，于10月下旬完成。

发病因素：一是受土壤温湿度影响，当土壤温度为12～34℃时幼虫均能侵入花生根系，最适温度为20～26℃，4～5天即能侵入，地温高于26℃时，侵入困难。土壤含水量为最大持水量70%左右最适宜根结线虫侵入，20%以下或90%以上均不利于根结线虫侵入。土壤内的线虫可随土壤水分的多少上下移动。二是土壤质地的影响，多发生在砂土地和质地疏松的土壤，尤其是丘陵山区的薄砂地、沿河两岸的砂滩地发病严重。沙土地土温较高，通透性和返潮性较好，同时由于瘠薄不利于线虫天敌繁衍孳生，因此有利于线虫生长发育、生存和大量繁殖。通气性不良的黏质土不利于根结线虫的生长发育，低洼地、碱地和黏紧的地少见发病。三是受耕作制度的影响，常年连作地发病重，与非寄主作物轮作地发病轻，生茬地种植花生则很少发病。四是受寄主杂草量的影响，花生地内外寄主杂草多少，与病害的发生轻重有密切关系，寄主杂草多，发病重，反之则轻。五是田间径流影响，雨水径流病地内的线虫及病残体，可随着雨水径流转移到无病地，是线虫扩展蔓延的主要途径。因此河流两岸的花生地、下水头地及过水地发病严重。六是人畜携带传播，农事活动，病土、病残株随人、畜、农具的携带而传播。此外，用病残株沤粪或病土铺圈垫栏积肥，施入无病地亦可扩大蔓延。泥地压河沙、病土造田等都会造成线虫的扩展蔓延。

防治方法：一是利用综合农艺措施防治病害，如轮作减轻病害：北方花生产区实行花生与玉米、小麦、大麦、谷子、高粱等禾本作物或甘薯实行 2～3 年轮作，能大大减轻土壤内线虫的虫口密度，轮作年限越长，效果越明显；深翻改土，多施有机肥减轻病害：通过创造花生良好的生长条件提高抗病力，减轻病害。特别是增施鸡粪，据山东省花生研究所花生宋协松试验，鸡粪有明显的防线虫病效果；干燥致死减轻病害：利用其不抗干旱特性，收获时进行深刨可把根上线虫带到地表，通过干燥消灭一部分线虫；健全排水系统、不用有线虫的土垫栏、彻底清除田内外的寄主杂草，都可减轻线虫的为害。二是抗病品种选育和应用抗性品种是根结线虫病防治的重要途径。美国已在野生花生种中发现对北方根结线虫和花生根结线虫高抗的材料，并致力于通过种间杂交获得抗病的花生品种，在栽培资源中也发现了对花生根结线虫中抗的花生品种。国内经多年在自然病圃对花生种质资源筛选鉴定发现，不同花生类型、品种对北方根结线虫有明显的抗性差异，已选出2份高抗、3份中抗资源，作为亲本已用于抗病育种。除常规抗病育种外，国外近年从番茄中克隆获得抗根结线虫的Mi基因并开展抗性的分子机制研究，为通过基因工程技术选育抗根结线虫作物品种提供了新的途径。三是生物防治病害：国外应用淡紫拟青霉（*Paecilomyces lilacinus*）和厚垣孢子轮枝菌（*Verticillium chlamydosporium*）能明显地降低花生根结线虫群体和消解其卵。国内调查卵寄生真菌对花生根结线虫的自然寄生率，一般为5%左右，有的高达10%以上甚至30%；1989年引用国外淡紫拟青霉对北方根结线虫的田间试验结果，前期卵寄生率达18.7%～63%，后期为19.4%～21.1%。此外，近年来研究发现根际细菌如*Pseudomonas* spp.，*Agrobacterium* spp. 属的一些种能抑制根结线虫卵的孵化和二龄幼虫的生长。

（五）花生条纹病毒病

花生病毒病是影响我国花生生产的重要病害。一般年份，引起花生减产5%～10%，大流行年份引起花生减产20%～30%。为害我国花生的病毒病种类较多，其中主要有4种，分别是花生条纹病毒、黄瓜花叶病毒、花生矮化病毒和花生芽枯病毒。下面重点叙述花生条纹病毒病。

分布与危害：花生条纹病又称花生轻斑驳病，是我国花生上分布最广的一种病毒病害。该病害属常发性流行病害，广泛流行于北方花生产区。20世纪80年代调查，山东、河北、辽宁、陕西、河南、江苏、安徽和北京等省（市）花生产区，田间发病率一般在50%以上，不少地块达到100%；在南方和长江流域花生产区，仅零星发生。该病害一般引起花生减产10%～20%，早期感染也可引起减产20%以上。由于病害发生早、发病率高、流行范围广，因此是影响我国花生生产的重要病毒病。除花生外，花生条纹病毒自然侵染寄主还有大豆、芝麻和鸭跖草，在花生和大豆、芝麻混作地区，从花生传到大豆、芝麻，造成为害。花生条纹病毒在世界其他国家发病也较重。

病害症状：病害开始在顶端嫩叶上出现清晰的褪绿斑和环斑，随后发展成浅绿与绿色相间的轻斑驳、斑驳、斑块和沿侧脉出现绿色条纹以及橡树叶状花叶等症状。叶片上症状通常一直保留到植株生长后期。品种类型间症状表现存在差异，白沙 1016 等珍珠豆型品种感病后叶片稍皱缩，症状比普通型花生品种明显。该病害症状通常较轻，除种传苗和早期感染病株外，病株一般不明显矮化，叶片不明显变小。

病原：该病害病原病毒是花生条纹病毒（*Peanut stripe virus*，PStV）。在我国曾报道为花生轻斑驳病毒（*Peanut mild mottle virus*，PMMV），属马铃薯 Y 病毒科（*Potyviridae*）马铃薯 Y 病毒属（*Potyvirus*）。其病原寄主植物种类较多，其中花生、大豆和苋色藜可用于 PStV 和我国其他花生病毒的鉴别寄主。PStV 通过花生种子传播，被蚜虫以非持久性方式传播。PStV 存在不同症状类型株系。国内报导有轻斑驳、斑块和坏死株系。轻斑驳株系种子传毒率高，发生普遍；斑块株系引起花生较重病症，对花生产量影响较大。

侵染循环：病毒通过带毒花生种子越冬，成为第二年病害主要初侵染源。春季，病害一般在花生出苗 10 天后开始发生，这时多为种子传病苗。病毒传播介体是蚜虫。我国北方产区，蚜虫在花生地内发生早、发生量大、活动频繁，使病害在田间迅速传播。据北京、徐州和武昌等地观察，病害在花期形成发生高峰，随年份不同，历时半月至一个多月达到 80%以上发病率。此外，PStV 从花生向附近的大豆、芝麻和鸭跖草传播，这些自然感染寄主未发现种传现象。

该病害属常发性流行病害，年度间流行程度受种传、蚜虫、品种以及气象因素影响。一是种子带毒：种子带毒律高低直接影响病害流行程度，种传高的地块，发病早，病害扩散快，对产量影响大。花生种子子叶和胚均带毒，种皮通常不带毒。病毒种传率高低受花生品种抗性、病毒侵染时期影响。通常种传率1%～10%。早期发病花生，种传率高；开花盛期以后发病花生，种传率明显下降；通常大粒种子带毒率低，小粒种子带毒率高。地膜覆盖花生病害轻，种传率也低。二是蚜虫传毒：试验研究证明，豆蚜、桃蚜等多种蚜虫均能以非持久性传毒方式传播病毒。花生田间蚜虫发生早晚、数量及活动程度与病害流行程度密切相关。传播病毒的主要是田间活动的有翅蚜。三是气象因素影响，在气象因素中，花生苗期降雨量与蚜虫发生和病害流行密切相关。凡花生苗期降雨多的年份，蚜虫少，病害也轻；反之，病害则重。徐州根据1979—1985年7年病害和蚜虫观察资料建立了病害流行预测式：$Y=20.8956+0.544X1-0.2662X2$（Y＝出苗至50%发病率的日距，X1＝出苗后20天内总雨量，X2＝出苗后20天内最高蚜株率）。经检验，7年历史符合率为100%。品种抗性程度的影响，栽培品种中，海花1号、徐州68-4、花37等品种感病程度低，伏花生、白沙1016等珍珠豆型品种感病程度高。国内外曾对花生种质资源进行大规模抗性筛选。在野生花生资源中发现有高抗材料，但未在栽培花生资源中发现抗性。通常靠近村庄、果园、菜园或杂草多的花生地，蚜虫多病害也重，导致减产严重。

防治方法：一是应用无（低）毒种子，带病毒花生种子是病害主要初侵染源，因此应选用无（低）毒种子，花37、豫花1号、海花1号等品种感病程度轻，病毒种传率低，减少或杜绝毒源可以有效地防治病害。武昌和徐州多年多点试验说明与大田毒源花生隔离100米以上，播种无（低）毒种子防病效果在90%以上，大面积播种无（低）毒种子可以获得更好的防病效果。无毒（低）种子可由无病区或轻病区调入，或隔离繁殖。自轻病地留种或粒选种子，减少种子带毒率，也可以减轻病害发生。二是应用地膜覆盖，地膜覆盖是一项丰产栽培措施，同时具有驱蚜和减轻病害的作用。据山东省花生研究所徐秀娟等人试验，有色地膜中的银灰膜驱逼蚜虫效果最好。三是利用蚜虫趋黄性消灭蚜虫：在田间放置涂上黄色和机油的设施诱扑蚜虫，1990 和 1991 年两年武昌试验，覆膜小区花生苗期黄皿诱蚜比露地小区减少 90%左右，并减轻病害发生。同时应用地膜覆盖和无（低）毒种子防病效果更为明显。清除田间和周围杂草，减少蚜虫来源并及时防治蚜虫，均可减轻病害发生。四是加强病害检疫，防止从病区向外大规模调种。

花生黄花叶病：黄花叶病病毒（*Cucumber mosaic virus*，CMV）感病花生开始在顶端嫩叶上出现褪绿黄斑、叶片卷曲。随后发展为黄绿相间的黄花叶、网状明脉和绿色条纹等各类症状。病株中度矮化，通常叶片不变形。CMV-CA 通过带毒花生种子越冬，成为翌年病害主要初侵染源。

花生普通花叶病：普通花叶病（*Peanut Stunt Virus*，PSV）。病株开始在顶端嫩叶出现明脉（侧脉明显变淡、变宽）或褪绿斑，随后发展成浅绿与绿色相间普通花叶症状，沿侧脉出现辐射状绿色小条纹和斑点。叶片变窄、小，叶缘波状扭曲。病害明显影响荚果发育，形成很多小果和畸形果。病株通常中度矮化。PSV 通过花生种子越冬，种传是病害初侵染源之一。PSV 种传率仅 0.02%。受 PSV 感染的刺槐花叶树是病害另一个初侵染源。

以上两种病毒病的防治方法基本同花生条纹病毒病。

（六）花生青枯病

分布与危害：花生青枯病主要分布于我国南方花生产区。北方产区的山东、辽宁、河北、河南等和安徽部分产区也有发生，尤以南方各省（区）发病严重。花生感病后常全株死亡，影响花生产量较大，一般发病株率 10%～20%，严重的达 50%以上，甚至绝产颗粒无收。随着耕作制的变动，复种指数增加，旱地轮作年限缩短，青枯病害有发展的趋势。花生青枯病的寄主有40科200多种植物。最常见的有花生、番茄、烟草、马铃薯、茄子、辣椒、芝麻、蓖麻、向日葵、萝卜、菜豆、田菁、香蕉、霍香、木麻黄等，也能侵染桑、聚合草、油橄榄。刺苋菜、白花草、灯龙果、鬼针草、龙葵、蔓陀罗等杂草。

症状特点：花生青枯病在花生整个生育期都能发生，花期达到发病高峰期。病株最初表现萎蔫，早上延迟小叶开放，午后小叶提前合拢。通常是主茎顶梢第一、二片叶首先表现症状，1～2天后，全株叶片从上至下急剧凋萎，叶色暗淡，仍然呈现绿色，故此称谓“青枯”。病株主根尖端呈褐色湿腐状，根瘤墨绿色。纵切根茎部，初期导管变浅褐色，后期变黑褐色。横切病部环状排列的维管束变深褐色，在湿润条件下，常见浑浊白色的细菌黏液渗出。病株上的果柄、荚果呈黑褐色湿腐状。

病原及其特性：花生青枯病病原菌近年来命名为 *Ralstonia solanacearum* 。病菌短杆状，两端钝圆形，大小0.9～2微米×0.5～0.8微米，无芽孢和荚膜，极生鞭毛1～4根。格兰氏阴性。迄今为止是花生上唯一的细菌性病害，其他病害以真菌，病毒为主。

Hayward将青枯菌对三糖三醇的生化反应分为5个生物型。侵染花生的青枯菌有生物型Ⅰ、Ⅲ、Ⅳ，其中生物型Ⅰ在美国东南部，我国花生青枯菌为生物型Ⅲ和Ⅳ。生物型与致病型目前尚未见相关性。根据青枯菌侵染不同寄主的反应，分为5个小种，花生青枯菌属于1号和3号小种。我国将从各地收集的36个花生青枯病菌菌株接种到6个花生鉴别品种上，明显表现出南方菌株比北方菌株的致病力强。按其在鉴别品种上的致病表现，此36个青枯菌株可划分为7个致病型，其中致病型Ⅱ和Ⅴ占优势。

青枯病菌怕阳光，不耐干燥。在干燥条件下10分钟就死亡。病株暴晒2天，病菌全部死亡。在人工培养条件下，青枯病菌的致病力特别容易丧失。一般培养3天后，致病力即减弱，培养20天以上，接种不再发病。此菌在土壤中能存活1～8年。

侵染循环：青枯病菌主要在土壤中越冬，成为侵染的主要来源。病菌从寄主植物的根部、茎部伤口或自然孔口侵入，然后通过皮层进入维管束。病菌在维管束内蔓延，并能侵入皮层和髓部薄壁组织的细胞间隙。由于病菌分泌的果胶酶分解细胞间的中胶层，致使细胞腐烂。病根、病茎腐烂以后，细菌散布土壤内，借流水、人畜、农具、昆虫等传播。未经高温沤制的病残株、带病杂草、病株作饲料的牲畜粪便，以及带病菌的土杂肥是传染来源之一。

发病因素：一是受气候条件的影响，青枯病菌是一种喜温的细菌。当旬均温稳定在20℃以上，5厘米土温稳定在25℃以上约6～8天，病害即开始发生；当旬平均气温稳定在25℃以上，旬平均土温（5厘米）达到30℃时，发病进入盛期。在温度因素中，土温对病害发展有着更直接的影响，土温高发病迅速。发病盛期北方花生产区在6月下旬至7月下旬，中部产区在6月，南方春植花生在5月至6月，秋植花生在9月下旬至10月下旬。各地花生生育期的温度一般均适于病害的发生。降雨日数及降雨量的多少对病害影响很大。时晴时雨、雨后骤晴有利于病害流行。二受土壤类型影响，凡保水、保肥力差，有机质含量低的瘠薄土壤如由片麻岩、片岩、板岩风化后并在流水的冲刷和分选形成的砂泥土、土层瘠薄，土壤颗粒大，孔隙多，通气性强，呈中性到微酸性反应，适合好气性青枯细菌生长繁殖，此类土壤有利发病；土质疏松、排水良好、有机质含量高的土壤发病较轻，甚至不发病。新垦地种植花生，青枯病极少发生，但随着附近病土的扩散和流水的传入，发病率随着连作年限延长而增长。连作2～3年，点片发生；继续连作，每年病害增长率约为10％～30％，并在3～4年内，发病率达到70％以上。近年湖北东部花生新区病害日趋严重，与大面积花生连作有直接关系。三品种之间抗病性差异明显：在现有栽培花生品种中，尚未见免疫的品种；但品种之间，抗病性差异明显。如原在湖北省红安县大面积种植的珍珠豆型品种红梅早，发病率一般达60%～70%，而协抗青、台山三粒肉两品种发病率却不超过20%。因此，在生产上大面积种植感病品种，是病害迅速发生和扩大蔓延的另一个重要原因，若种植抗病品种，能控制青枯病的发生。国内对4 600多份花生种质资源进行了抗青枯病鉴定。鉴定出抗青枯病品种85份，80%为龙生型材料，普通型和多粒型的抗病材料极少。四是受耕作制度影响：花生青枯病是土传病害，其耕作制度对花生青枯病流行影响较大。花生新种植区或新垦地，青枯病极少发生。但经多年连作，病菌不断积累，发病日益严重，甚至全部失收。旱坡地轮作年限越长，发病越轻。发病率在50%以上的重病地，要经5～6年的轮作，病害才能逐渐减轻；而发病率10%以下的轻病地，轮作1～2年就能抑制病害的发展。花生与水稻轮作，青枯病发生很少，发病率仅1%～5%，或不发病。据湖北花生产区调查，即使重病田（发病率在50%以上），一年水旱轮作，可以减轻病害40%～60%；二年以上水旱轮作可以减轻病害70%以上或完全不发病。五与使用的肥料有关：施化肥和有机质肥可减轻发病。一些地区农民总结出施用尿素作种肥或多施石灰、茶子饼肥、草木灰、塘泥等有减轻发病效果。

防治方法：花生青枯病的防治应采用以合理轮作为基础，种植抗病品种为主，加强栽培管理的综合防治措施。一是合理轮作：在有水源的地区进行水旱轮作，可减少或消灭菌源。南方花生产区由于实行水旱轮作，采用“花生—水稻—水稻”和“水稻—水稻—花生”的耕作制度，防治花生青枯病取得了显著效果。在水源条件较差的旱坡病地应建立合理的轮作制度。轻病地实行1～3年轮作，并注意避免流水传播。轮作的作物南方以甘蔗最好，轮作2年，发病率可以减轻到1%以下。其次是甘薯和十字花科作物。北方以甘薯、玉米、高粱和谷子等禾本科作物轮作，防病效果较好。二是加强栽培管理：旱坡病地通过深耕、深翻、平整土地、开沟作畦、排除积水、增施尿素、石灰和有机肥料，改良土壤结构、提高土壤的保水保肥力等措施，可以造成不利于病菌生存的生态环境条件，且增强植株抗病能力，减轻发病。三是选用抗病品种：选用抗病品种是经济有效的防病措施。我国利用协抗青、台山三粒肉为抗源进行抗病育种培育出一批新的抗病优良花生品种，如鄂花5号、中花2号、粤油92、粤油256、桂油28、鲁花3号等品种。20世纪80年代以来，这些品种在病区大面积推广应用对病害防治起到了重要作用，近年来又选育出泉花10号等抗病品种，发病很轻。

（七）花生白绢病

分布和危害：花生白绢病主要分布于长江流域和南方各花生产区。一般为零星发生，严重的发病率高达30%以上。该病菌寄主范围很广，能侵染60多科200多种植物。该病分布遍及世界各地，是美国的主要花生病害之一。

症状：病害多在花生成株发生，病菌主要侵染近地面的茎基部。病部初期变褐软腐，上长波纹状病斑。病斑表面长出一层白色丝绢状菌丝体，故此而得名。在合适条件下菌丝蔓延至植株中下部茎秆，在分枝间、植株间蔓延。土壤潮湿荫蔽时，病株周围土表植物残体和有机质上布满一层白色菌丝体。在菌丝体中形成很多球状菌核（直径0.5～2.0毫米）。菌核初为白色，以后变深褐色，表面光滑、坚硬。受害茎基部腐烂，皮层脱落，剩下纤维状组织。病株叶片变黄，边缘焦枯，最后枯萎而死。受害果柄和荚果长出很多白色菌丝，呈湿腐状腐烂。

病原：白绢病病原菌无性世代为 *Sclerotium rolfssi* Sacc.，属半知菌类，小菌核属。病菌有性世代 *Aethalia rolfsi*（Curzil）Tu & Kimbr.，属担子菌纲。菌核在干燥土壤或干枯病株上存活时间较长；潮湿情况下，存活时间较短。

侵染循环及发病因素：病菌以菌核或菌丝体在土壤中及病残株上越冬。病害通常在花生下针和荚果形成期发生。这一时期花生封行后形成潮湿荫蔽小气候有利于病害发生和发展。菌核萌发长出菌丝，利用地表和浅表植物残株和有机质作为营养及传播桥梁，进一步侵染花生植株。病菌分泌草酸可以杀死植物组织。菌核多集中在5厘米左右表土层中，近土表病菌菌核可以存活多年，但在土壤深处菌核存活不超过一年。温暖潮湿气候有利于病害发展。一般地势高燥坡地、排水良好的地发病轻，反之则重。连作花生地，菌源多，发病重，轮作地发病轻。珍珠豆型小花生发病重，大花生发病轻。有机质丰富、落叶多，植株长势过旺倒伏，病害发生严重。

防治方法：收获后及时清除病残株和深耕深埋病残株和菌核；轻病地与禾谷科作物轮作年，病重地轮作2～4年，均可减少菌源而减轻病害发生；注意防涝排渍，改善土壤通气条件，不施用未腐熟的有机肥也可减轻病害。低度化学杀菌剂、生物杀菌剂等参照花生菌核病的防治技术。

（八）黄曲霉菌的侵染与防治

黄曲霉病是一种地下真菌病害，在花生生长的每一阶段都可能侵染花生。花生受黄曲霉菌侵染在国际贸易中，非常关注，由于该菌所产生的毒素，是对人和动物主要致癌物质之一，尤其90年代以来，世界各进口花生国家限标越来越严，几乎成为主要绿色技术壁垒。黄曲霉菌（*Aspergillus flavus*）和寄生曲霉菌（*Aspergillus parasiticus*）是弱寄生菌，花生中常见的黄曲霉毒素主要有B1、B2、G1、G2四种，其中以B1毒性最强，产毒量也最大。花生是最容易受黄曲霉菌感染的农作物之一，其侵染所造成的黄曲霉毒素污染不仅直接为害人们的健康，而且影响花生的品质和外贸出口。黄曲霉毒素污染在世界范围内均有发生，通常热带和亚热带地区花生受黄曲霉毒素污染比温带地区严重。在国内，各个花生产区均有发生，但主要发生在南方产区，以广东、广西、福建较为严重。黄曲霉菌的感染开始发生在田间，特别在花生生长后期。收获后不能及时晾晒，以及贮藏不当可以加重黄曲霉菌的感染和毒素污染。

黄曲霉菌的田间侵染及影响因素：黄曲霉菌广泛存在于土壤中，土壤中的黄曲霉菌可以直接侵染花生的果针、荚果和籽仁。花生的生长状况、品种类型、营养状况及土壤环境等都会影响到黄曲霉的侵染进程。研究发现，影响黄曲霉菌侵染和毒素产生的首要因素是收获前的干旱期，其次是荚果的损伤，第三个影响因素是植株的成熟度。后期干旱能加重黄曲霉毒素的污染，另外，黄曲霉侵染花生随植株的老化而加重，第 8 周时根结和幼果被侵染，此后荚果被感染，并且荚果感染程度要比根结重的多。与刚采摘的鲜果相比，荚果干燥时间愈长染病愈重，并且种子贮藏期愈长染病率愈高。近年国内福建省调查 5 个花生主产县（市），收获前花生子粒黄曲霉感染率 1%～13.4%，平均 6.1%。其中黄曲霉产毒菌株占 62.4%。国外报道收获前种子受黄曲霉感染可高达 40%；在人工接种条件下 67%的果针、88.6%的荚果均可感染黄曲霉菌。

影响黄曲霉菌田间感染的因素如下：一是干旱导致感染，花生生育后期遭遇干旱是影响黄曲霉菌侵染花生的重要因素。在干旱条件下，花生荚果含水量降低，导致代谢活动减弱，对黄曲霉菌侵染的抗性随之下降。当土壤干旱导致花生种子含水量降到 30%时，种子很容易受黄曲霉菌感染。此外，高温干旱有利于土壤中黄曲霉菌的生长、繁殖，也增加了花生受感染的机会。国外研究比较旱地和灌溉地花生曲霉菌感染情况，旱地花生荚果的黄曲霉毒素平均含量在 694～10 240 微克/千克之间，而灌溉地花生基本无黄曲霉毒素；在试验条件下，正常灌溉、中等干旱和严重干旱的花生，黄曲霉毒素含量分别为 6 微克/千克、73 微克/千克和 444 微克/千克。二是荚果破损感染率高，花生田间管理和收获时受损伤的荚果以及由于土壤温度和湿度波动引起的种皮自然破裂都可以增加黄曲霉菌的感染。黄曲霉菌易从伤口处侵染，并在籽仁上迅速繁殖和产毒。三是地下害虫和病害导致感染，地下害虫如蛴螬、金针虫等为害花生荚果，不仅直接把黄曲霉菌带进受害的荚果，而且破损部位也为黄曲霉菌侵染增加了机会。此外，锈病、叶斑病、茎腐病等真菌病害引起早衰、甚至枯死的花生植株荚果，受黄曲霉菌感染率也较高。四是土壤类型不同感染率不同，花生黄曲霉菌感染与土壤类型相关，国外报道在变性土种植的花生比淋溶土感染较少，可能与土壤黏度和可持水性有关。国内福建对不同类型土壤样品黄曲霉菌菌量进行测定，以水旱轮作地土壤含菌量最高，其次水田，旱地最少。五是种子成熟度的影响，适时收获的花生受黄曲霉菌感染的较少，而延迟收获的花生黄曲霉菌感染率较高。延迟收获花生的过熟荚果，特别是含水量低于30%的种子显著增加了黄曲霉菌侵染的机会。六是品种影响，花生品种间对黄曲霉菌侵染和产生毒素的抗性存在明显差异。福建田间调查11个花生品种，黄曲霉菌感染率差异明显。5个主要栽培品种中，惠花2号感染率最高，达12.2%，而汕油523最低，仅2.8%。现有研究表明种皮在抗黄曲霉菌侵染中起关键作用，具有完整种皮的花生种子才能表现出抗侵染特性。

黄曲霉菌田间侵染的防治：针对上述黄曲霉菌田间侵染的影响因素，采取有效的生产措施，可以在一定程度上控制花生收获前黄曲霉菌的感染。如改善灌溉条件，特别在花生生育后期，花生荚果发育期间保障水分供给，避免收获前干旱造成黄曲霉菌感染量大幅度增加；盛花期中耕培土不要伤及幼小荚果，尽量避免结荚期和荚果充实期中耕，以免损伤荚果；适时防治地下害虫和病害，利用综合措施把病虫害对荚果的损伤减少到最低程度；适时收获，收获后及时晒干荚果，使花生种子含水量控制在5%以下；推广应用抗病品种，由于花生品种对黄曲霉菌侵染的抗性存在差异，各地应通过调查选用对黄曲霉菌侵染具有抗性的品种，以减少黄曲霉菌的感染。

总之，繁多的花生病害在防治过程中，要统筹兼顾，要采取综合防治技术事半功倍，优质高效花生病害的综合防治。优先应用农业措施，推广抗病品种和选育抗病品种推广应用生物产品、物理保护剂、低毒化学农药等技术，以实现防治病害、保护环境、三品质量合格、经济效益、生态效益和社会效益显著目的。

十二、花生主要虫害及其无公害防治技术

危害花生的害虫近100种，其中地上害虫主要有花生蚜虫、叶螨、棉铃虫、蓟马、叶蝉、须峭麦蛾、芫菁、网目拟地甲、象虫等；地下害虫主要有蛴螬、金针虫、地老虎、蝼蛄、蟋蟀、种蝇、蚂蚁等。由于各花生产区的自然条件和栽培制度不同，发生的种类、年度间的危害也不相同。只有在认识各种害虫的基础上，了解其发生规律和为害特点，合理应用农业防治、生物防治、物理防治以及低毒化学农药防治等综合措施，方能及时地控制其危害，确保无公害食品花生、绿色食品花生和有机食品花生产品质量和效益。

（一）花生主要地上害虫

1. 花生蚜虫　花生蚜虫（*Aphis craccivora* Koch）又称豆蚜、槐蚜，属同翅目蚜科。俗称蜜虫、腻虫等。世界各花生生产国普遍发生。在我国分布很广，但受害程度不一，轻的减产20%～30%，严重的达60%以上，甚至绝产。除了危害花生，还可以危害其他豆类作物及刺槐等多种植物。

危害状：花生从播种出苗到收获期，均可受到蚜虫危害，但以初花期前后受害最重。花生顶土时蚜虫就从土缝钻入，危害嫩茎和嫩芽，出苗后多集中在顶端嫩茎、幼芽及靠近地面的嫩叶背面上危害，开花后危害花萼管、果针，严重影响花生开花下针和结果。受害严重的花生，植株矮小，叶片卷缩，有大量“蜜露”粘附叶片上，引起霉菌寄生，使茎叶发黑“淌油”，影响花生开

花下针和结果。花生蚜虫除直接危害外，还是多种花生病毒病最重要的传毒媒介。

形态特征：花生蚜虫有成蚜、若蚜和卵三种虫态。成蚜又分为有翅胎生雌蚜、无翅胎生雌蚜；若蚜又分为有翅胎生若蚜和无翅胎生若蚜。

有翅胎生雌蚜：体长1.5～1.8毫米，黑色、黑绿色或黑褐色，有光泽。复眼黑褐色。触角6节，约为体长的0.7倍，橙黄色，第三节较长，上有4～7个感觉圈，排列成行。翅基、翅痣和翅脉均为橙黄色，后翅具中脉和肘脉。足的腿节、胫节末端及附节为暗黑色，其他部位为黄白色。腹部各节背面具硬化的暗褐色条斑，第一节、第七节各具腹侧突1对。腹管黑圆筒状。尾片乳突状，黑色，明显上翘，两侧各生刚毛3根。

有翅胎生若蚜：体黄褐色，被有薄的蜡质；腹管细长，黑色；尾片黑色，不上翘。无翅胎生雌蚜：体肥胖，黑色或紫黑色，有光泽，体长1.8～2.0毫米，体节不明显，体壁较薄，具均匀蜡质。其他特征与有翅胎生雌蚜相似。

无翅胎生若蚜：个体小，呈灰紫色，体节明显。

卵：长椭圆形，初产淡黄色，后变草绿色，孵化前为黑色。

发生特点：花生蚜虫一年发生20～30代，完成一代需4～17天。主要以无翅胎生雌蚜和无翅胎生若蚜在背风向阳处的荠菜、地丁、菜豆等寄主上越冬，部分地区以卵在寄主作物和杂草上越冬。翌年3～4月份，花生蚜虫开始在越冬寄主上繁殖，4月中下旬产生有翅蚜向荠菜、刺槐、国槐等中间寄主上扩散繁殖，形成春季第一次迁飞高峰。5月份，花生出苗，中间寄主上产生大量的有翅蚜，迁向春花生田繁殖危害，形成第二次扩散高峰，造成6月上旬花生田蚜虫点片发生。6月中旬后，花生蚜虫进入第三次迁飞扩散高峰，在花生田内、外扩大危害。此时正是花生开花期，如条件适宜（干旱、少雨、气温较高）花生蚜虫繁殖很快，4～5 天就完成一代，虫口密度急剧增大。秋季，花生收获后，有翅蚜飞到荠菜、地丁等寄主上越冬，少数产生有性蚜，交尾后产卵，以卵越冬。

在华东、华北地区，花生蚜在花生田有两个发生高峰期，第一个高峰发生在春花生的苗期，第二个高峰在夏花生的开花下针期和春花生的结荚期。南方花生产区，一年四季，均可受到蚜虫危害。

防治方法：防治时应针对其前期隐蔽危害、繁殖快、代数多、来势猛等特点，作好田间调查，准确掌握虫情，进行综合防治。一是农业措施。覆膜栽培花生，苗期具有明显的反光驱蚜作用，特别是使用银灰色地膜覆盖可以有效地减轻花生苗期蚜虫的发生与危害。二是保护利用天敌。花生蚜虫的天敌种类较多，控制效果比较明显，在使用药剂防治蚜虫时应避免在天敌高峰期使用，同时要选用对天敌杀伤力小的农药品种，以保护天敌。三是生物制剂、低毒化学药剂（仅限无公害食品花生和 A 级绿色食品花生用，下同。）和生物杀虫剂防治。当每墩花生平均蚜量在 10～20 头时，应进行防治。30％蚜克灵 WP 2 000 倍液、2.5％扑蚜虱 WP2500 倍液、10％高效吡虫啉（蚜虱克星）WP 4 000 倍液等叶面喷雾防治，可维持 10～20 天的防效；生育中后期，应选用低毒、高效、速效性农药品种，如 25％快杀灵乳油、特杀灵乳油，50％辟蚜雾可湿性粉剂等，使用 2 000 倍液于花生基部喷雾防治。山东省花生研究所徐秀娟等 2003 年应用菜虫净 Wp 1 000 倍、百草 1 号（苦参碱）Ac 1 000 倍、EB-灭蚜菌 200 倍、吡虫啉 EC800 倍、爱福丁 AC 8 000 倍、喷清水（CK）。每区种植花生 120 墩，苗期（播种后 28 天）每墩接虫 50 头，接后 3 天开始喷药，喷药前调查每墩虫数，药后 24、48、72 小时分别调查各处理的防治效果（表 57）。较好生物制剂还有 0.6％清源宝 AC 1 000 倍叶面喷雾，完全可以控制蚜虫危害，并且兼治叶螨。

表 57 生物杀虫剂防治花生蚜虫效果

处理名称	接虫 时间（日/月）	接虫 墩虫数（头）	喷药时间（日/月）	药前平均每墩虫数（头）	药后 24h 防治效果（%）	药后 48h 防治效果（%）	药后 72h 防治效果（%）
菜虫净	9/6	50	12/6	17.20	87.18	97.87	100
百草 1 号	9/6	50	12/6	23.33	59.62	86.17	100
EB-灭蚜菌	9/6	50	12/6	25.40	90.00	97.87	100
吡虫啉	9/6	50	12/6	37.60	98.45	100.00	100
爱福丁	9/6	50	12/6	15.13	75.12	98.50	100
清水（CK）	9/6	50	12/6	21.13	—	—	—

2. 棉铃虫 棉铃虫（*Heliothis armigera* Hübner）又名番茄蛀虫，俗称钻心虫、青虫、棉桃虫等。属鳞翅目夜蛾科。分布广泛，危害重。一般可以减产 5%～10%，大发生年份减产 20% 左右。可以为害 200 多种植物，近年来，成为花生主要害虫之一。我国各花生产区普遍受棉铃虫为害，而以北方较重。棉铃虫以幼虫为害花生的嫩叶片和花蕊，使花生的荚果产量和饱满度下降，直接影响产量和质量。

形态特征：

成虫：体长 15～20 毫米，翅展 31～40 毫米。复眼暗绿色。体色多变异，黄褐、灰褐、绿褐及红褐色等均有。前翅中部近前缘有 1 条深褐色环状纹和 1 条肾状纹，雄蛾比雌蛾明显；后翅灰白色，翅脉棕色，沿外缘有黑褐色宽带，在宽带外缘中部有两个相连的白斑，前缘中部有 1 条浅褐色月牙形斑纹。

卵：半球形，直径 1 毫米，初为乳白色，后变黄白色，孵化前呈灰褐色，卵面有紫色斑。卵表面中部有 26～29 条纵隆纹，其间有 1～2 条短隆起纹，且分 2～3 叉，构成长方形小格。

幼虫：通常分 6 龄，少数 5 龄。老熟幼虫体长 40～45 毫米，体色因食料和龄期不同而变化很大，有褐、黑、黄白、淡青、黄绿等颜色。头上网纹明显。一般各体节有毛片 12 个。前胸气门前两根刚毛的基部连线延长通过气门，或与气门相切。

蛹：纺锤形，长17～20毫米。初化蛹淡绿色，渐变为黄褐色至深褐色，有光泽。腹部第5～7节的点刻稀而粗，均呈半圆形，腹部末端有1对基部分开的臀刺。气门较大，围孔片呈筒状隆起。

发生特点：受气候因素的影响，我国从北到南棉铃虫发生的世代数逐渐增多。北纬32°～40°的地区每年发生4代，该地区是花生主产区，也是花生棉铃虫的重发区，通常第2代为害春花生，第3代为害夏花生；北纬25°～32°的长江流域每年发生5代，以第3、4代为害夏花生，但为害很轻；北纬25°以南地区每年发生6～7代，花生田的发生量小。

棉铃虫以蛹在土内越冬。在山东、河北、河南、安徽、江苏北部等花生产区越冬代成虫盛期出现在5月上旬。第2代和第3代幼虫的孵化高峰期分别在6月下旬至7月上旬和7月下旬至8月上旬。完成一个世代约需30天。蛹多在夜间上半夜羽化为成虫，白天栖息在叶丛中或其他隐蔽处，傍晚出来取食花蜜，趋光性强。羽化后就进行交尾。经2～3天开始产卵，卵散产，有趋嫩产卵习性，单雌产卵量在1 000粒以上，卵孵化率在10%左右。初孵化幼虫先啃食卵壳，1～2龄幼虫从背面剥食花生嫩叶或取食花蕊，3龄幼虫食量增大，顶部嫩叶出现明显缺刻，从4龄开始进入暴食期。棉铃虫在花生田往往出现龄期不齐现象，给防治带来困难。9月下旬至10月上旬，棉铃虫在末代寄主田中入土化蛹越冬。

棉铃虫的发生期和发生量与温、湿度有密切关系，其适宜发生温度为22～28℃，相对湿度为70%～80%。7～8月间降雨次数多、雨量适中、相对湿度适宜，则棉铃虫的产卵期延长，发生严重；反之，则轻。花生生长茂密，田间阴蔽，湿度较大，也适合发生。暴风雨对卵及幼虫有冲刷作用，土壤湿度过大（含水量超过30%），蛹的死亡率增加，不利于羽化。此外，田间棉铃虫天敌数量大有力控制发生危害。

防治方法：

虫情适期防治：棉铃虫发生代数多，且有世代重叠和龄期不齐现象，给适期防治带来了一定困难，必须做好虫情测报工作。花生产区应以2、3代棉铃虫作为测报防治重点，力争将棉铃虫消灭在3龄之前。

保护利用天敌：棉铃虫的天敌种类很多，分为寄生性天敌和捕食性天敌两类。唇齿姬蜂、方室姬蜂、红尾寄生蝇等对棉铃虫幼虫的寄生率为15%～45%；而赤眼蜂对第4代卵的寄生率可达30%左右；捕食性天敌有草蛉、蜘蛛和瓢虫等。此外，近年来对昆虫多角体病毒、绿僵菌等寄生性天敌的研究与开发均取得了重要进展。

农业措施防治：在棉铃虫第4代发生重的田块，收后实行冬耕，消灭越冬蛹。在棉铃虫重发区，可根据棉铃虫最喜欢在玉米上产卵的习性，于花生播种时在春、夏花生田的畦沟边零星点播玉米，诱使棉铃虫产卵，然后集中消灭。

物理防治：一是在花生田棉铃虫盛发期来临前，叶面喷洒0.1%的草酸水溶液，驱避成虫，喷液后当天傍晚，各处理和对照区插杨树枝诱扑成虫，每3米插一束，每天清晨用塑料袋套扑成虫，调查虫量，连查5天，计算校正系数，统计驱避效果（表58）。结果头4天喷0.1%草酸水溶液驱避效果为39.55%～79.0%，而是随着用喷后时间的延长效果减弱，喷后第5天基本没有驱避效果，也即残效期不过5天。当棉铃虫成虫盛发期来临之前，每隔5天喷一次，连喷3～4次基本可避过成虫盛发期。二是用杨树枝条诱杀：在发现第1～2代成虫时，将长50厘米左右的带叶杨树枝条4～5根捆成一束，在花生田里每晚放几十束，分插于行间，每天清晨用塑料袋套扑，消灭成虫效果良好。

生物制剂与低毒化学药剂防治：花生田棉铃虫的药剂防治适期是卵孵化高峰期，防治指标为4头/平方米。因棉铃虫集中在花生顶部为害嫩叶，所以应对准顶部叶片喷药。目前可选用的高效无公害农药品种主要有：含孢子量100亿/克以上的Bt制剂，稀释500～800倍喷雾；1.8%阿维菌素乳油或特1号WP 1 500～2 000倍液喷雾；10%吡虫啉可湿性粉剂1 000倍液喷雾；50%辛硫磷EC 1 000～1 500倍叶面液喷雾。

表58　草酸水溶液驱避棉铃虫成虫效果

（徐秀娟等，2000）

处理名称	处理时间（日/月）	药前成虫数（头）	药后当天效果（%）	药后第2d效果（%）	药后第3d效果（%）	药后第4d效果（%）	药后第5d效果（%）	矫正系数
0.1%草酸水溶液	25/7	7.33	79.0	52.9	39.5	39.5	0.33	0.21
清水（CK）	25/7	9.33	—	—	—	—	—	

徐秀娟等人用生物杀虫剂奥绿1号AC750倍、“BT”AC300倍、菜虫净W.P 1 000倍、灭铃脲AC800倍、1.8%爱福丁AC 1 500倍、“BT”＋增效剂500倍、特一号DP 1 000倍、清水（CK_1）、棉神一号（CK_2）。当百墩有卵30粒，而且卵正处孵化盛期（山东通常6月底7月初）开始喷药，药后3天调查各区虫情，计算校正系数，统计防治效果（表59）。防治效果达到60.0%～78.8%。最好为特一号，防效为78.8%、次之为BT＋增效剂，防效达74.2%、爱福丁为71.7%，余者效果稍差点。与杀虫剂棉神1号比杀铃脲、爱福丁、BT＋增效剂、特一号的防效达12.7%～41.75%。以上参试药剂除了杀铃脲只适于生产无公害食品花生和A级绿色食品以外，余者在认证机构允许情况下适于生产有机食品花生和AA级绿色食品花生。

表59　生物制剂防治花生棉铃虫效果

处理名称	喷药时间日/月	调查时间日/月	每平米有虫头数				与CK_1比防效%	与CK_2比防效%
			Ⅰ	Ⅱ	Ⅲ	X		
奥绿1号	2/7	6/7	10	12	9	10.3	63.6	0
BT	2/7	6/7	13	10	11	11.3	60.0	−5.5
菜虫净	2/7	6/7	10	12	9	10.3	63.36	0

（续）

处理名称	喷药时间 日/月	调查时间 日/月	每平米有虫头数 Ⅰ	Ⅱ	Ⅲ	X	与 CK_1 比防效%	与 CK_2 比防效%
杀铃脲	2/7	6/7	7	12	5	8	71.7	12.7
爱福丁	2/7	6/7	6	11	7	8	71.7	12.7
BT+增效剂	2/7	6/7	8	6	8	7.3	74.2	156.7
特1号	2/7	6/7	6	5	7	6	78.8	41.75
棉神1号 CK_2	2/7	6/7	10	11	10	10.3	63.3	—
清水 CK_1	2/7	6/7	28	32	25	28.3	—	—

3. 叶螨　花生叶螨统称红蜘蛛，俗称火龙，属蜘蛛纲蜱螨目叶螨科。危害花生的叶螨主要有二斑叶螨（*Tetranychus urticae* Koch）和朱砂叶螨（*T. cinnabarinus* Boisduval）。二斑叶螨又称棉叶螨、棉红蜘蛛；朱砂叶螨又称红叶螨。一般情况下，北方的优势种是二斑叶螨，南方为朱砂叶螨。二斑叶螨全国各花生产区均有发生，除危害花生外，还危害棉花、大豆、芝麻、玉米、谷子、高粱及蔬菜等数十种作物。

危害状：红蜘蛛群集于花生叶背面刺吸汁液，受害叶片正面初为灰白色，逐渐变黄，严重者叶片干枯脱落，呈点片枯焦，似火烧状，影响花生生长发育，导致花生严重减产。

形态特征：

成虫：体色一般为红色或锈红色，有时呈浓绿、褐绿、黑绿或黄色。体两侧的长斑从头胸部末端起延伸到腹部后端。雌虫圆梨形，体长0.42～0.51毫米；雄虫头胸部前端近圆形，腹部末端稍尖，体较小，长0.26毫米左右。

卵：圆球形，直径0.13毫米，初产时透明无色，或略带乳白色，后变为橙红色。

幼虫：孵化幼螨有3对足，眼点红色。

若虫：幼螨蜕皮两次变为若螨，有4对足。

发生特点：北方地区每年发生12～15代，南方地区可以完成20代以上。夏季高温季节，平均温度在28℃以上，完成一代只需7～8天；26～27℃时为8～10天；23～25℃时为10～13天。在南方，红蜘蛛以成螨、若螨和卵在杂草、蚕豆上越冬；在黄河流域则以滞育态成螨越冬，于10月下旬开始爬入枯枝、落叶、土缝、树皮中吐丝结网，往往成群团聚蛰伏。翌年3月下旬开始活动，6、7月间为发生盛期，对春花生可能造成局部危害。7月中旬，黄河流域一带雨季到来，棉红蜘蛛迅速减少，8月间如遇干旱仍可再次大量发生，在花生荚果形成期造成危害。9月中下旬转迁到冬季寄主。成螨以两性生殖为主，单雌产卵可达50～100粒，产卵期14～36天，有孤雌生殖现象。卵散产于叶片背部。成螨有吐丝结网习性，成、若螨靠爬行或吐丝下垂蔓延，或随农事操作传播。

防治方法：清除田边杂草，减少越冬虫源，是压低虫口密度的有效农艺措施。加强虫情调查，确定防治适期，当有螨株率在5%以上，而气候条件又有利于害虫发生的时候应进行化学防治。可选用的药剂有20%阿波罗SC、1.6%齐墩螨素EC、2.5%联苯菊酯EC 2 000倍液等喷雾、0.6%清源宝AC 1 000倍叶面喷雾，可以控制叶螨危害。并且兼治花生蚜虫。

4. 花生蓟马 危害花生的蓟马主要为端带蓟马（*Taeniothrips distalis* Karny），属缨翅目蓟马科。别名花生蓟马、花生端带蓟马、豆蓟马、紫云荚蓟马。我国南北方花生产区均有广泛发生。除危害花生外，还危害麦类及豆类等作物。

危害状：成虫及若虫危害花生新叶及嫩叶，以锉吸式口器锉伤嫩心叶，吸取汁液。受害叶片呈黄白色失绿斑点，叶片变细长，皱缩不展开，形成“兔耳状”。受害轻的影响生长、开花和受精，严重的植株生长停滞，矮小黄弱。

形态特征：

成虫：雌成虫体长1.6～1.8毫米，栗黑色。触角8节，第三、第四节呈倒花瓶状，端部各有一大而圆的感觉区域和长型呈倒“V”形感觉椎。第五、第六节外侧各有小感觉椎，第六节内侧中央着生

1个长形感觉椎。单眼3个，呈三角形排列。有翅，前翅暗褐色，上脉鬃共有20根，其中18根位于基部和中部，2根位于端部，又称端鬃，下脉鬃15～18根。前胸背板后缘角有长鬃1对。

卵：乳白色，侧面看呈肾脏形。

若虫：体黄色，无翅。

发生特点：花生端带蓟马在广东省春花生产区3～5月份连续发生危害，早播花生受害重，花生开花期前后是严重受害期。夏花生在7～8月间发生。秋花生在9～10月份发生最重。在山东省，花生端带蓟马以成虫越冬，与5月下旬至6月份发生严重，成虫及若虫集中于未张开心叶嫩叶及叶背面危害，行动非常活跃。冬春季少雨干旱时发生猖獗，严重影响花生生长。温度高、降雨多不利于其发生。

防治方法：要尽可能控制在初发阶段。每公顷用10%吡虫啉840克，或3%啶虫咪1 125克加5亿活细菌万风行3 000克对水900千克喷雾；每公顷用上述药剂，加72%霜脲·锰锌喷雾，兼治其他病虫；用7.5%鱼藤氰（虫霸），每公顷用150～300毫升对水600千克喷洒（即使用2 000～4 000倍液），可以彻底根治花生蓟马为害，而且还可以兼治花生蚜虫和花生小绿叶蝉等害虫。

（二）花生主要地下害虫

地下害虫种类很多，在我国花生田发生普遍，为害严重的主要有蛴螬、金针虫、地老虎等。

1. 花生蛴螬　蛴螬是鞘翅目金龟甲科幼虫的总称，别名大牙、地蚕、蛭虫等。蛴螬成虫通称金龟甲或金龟子，别名瞎撞、金翅亮、绒马褂等。为害花生的蛴螬有40多种，其中发生广泛、为害严重的有：鳃金龟科的大黑鳃金龟［*Holotrichia oblita* (Faldermann)］、暗黑鳃金龟（*H. parallela* Motschulsky）、棕色鳃金龟［*H. titanis* (Reitter)］、拟毛黄鳃金龟（*H. formosa* *na* Moser)、黑皱鳃金龟（*Trematodes tenebrioides* Pallas）；丽金龟科的铜绿丽金龟（*Anomala corpulenta* Motschulsky）等。还有一部分为局部花生产区的优势种。现将发生广泛，危害严重的几种分述如下：

分布与危害：蛴螬在我国所有花生产区均有发生，由于各地气候、土质、地势及作物种类的不同，主要为害虫种与为害程度不一。花生从种到收皆可受到蛴螬为害，苗期取食种仁，咬断根茎，造成缺苗断垄；生长期至结荚期取食果针、幼果、种仁，造成空壳、烂果和落果；为害根系，咬断主根，造成死株。有些种类的成虫能将花生茎叶或寄主植物、树叶食光。受害花生一般减产10%～20%，严重的60%～70%，甚至绝产。近几年有的产区部分虫种猖獗，损失惨重，引起关注。

（1）大黑鳃金龟　大黑鳃金龟的形态特征近似种很多，在我国有十多种形态相似的种类，很难区分。如华北大黑鳃金龟［*Holotrichia oblita*（Faldermann）］、华南大黑鳃金龟［*H. gebleri*（Faldermann）］、东北大黑鳃金龟（*H. diomphalia* Bates）和四川大黑鳃金龟（*H. szechuanensis* Chang）等。

成虫：大黑鳃金龟的几个主要近似种成虫的外部特征很相似。体长椭圆形，长16.5～22.5毫米，宽9.4～11.2毫米。初羽化时体为红棕色，渐变为黑褐色，也有的呈黑色或棕褐色。体表光滑，具光泽。头部小，密布刻点。触角10节，复眼发达。前足胫节外侧3齿，较尖。雌成虫腹部末端中央隆起，而雄成虫腹部末端中央有明显的三角形凹坑。

卵：初产时浑白色，长椭圆形，长2.0～2.7毫米，宽1.3～1.7毫米。3～4天后膨大近圆形，乳白色，半透明，长3毫米，宽2.5毫米。孵化前，圆球形，透明，卵面出现淡褐色“八”字形上颚。

幼虫：体白色，有蓝黑色的背线。共分3龄，1～3龄幼虫的历期分别约为25.8天、28.1天和30.7天。3龄幼虫体长约

40毫米，头宽5毫米左右。头部前顶刚毛每侧3根（冠缝侧2根，额缝侧1根），后顶刚毛每侧1根，额中刚毛各1根，个别2根。臀节腹面无刺毛列，沟毛排列较松散，一般达到或超过臀节腹面的1/2。肛门孔呈三裂状。

蛹：裸蛹，蛹体向腹面弯曲。体长21～23毫米，宽11～12毫米。尾节瘦长，端生1对尾角。前胸背板最宽处位于侧缘中间。腹部背面具发音器2对。初化蛹乳白色，复眼灰白色，发音器上线不明显。10天后复眼呈黑色，头胸红褐色，足深褐色。临羽化时，足及口器黑褐色，翅黄白色。雄蛹外生殖器明显隆起。

生活史与习性：华南大黑鳃金龟在福建等地一年发生1代，以成虫越冬。华北大黑鳃金龟、东北大黑鳃金龟和四川大黑鳃金龟均是两年1代，成虫、幼虫交替越冬。以幼虫越冬，翌年春苗受害时间短，损失较轻，称为小年；以成虫越冬，翌年当年的幼虫严重为害花生荚果，称为大年。成虫于4月中旬出现，5月中、下旬至6月中旬平均气温在18～21℃时进入盛期，7月下旬为末期。成虫于每晚8～9时出土交尾，取食花生、大豆、玉米、高粱及矮小林木等植物叶片，黎明前入土潜伏。成虫交尾后3～13天产卵，卵散产于花生根围附近10～15厘米深处。6月上旬至7月中旬是卵孵化盛期，幼虫为害荚果，2龄幼虫进入为害盛期，至10月中旬花生收获后下移越冬，翌年4月中旬开始上移为害春苗，6月上旬下移化蛹，羽化后成虫当年不出土，即越冬。

(2) 暗黑鳃金龟

成虫：体长椭圆形，初羽化鞘翅乳白色、质软，逐渐硬化变为黑褐色或黑色，极少数呈灰褐色或棕褐色等。体长18.3～19.5毫米，宽8.2～9.5毫米，呈蓝黑色或黑褐色，有灰蓝粉被，无光泽。头部较小，触角10节，红褐色。前足胫节外侧生3个钝齿。雌虫臀节腹面末端宽，呈三角形；雄虫臀节腹面末端窄，圆弧形。卵长椭圆形，初产卵乳白色，长2.6毫米，宽1.6毫米。产后3～4天吸水膨大呈近圆形，产后5～6天，半透明，卵面出现淡褐色“八”字型上颚。

幼虫：3龄幼虫体长约45毫米，头宽5.6～6.1毫米。头部前顶刚毛每侧1根，位于冠缝旁，后顶刚毛每侧1根。头部黄褐色，无光泽。臀节腹面无刺毛列，具散生钩状毛，钩毛区达到或超过臀节腹面的1/2处。肛门孔呈三裂状。

蛹：体长20～25毫米，宽9毫米左右。其他特征与大黑鳃金龟相似。

生活史与习性：暗黑鳃金龟一年发生1代，极少数以成虫或低龄幼虫越冬，多以3龄老熟幼虫在犁底层越冬，第二年不再上移为害。4月底至5月初开始化蛹，5月上、中旬为化蛹高峰，5月下旬为羽化高峰。在苏、鲁、冀、豫、皖等地，雨水正常的年份，6月中旬为成虫出土高峰。成虫于晚8～9时出土后，先在春玉米、灌木丛及其他低矮的植物上交尾，交尾后飞往杨、榆、桑等树上取食叶片，8时到8时30分是觅食高峰，此时活动最盛、趋光性最强。黎明前迁入花生、大豆、甘薯等作物田块中入土潜伏、产卵，有隔日出土和假死习性。6月下旬见卵，卵分批散产于花生根际5～20厘米深的土壤内。雌虫的产卵量因食料的种类不同而不同，一般为40～90粒，高的达200粒左右。7月上旬见幼虫，7月中旬至9月中旬是幼虫为害盛期，9月花生收获后下移越冬。暗黑鳃金龟幼虫喜食脂肪和蛋白质丰富的食物，食物营养越丰富，幼虫个体发育越大。有研究表明，取食不同食料的3龄幼虫的体重有明显差异，取食花生、大豆和玉米的3龄幼虫的平均体重分别为0.99、0.83和0.63克。

（3）拟毛黄鳃金龟

成虫：体长17.0～18.5毫米，宽7～8毫米。初羽化时淡黄色，出土后变为深黄褐色，有光泽。体被淡黄色细毛，以胸部腹面和足的腿节内侧最多。复眼圆形，黑色。头顶中央有一条黑褐色横脊。触角 9 节。前胸背板茶褐色，密生小圆形点刻。鞘翅仅在会合处有黑褐色隆起带。表面密布圆形点刻，每个点刻上着生 1 根毛。

卵：长 2.25 毫米，宽 1.75 毫米。初产时乳白色或淡黄色，不透明，长椭圆形。孵化前膨大呈圆形，乳白色，半透明。

幼虫：3 龄幼虫体长 40 毫米，头宽 4.5～5.2 毫米。前顶刚毛每侧 6 根，排成一列，后顶刚毛每侧 2 根，长短各一。腹毛区无钩状物和刺毛列，仅有斜向中后方的直刺毛，在中央形成了椭圆形裸区。裸区内细微毛分布均匀，肛门孔呈三裂状。

蛹：长 18 毫米、宽 10 毫米。

蛹：初为黄白色，羽化前 1～2 天呈淡黄色，胸部背面变为淡黄褐色。

生活史与习性：拟毛黄鳃金龟主要分布于山东等省的部分地区，一年完成 1 代，以老熟幼虫越冬，翌年 5 月中旬化蛹，5 月下旬开始出现成虫，6 月中、下旬为发生盛期。成虫不取食，活动范围小，每天晚上 8～9 时出土交尾，活动时间较短，9 时 30 分后入土潜伏。6 月中旬产卵，7 月上、中旬为卵孵化盛期，7 月下旬至 9 月上旬为幼虫严重为害期，9 月中、下旬下移至 30～50 厘米深处越冬。

（4）铜绿丽金龟

成虫：体长 18～21 毫米，宽 8～10 毫米，头、前胸背板、小盾片和鞘翅呈铜绿色，有闪光。前胸背板及鞘翅的侧缘饰边、胸和腹部的腹面、三对足的基转腿节均为褐色或黄褐色，而胫、跗节和爪均为棕色或棕褐色。头部较大，前胸背板发达，背板两侧边缘有 1 毫米宽的黄褐色带。前足胫节具 2 外齿，较钝。部分雄虫臀板前缘中央有一个三角形黑斑，雄虫腹部腹板黄白色，雌虫的为白色。

卵：初产时乳白色，长椭圆形，长 1.93 毫米，宽 1.4 毫米。

孵化前膨大呈近圆形，黄白色，半透明。

幼虫：头淡黄色，体淡蓝绿色，化蛹前淡黄色。3 龄幼虫的头宽 4.9～5.1 毫米，体长 30～33 毫米。头部前顶刚毛每侧 6～8 根，成一纵列。臀节腹面具针状刺毛列，每列由 14～18 根针状毛组成，两列刺毛尖端彼此相遇或相交，被钩状毛包围。肛门孔为横缝状或横弧状。

蛹：体长 22～25 毫米，宽 11 毫米左右。初化蛹乳白色，复眼同体色。3～5 天后蛹体淡黄色，复眼淡褐色。羽化前头、足、胸红棕色，盾片绿色。雄蛹腹面有裂瘤状突起，雌蛹则较平坦。

生活史与习性：分布于长江流域以北的部分花生产区，主要发生在沙性土壤地带。一年 1 代，多以 2～3 龄幼虫越冬。在江苏省，5 月底到 6 月初是铜绿丽金龟成虫的羽化高峰，羽化后 6～8 天出土，一般在雨后出现成虫出土高峰。黄昏出土，在小树、灌木及玉米等植物上觅食、交尾。成虫食量大，趋光性强。在闷热无雨夜晚活动甚盛，晚 9 时至 11 时为暴食期，黎明前入土潜伏。6 月下旬是产卵高峰，单雌平均产卵 42 粒，在花生田的产卵深度集中在 5～10 厘米土层中。雨水正常年份，幼虫的孵化高峰是 6 月下旬至 7 月初，8 月是幼虫的为害高峰。10 月下旬，下移犁底层越冬。翌年春天部分晚发虫源于 3 月下旬至 4 月上中旬仍能上升为害春苗。

花生蛴螬发生程度与环境条件的关系：

一是耕作制度对蛴螬种群分布的影响。在两年三作的长期旱作地区，作物种类多以小麦、玉米、油料及其他经济作物为主，有利于大黑鳃金龟的发生与繁殖，易形成明显的老虫窝地带。冬闲田面积的减少和免耕技术的应用，为蛴螬生存提供了优越的生态条件，有可能加重大黑鳃金龟和暗黑鳃金龟的发生。一年两熟旱作区，作物种类以粮食、蔬菜为主，土壤耕翻的次数多，不利于两年完成一代的大黑鳃金龟的生存。但这类地区一般林木繁多，土壤有机质含量较为丰富，土层深厚，有利于暗黑鳃金龟和铜绿丽金龟的生存与繁殖。大部分一年两熟水旱轮作区以铜绿丽金龟的发生量最大；在湖洼地区，地下水位高，土壤湿度大，不利于铜绿丽金龟的生存，优势虫种多为暗黑鳃金龟和黄褐丽金龟。水旱轮作区由于旱田面积少，蛴螬分布集中，使旱作物的受害程度加重。

二是不同作物类型对蛴螬发生程度的影响。据调查，花生田的蛴螬发生量最大，其次是大豆田和甘薯田，玉米和高粱地发生量较少。就虫种而言，大黑鳃金龟蛴螬在花生田和大豆田的发生量最大，暗黑鳃金龟蛴螬在各种旱作物田的发生量都较大，但以花生田中密度最高，其次是大豆和甘薯田。铜绿丽金龟蛴螬在玉米和高粱地发生量最大。

三是土壤质地的影响。蛴螬种群分布与土壤质地有密切关系，金龟子喜欢在通透性好的土壤中产卵繁殖，通常青沙土、紫沙土、中砾石土、砂壤土及黄土等类型的土壤中蛴螬发生量较大，而白浆土、岭沙土、包浆土、岗黑土、黏土和水稻田等类型的土壤中蛴螬发生量很少。不同虫种对土壤质地也有不同的要求，大黑、暗黑鳃金龟多发生在砾质黏壤土；云斑鳃金龟、蒙古丽金龟多发生在退海滩地和沿河沙壤土；铜绿丽金龟、拟毛黄鳃金龟多发生于土质疏松、土层深厚的黄河冲积平原等花生产区。

四是气候因素的影响。首先是温度对金龟甲的出土及蛴螬在土壤中的活动规律有极其重要的影响。4 月上中旬，平均气温达到 10℃以上、5 厘米地温达到 15℃左右时，大黑金龟甲开始出土，气温达到 15～16℃、5 厘米地温升到 17～18℃，进入出土活动高峰。铜绿金龟甲和暗黑金龟甲的出土适宜气温分别为 2～25℃和 22～25℃。10 厘米地温达到在 15.6℃时，越冬的大黑金龟蛴螬上升到土表为害春作物的种苗或取食杂草或越冬作物的幼根，地温达到 18～24℃时，是活动为害盛期。秋季，10 厘米地温下降到 15℃以下时，各种蛴螬开始下移，10℃以下时停止为害，潜入深处越冬。此外，金龟甲的活动状态也与气温有密切关系，据观察，晚8时的气温在23℃以上时暗黑金龟甲、铜绿金龟甲的活动最为活跃。其次是降水及土壤湿度的影响。降水量的大小及土壤湿度的高低影响金龟甲出土和蛴螬成活。在金龟甲的出土期内，如少雨干旱、土壤板结，则会推迟其出土日期。暗黑金龟甲、铜绿金龟甲及小麦等越冬作物田中的大黑金龟甲受降水和土壤湿度的影响最大，出土高峰都出现在出土期内的第一次透雨之后。干旱年份金龟甲的出土期延迟，蛴螬的发生期也会随之延迟。降水还直接影响到金龟甲的发生量，初羽化的蛴螬在土壤水分饱和的情况下，金龟甲的卵能正常孵化，但初孵化的蛴螬死亡率高，6小时死亡率20%，12小时死亡率50%，24小时死亡率85%。因此，7月中下旬，蛴螬处于1～2龄盛期时，如降水集中、降水量大，土壤水分饱和时间长，则蛴螬的死亡率高，为害轻。

此外，蛴螬发生程度受花生生育期的影响。山东、河南、河北、安徽、江苏等花生主产区，春花生一般在4月中下旬至5月上旬播种，大黑金龟甲出土高峰，恰逢春花生播种出苗期，出土后可以就地取食花生叶片，大黑鳃金龟蛴螬开始为害时，正值春花生下针结荚期，而夏花生进入团棵期，都易受到严重为害。暗黑鳃金龟蛴螬和铜绿丽金龟蛴螬开始为害时，春花生进入结荚成熟期，而夏花生正值开花下针期，因此夏花生与播种较晚的春花生受暗黑鳃金龟蛴螬和铜绿丽金龟蛴螬的为害时间长、产量损失大。

防治方法：花生田蛴螬必须联防群治，应该是防治成虫与幼虫相结合、生防与化防相结合、播种期防治与生长期防治相结合、花生田防治与其他虫源田防治相结合，因地、因虫制宜，采取综合防治措施，把蛴螬为害控制在经济允许的损失水平以下。

首先搞好预测预报，把握防治适期。花生田发生的蛴螬种类多，发生规律差异很大，做好虫种及虫口密度调查，进行准确的预测预报，是成功防治的基础。虫口密度大于 0.5 头/平方米时，蛴螬在田间均属于负二项式分布，即聚集分布，田间调查以“Z”字型取样法最为准确。可以通过调查虫口基数，预报发生程度；根据天气预报，预测大黑鳃金龟的发生期；根据成虫出土高峰期，预报成虫和幼虫的防治适期。二是农业防治。有条件的地方实行水旱轮作，推广稻茬花生可以根治大黑鳃金龟，对暗黑鳃金龟和铜绿丽金龟的控制效果也在 70%以上。结合花生及其轮作作物的耕地、播种、收刨、复收等农事环节拣拾蛴螬；利用金龟甲的假死性，在暗黑鳃金龟和铜绿丽金龟的出土高峰期至开始产卵前，组织人工捕杀；这些措施都可有效地减轻蛴螬为害。三是物理防治。拟毛黄鳃金龟、铜绿丽金龟、云斑鳃金龟等成虫具有很强的趋光性，可以应用灯光诱杀，进行防治。四是生物之剂、低毒化学药剂防治。蛴螬的天敌生物种类很多，我国在研究利用乳状芽孢杆菌、臀钩土蜂等天敌生物进行蛴螬防治方面取得了较好成绩，如山东省花生研究所研制鲁乳 1 号乳状芽孢杆菌，在花生播种时施用，对大黑鳃金龟有明显的防治效果。另外，扑食类的步行虫、蟾蜍等，寄生类的白僵菌、螨、线虫、原生动物等均是蛴螬的重要天敌。在生产中应注意保护利用，有助于控制蛴螬为害。目前筛选利用昆虫线虫防治花生田蛴螬前景很好。中国农业大学刘奇志教授正与山东省花生研究所徐秀娟等利用自行筛选的昆虫线虫（主要是小杆线虫）防治花生天蛴螬，在河南对蛴螬寄生率达到 90%以上，效果喜人，正在加速研究推广应用。

选用 50%辛硫磷 EC 等药剂，按有效成分 1 500 克/公顷拌毒土，于 6 月中旬趁雨前或雨后土壤湿润时，将药剂集中而均匀地施于植株主茎处的土表上，可以防治取食花生叶片或到花生根围产卵的成虫，并兼治蛴螬及其他地下害虫。或 50%辛硫磷 EC 花针期 1 000 倍液灌墩。

山东省花生研究所徐秀娟等 2000 年用白僵菌（BBR）BBRha[2]用 7.5、15.0 和 22.5 千克和辛硫磷 30.0 千克防治花生田蛴螬效果良好（表 60），药后 40 天虫口减退率依次分别为 73.55%、76.28%、83.87%和 90.55%。收获时，虫口减退率分别为 83.63%、85.43%、88.51% 和 77.05%；虫果率 3.64%、2.71%、2.06%、4.54%和 18.07%。

结果表明，白僵菌药后 40 天三个用量防虫效果均略低于辛硫磷，而到了收获期防虫效果又均高于辛硫磷效果，说明白僵菌比辛硫磷残效期长，防虫效果好，而且无残留无污染，是生产三品花生理想生物杀虫剂。

表 60 白僵菌剂防治花生蛴螬效果

处理名称	重复	药后40d 虫数头/m^2	药后40d 减退率%	药后40d 差异显著水平 0.05	药后40d 差异显著水平 0.01	花生收获期 虫数(头/m^2)	花生收获期 减退率%	花生收获期 差异显著水平 0.05	花生收获期 差异显著水平 0.01	花生收获期 虫果率%	花生收获期 差异显著水平 0.05	花生收获期 差异显著水平 0.01
BBR	Ⅰ	0.45	81040			0.78	87.42			2.35		
22.5	Ⅱ	0.33	83090			0.66	88.48			2.02		
kg/hm^2	Ⅲ	2.28	85.11	b	B	0.58	89.02	a	A	1.90	a	A
	Ⅳ	0.30	85.07			0.60	89.11			1.98		
	Ⅹ	0.34	83.87			0.66	88.51			2.06		
BBR	Ⅰ	0.60	75021			0.95	84.68			3.10		
15.0	Ⅱ	0.52	74.63			0.86	84.99			2.82		
kg/hm^2	Ⅲ	0.42	77.66	c	C	0.71	86.55	b	B	2.50	ab	A
	Ⅳ	0.45	77.61			0.80	85.48			2.42		
	Ⅹ	0.50	76.28			0.83	85.43			2.71		
BBR	Ⅰ	0.68	71.90			1.02	83.55			4.02		
7.5	Ⅱ	0.55	73.17			0.98	84.29			3.50		
kg/hm^2	Ⅲ	0.47	75.00	c	C	0.85	83.90	c	C	3.25	bc	AB
	Ⅳ	0.52	74.13			0.95	82.76			3.78		
	Ⅹ	0.56	73.55			0.93	83.63			3.64		
辛硫磷	Ⅰ	0.31	87.19			1.55	75.00			5.00		
2.0	Ⅱ	0.25	87.80			1.30	77.31			4.51		
kg/亩	Ⅲ	0.10	94.68	a	A	1.20	77.27	d	D	4.62	c	C
	Ⅳ	0.15	92.54			1.36	78.60			4.03		
	Ⅹ	0.20	90.55			1.28	77.05			4.54		

（续）

处理名称	重复	药后40d				花生收获期						
		虫数头/m²	减退率%	差异显著水平 0.05	差异显著水平 0.01	虫数（头/m²）	减退率%	差异显著水平 0.05	差异显著水平 0.01	虫果率%	差异显著水平 0.05	差异显著水平 0.01
空白	Ⅰ	2.42	—			6.20	—			20.05		
对照	Ⅱ	2.05	—			5.73	—			18.30		
（CK）	Ⅲ	1.88	—	d	D	5.28	—	e	E	16.22	d	D
	Ⅳ	2.01	—			5.51	—			17.50		
	Ⅹ	2.09	—			5.68	—			18.07		

另外，花生田头地边种蓖麻诱杀蛴螬成虫效果较好。田间禁用剧毒农药，保护蛴螬天敌，以上措施综合应用以利无公害花生田蛴螬防治效果。

2. 金针虫　金针虫是鞘翅目叩头虫科幼虫的总称，别名姜虫、铁丝虫、金齿耙等。在我国为害花生的金针虫主要有沟金针虫（*Pleonomus canaliculatus* Faldermann）和细胸金针虫（*Agriotes subvittatus* Motschulsky）两种。

分布与危害：沟金针虫主要分布于长江流域以北、辽宁以南、陕西以东的广大区域内，以有机质较贫乏、土质较疏松的粉砂壤土和粉砂黏壤土地带发生较重。细胸金针虫在我国淮河流域以北的花生产区都有分布，以水浇地、低洼过水地、黄河沿岸的淤地、有机质较多的黏土地带为害较重。金针虫的食性很杂，成虫在地上部分活动的时间不长，只吃一些禾谷类和豆类作物的绿叶，不造成严重为害，而幼虫长期生活于土壤中，能咬食刚播下的花生种子，食害胚乳，使种子不能发芽，出苗后可以为害花生根及茎的地下部分，导致幼苗枯死，严重的造成缺苗断垄现象。花生结荚后，金针虫可以钻蛀荚果，造成减产。此外，受金针虫为害后，有利于病原菌的侵入，从而加重花生根茎及荚果腐烂病的发生。

形态特征：

（1）沟金针虫

成虫：雌虫体扁平，黑褐色。体长14～17毫米，宽4～5毫米。前胸发达，前窄后宽。触角 11 节，锯齿状。鞘翅上的纵沟不明显，后翅退化。雄虫体形细长，深褐色，体长 15～18 毫米，宽约 3.5 毫米。触角深褐色，12 节，丝状。鞘翅表面有明显的纵沟，其间密布刻点和细沟，后翅未退化。足细长。

卵：近圆形，乳白色，长约 0.7 毫米，宽 0.6 毫米。

幼虫：末龄幼虫体长 20～30 毫米，体宽 4～5 毫米，金黄色，体表被有黄色细毛，体形较宽，略扁平，背面中央有一条细纵沟。尾节末端二分叉，各叉内侧各有一小齿。

蛹：裸蛹，纺锤形，长 15～22 毫米，宽 4 毫米。初化蛹呈淡绿色，后变黄色，羽化前为深褐色。

生活史与习性：沟金针虫的世代历期长，在华东、华北地区一般三年完成一代。各虫态发育进度不整齐，成虫、幼虫交替重叠越冬。华北地区，越冬成虫于3 月上旬开始活动，4 月上旬为活动盛期。雌雄成虫夜晚在地面活动交尾。3 月下旬到 6 月上旬为产卵期，卵产于土中 3～7 厘米深处，单雌虫可产卵 100 粒以上。成虫寿命 220 天左右，雄虫交尾后 3～5 天即死亡，雌虫在产卵后不久死去。卵经 35 天左右孵化为幼虫。幼虫期长达 850 天左右。幼虫孵化后即可进行为害，4 月上中旬为为害盛期，随着土温的升高，开始向土壤深层移动，6 月份 10 厘米地温达到 28℃时，回到深土层越夏。秋季随着土温下降，又上升到表土层活动为害。10 月中旬以后，又下移到深土层越冬。翌年，越冬幼虫于 3 月上中旬至 5 月上旬活动为害。第三年的 8～9 月份，老熟幼虫筑土室化蛹。约经 20 天羽化为成虫，当年不出土即行越冬。

（2）细胸金针虫

成虫：体长 8～9 毫米，宽约 2.5 毫米，暗褐色，密被灰色短毛，有光泽。触角红褐色，第二节球形。前胸背板略呈圆形，长大于宽。鞘翅上有 9 条纵列点刻。足赤褐色。

卵：圆形，乳白色，半透明，直径 0.5 毫米。

幼虫：体较细长，圆筒形，末龄幼虫体长 20～30 毫米，淡黄色，有光泽。末节末端不分叉，呈圆锥形，近基部的背面两侧各有一个褐色圆斑，背面有 4 条褐色纵纹。

蛹：体长 8～9 毫米。初化蛹黄白色，后变黄色。羽化前复眼黑色，口器红褐色，翅芽灰黑色。

细胸金针虫在河北、陕西等地大多两年完成一代，以成虫、幼虫交替越冬，幼虫所占比例较大，一般占越冬总虫量的 90%以上。在田间，7 月中下旬为成虫羽化盛期。羽化后当年不出土，而是在化蛹处越夏、越冬。华北地区，越冬成虫于 3 月上中旬开始活动，4 月中下旬 5～10 厘米平均地温稳定在 15℃左右时为出土活动高峰。成虫趋光性弱，有假死性及很强的叩头反跳能力，白天多潜伏于浅土层中，夜间出来取食交尾。5 月上中旬为产卵盛期，卵散产于浅土层中。5 月下旬到 6 月上中旬为卵孵化盛期。幼虫活泼，有自残性，幼虫孵化后开始为害花生等作物，直到 12 月上旬才下移至深土层越冬。翌年从早春开始幼虫即可活动为害，老熟幼虫于 6 月中下旬逐步下移至 15～30 厘米深的土层中做土室化蛹，7 月份为化蛹盛期。细胸金针虫喜低温，土温超过 17℃时，为害减轻。土壤湿度大，有利于其生长发育，为害加重。

沟金针虫、细胸金针虫防治方法参见蛴螬的防治方法。

3. 地老虎 地老虎是鳞翅目夜蛾科切根夜蛾亚科昆虫的总称。别名土蚕、地蚕、切根虫等。其种类多，分布广，为害重，我国已鉴定的地老虎有 170 余种，为害花生的主要是小地老虎（*Agrotis ypsilon* Rottemburg）、黄地老虎（*Euxoa segetum* Schiffer-müller）和大地老虎（*Agrotis tokionis* Butler）三种。

（1）小地老虎

分布与危害：小老虎分布最为广泛，全国各花生产区均有发生；大地老虎常与小地老虎混合发生，但仅在长江小地沿岸的部分地区发生较重；20 世纪 70 年代以前黄地老虎主要分布于西部的干旱地区，近年来逐渐向东、向北推移，已成为江苏、山东、河南、河北等花生主产区的优势种。地老虎能咬断花生嫩茎，或在土中截断幼根，造成缺苗断垄。个别还能钻入荚果内取食籽仁。地老虎食性杂，除为害花生外，还能为害小麦、玉米、棉花等多种作物。

形态特征：

成虫：体黑褐色，体长17～23毫米。翅展42～54毫米，前翅黑褐色，前翅亚外缘线、外、中、内明显，翅面从内向外各有一个棒状纹、环状纹和肾状纹，肾状纹的外侧有一条黑色楔状纹；后翅灰白色，翅脉及边缘褐色。

卵：半球形，初产时乳白色，后渐变为淡黄色、黄褐色，孵化前呈灰褐色，卵顶出现黑点。

幼虫：共分6龄。老熟幼虫体长37～47毫米，头宽3～3.5毫米。体黄褐色至暗褐色，有明显的灰黑色背线；体表粗糙，布满黑色颗粒状突起。臀板淡黄褐色至深黄褐色。

蛹：体长18～24毫米，宽6.5～7.0毫米，红褐色至暗褐色。第4～7腹节背面有明显的点刻。腹部末端有1对臀刺。

生活史与习性：小地老虎属迁飞性害虫，各个虫态都不滞育，只要温度等条件适宜即可正常生长发育。气温低于8℃时生长缓慢，幼虫、蛹和成虫都可越冬。我国从北到南小地老虎一年可以完成2～7代。3月初前后，各地相继出现越冬代成虫，成虫对黑光灯有强烈的趋性，并喜食甜酸食料。越冬代成虫喜欢在杂草、绿肥以及土块和干草上产卵，每头雌蛾平均产卵800～1 000粒，多散产。卵经7～14天孵化为幼虫，1～2龄幼虫可剥食作物嫩叶或咬成缺刻，3龄以后开始扩散，白天潜伏于土表下，晚间出来为害。土壤湿度对小地老虎的发生影响很大，土壤潮湿、植被茂密发生为害严重。

（2）大地老虎

分布与危害：大地老虎一年完成一代，以2～3龄幼虫在土表或草丛下越冬。5月下旬在20～33厘米的深土层中作土室夏眠，9

月底化蛹，10月中下旬羽化后产卵，卵散产于土表或植物茎叶上。

形态特征：成虫体黑褐色，体长20～23毫米。翅展52～62毫米，前翅与小地老虎相似，但没有楔形纹，外缘部分多为灰色；后翅褐色。触角雌蛾丝状，雄蛾羽毛状。

卵：半球形，初产时淡黄色，后渐变为米黄色，孵化前为灰黑色。

幼虫：老熟幼虫体长40～60毫米。体黑褐色，体表多皱纹，颗粒不明显。臀板深褐色。

蛹：体长23～29毫米。第5～7腹节点刻环体一周，背面和侧面点刻大小相同。

生活史与习性：大地老虎一年完成一代，以2～3龄幼虫在土表或草丛下越冬。5月下旬在20～33厘米的深土层中作土室夏眠，9月底化蛹，10月中下旬羽化后产卵，卵散产于土表或植物茎叶上。

（3）黄地老虎

分布与危害：黄地老虎在福建等地无越冬现象的南方地区一年发生5代以上，在华东华北地区每年发生3～4代，大多以3龄以上的老熟幼虫越冬，也有以蛹和低龄幼虫越冬的现象。在河北、河南、山东、安徽等花生产区，越冬代黄地老虎3月下旬至4月中下旬化蛹。蛾高峰期和卵高峰期一般都出现在5月上旬。成虫羽化后经3天左右取食补充营养和交尾后即可产卵。单雌虫产卵量500～800粒，多散产。在山东等地，第一代卵的平均历期为7～9天，多于黄昏时孵化为幼虫，幼虫3龄后潜入土中活动，能咬断花生的基部果枝，夜间出土转移为害。黄地老虎耐低温，气温下降到2℃时才进入越冬期。

形态特征：成虫体黄褐色，体长14～19毫米。翅展32～43毫米，前翅黄褐色，散布小黑点，前翅亚外缘线、外、中、内不明显，棒状纹、环状纹和肾状纹清晰可见；后翅白色，半透明，翅脉及前缘黄褐色。触角雌蛾丝状，雄蛾前端2/3为羽毛状。

卵：半球形，卵面有16～22条较粗的纵脊线，不分叉。卵初产时乳白色，后渐变为淡黄色、紫红色、灰黑色。

幼虫：多数为6龄，少数7龄。老熟幼虫体长33～43毫米，头宽2.7～3毫米。体淡黄褐色，亚背线黑色，体表多皱纹，有光泽，颗粒不明显。臀板两侧各有1个黄褐色大斑。

蛹：体长15～20毫米，宽7毫米左右，初化蛹为淡黄色，后变黄褐色、深褐色。第5～7腹节背面和侧面有相似的小点刻。

生活史与习性：黄地老虎在福建等地无越冬现象的南方地区一年发生5代以上，在华东华北地区每年发生3～4代，大多以3龄以上的老熟幼虫越冬，也有以蛹和低龄幼虫越冬的现象。在河北、河南、山东、安徽等花生产区，越冬代黄地老虎3月下旬至4月中下旬化蛹。蛾高峰期和卵高峰期一般都出现在5月上旬。成虫羽化后经3天左右取食补充营养和交尾后即可产卵。单雌虫产卵量500～800粒，多散产。在山东等地，第一代卵的平均历期为7～9天，多于黄昏时孵化为幼虫，幼虫3龄后潜入土中活动，能咬断花生的基部果枝，夜间出土转移为害。黄地老虎耐低温，气温下降到2℃时才进入越冬期。

防治方法：杂草是地老虎的产卵寄主和初龄幼虫的重要食料，清除田间杂草可以消灭大量地老虎的卵及幼虫。可以根据成虫发生早晚，利用其趋光、喜食蜜源植物等习性进行诱杀。在幼虫孵化时喷施50%辛硫磷EC、2.5%溴氰菊酯等1 000倍液，或用鲜草毒饵诱杀：鲜草50千克+90%敌百虫0.5千克于傍晚撒于田间。此外，可根据地老虎3龄后为害造成掉枝的症状特点，于清晨在危害处人工捉虫效果佳。

十三、花生田鼠害及其无公害防治技术

为害花生的田鼠种类很多，主要有鼠科的褐家鼠（*Rattus norvegicus* Berkenhout）、黑线姬鼠（*Apodemus agrarius* Pallas）、小家鼠（*Mus musculus* Linnaeus）、黄毛鼠（*Ratttus losed* Swinhoe）、黄胸鼠（*Rattus flavipectus* Milne - Edwards），仓鼠科的大仓鼠（*Cricetulus triton* De Winton et Styan）、黑线仓鼠（*Cricetulus barabensis* Pallas）、东北鼢鼠（*Myospalax psilurus* Milne - edwards）和中华鼢鼠（*Myospalax fontanierii* Milnaadwards）等10余种，其中黑线仓鼠、黑线姬鼠、大仓鼠和褐家鼠等是花生田的优势鼠种。现将花生田优势种分布与危害、形态特征、生活习性与无公害防治技术分述如下。

分布与危害：全国各花生产区都有鼠害发生，但不同地区发生的鼠害种类有所差异，褐家鼠、黑线姬鼠、小家鼠等几乎遍布全国各地，而仓鼠主要分布于长江以北地区，鼢鼠主要分布于黄河以北地区，黄毛鼠则主要分布于南方地区。鼠类可以在花生种苗期窃食播下的种仁，造成缺苗断垄；在地下觅食过程中，损伤根系，造成植株死亡；荚果成熟期，除掘食外，还把大量荚果搬入洞中储藏。如一只鼢鼠的粮洞内能挖出成熟花生荚果25～30千克，覆膜花生田成熟早，老鼠提前为害，造成严重损失。鼠类除为害花生外，尚能为害多种作物。

（一）黑线姬鼠（又称姬鼠）

形态特征：长尾黑线鼠体长7.5～12.5厘米。主要特征是中央自头到尾有一明显的黑线。体被及两侧毛呈棕色，腹及四肢白色。

生活史与习性：黑线姬鼠常于田埂、田间空地或山坡丛林处挖洞居住，洞穴较为简单，冬季保温差，加之无贮粮习性，冬季常转移洞穴，聚集栖息。黑线姬鼠为杂食性害鼠，多在夜间活动取食，花生的播种期和成熟期是被害高峰期。黑线姬鼠1年有两个繁殖高峰，即4～5月和8～9月，每胎产仔5～6只，幼鼠经5个月达到性成熟，又开始繁殖。

（二）黄毛鼠（又称黄哥鼠）

形态特征：体长13.5厘米，尾较细长，耳长而薄，背毛灰黄色，腹毛灰色，前足背面白色。

生活史与习性：黄毛鼠常于田埂、石堆、梯田石缝及作物秸秆堆内穿穴做窝，洞形随地势而变，洞口光滑。一年四季昼夜均有活动，尤以黄昏时刻活动最盛。繁殖力强，四季均可繁殖，以4～6月份繁殖最多，每胎产仔5～6只，多者达10只以上。

（三）褐家鼠

形态特征：体型粗大，成体长约18.0厘米。耳朵短小而厚，不光滑。后足短粗，长40毫米。尾长超过体长的2/3，尾毛很少，表面有鳞片，尾环显著。背毛棕褐色至灰褐色；腹部毛灰白色至乳白色，毛基灰色；尾部上面毛黑褐色，下面灰白色；四肢外侧毛尖白色，足的背毛白色。

生活史与习性：褐家鼠栖息地点广泛，野外洞穴多在沟边、路边、坟头及田埂等处。褐家鼠昼夜均有活动，但以夜间活动为主。褐家鼠有明显的季节迁移现象，每年有4～5月份和8～10月份两次迁移高峰，也是褐家鼠的田间为害高峰和花生的被害高峰。褐家鼠的繁殖力很强，每年繁殖6～10胎，每胎产仔8～9

只，多的达 17 只，幼鼠性成熟期为三个月。

（四）小家鼠（又名小鼠、鼷鼠，俗名小耗子）

形态特征：属小型鼠，体长 7.0 厘米左右，尖吻，尾长近于体长，尾部鳞片不明显。四肢细弱。毛色变化大，背部毛色有黑褐色、灰褐色、灰黑色等；腹部毛纯白色至灰黄色。上面门齿略扁，有明显缺刻。

生活史与习性：小家鼠是家、野两栖的小鼠类，野居的小家鼠多在杂草丛生的田埂、荒地、沟渠、路边等隐蔽处打洞栖息，多独居。以夜间活动为主，季节性活动规律与褐家鼠相同。小家鼠为害花生时，多从荚果的一端咬开孔洞，盗食果仁。小家鼠几乎终年繁殖，产仔间隔 30～50 天，一般一年产 5～7 胎，每胎产仔 4～7 只，幼鼠性成熟期为 2～3 个月。

（五）黑线仓鼠（又名花背仓鼠、纹背仓鼠）

形态特征：尾极短，仅为体长的 1/4，体长 9.5 厘米左右，体形粗短，较肥胖，属偏小型鼠类；吻短钝，头较圆；耳圆形，具白色毛边；腮部有颊囊（盗运食物的工具）；体背面为黄褐色或灰褐色，体侧下部、腹面及足背等处为灰白色或纯白色；尾双色，背面灰褐色或黄褐色，腹面白色或灰白色；体背中央有一条黑色纵纹。

生活史与习性：黑线仓鼠为典型的野栖鼠，主要在田埂及其附近的沟渠路边、土坡、坟地等地势较高的地方打洞栖息。洞穴有居住洞和临时洞之分，居住洞距地面 30～40 厘米，有多条通道，有贮粮仓库、厕所等场所。黑线仓鼠白天隐居洞中，夜间出来活动。黑线仓鼠除在田间直接为害花生外，还有贮粮习性，秋季将大量荚果运于洞中贮存。繁殖期在 3～10 月份，每胎产仔 6 只左右。

（六）大仓鼠（又名大腮鼠）

形态特征：体形粗壮，体长 14～20 厘米。尾较短，不超过体长的一半，尾毛短而稀疏，深灰色或黑褐色，尾尖白色。头短圆，腮部有颊囊；耳短而圆，耳缘有极窄的灰白色短毛形成的白色耳边；背面毛色灰褐至深灰色，体侧毛色稍淡，腹面及前后肢的内侧均为白色或灰白色。

生活史与习性：主要栖居于土质疏松而干燥的旱作地区的农田，洞穴多建于地势较高的田埂、坡地、场边等处。洞穴结构复杂，每个洞穴有5～6个洞口，洞道深1～3米，一般有一个窝巢和多个贮粮洞。大仓鼠夜间活动，活动范围大，秋季花生成熟期也是大仓鼠活动的高峰期，能大量盗运花生及其他粮食作物，每个洞系贮粮可达10千克以上。大仓鼠每年繁殖2～3胎，每胎产仔7～9只，幼鼠2.5～3个月性成熟。

（七）鼢鼠

形态特征：为害花生的鼢鼠有东北鼢鼠和中华鼢鼠两种，这两种鼢鼠的外形很相似，俗称地羊、地排子等。成年鼢鼠毛棕黄色，幼年鼠灰褐色，体粗短而肥，呈圆筒形。头短而扁，吻端上部有短而硬的毛，有助于推土活动。额中央具有一乳白色斑点。门齿发达而外露。耳壳不露于毛外。眼小，不易看出。尾短细，毛稀。四肢短健，前爪发达，呈镰刀状，适于掘土打洞。中华鼢鼠体长20厘米左右。

生活史与习性：鼢鼠的地下洞穴可分通道、贮粮洞、粪便洞、居住洞及朝天洞等。冬季居于深洞中，除取食外，不甚活动。当春季土地尚未全部解冻前，即开始活动。早晚活动最盛，一年内3～4月份和8～9月份为害最重。阴雨天全日活动。一年繁殖1～2次，每次产仔4～5只。当荚果成熟时，偷搬荚果贮于粮洞内，以备冬粮。

无公害综合防治技术：

一是保护利用天敌。在花生产区，鼠类的天敌主要有蛇、鹰、黄鼠狼、猫头鹰等，对控制鼠害有重要作用，应加以保护利用。二是农业生态防治。实行地膜覆盖、水旱轮作、深翻土地、清除杂草等措施可以破坏害鼠的隐藏生存条件，增加其死亡率、降低繁殖率；实行统一作物布局规划，可以分散鼠害，降低为害程度；此外，保证作物及时收获，作到颗粒归仓，可以减少害鼠的食物来源，有利于鼠害的控制。三是人工、器械捕杀。在田间查找到鼠洞，可以采用水灌、烟熏或人工挖洞等方法捕杀害鼠。人们在与鼠类的长期斗争中，发明了许多有效的灭鼠工具，如鼠夹、鼠笼、铁丝套等，只要根据害鼠的活动习性对这些工具加以合理利用，可以获得良好的灭鼠效果。四是化学药剂防治。①药剂拌种：用低毒药剂辛硫磷等拌种，是防治鼠害的经济有效方法；或用50%多菌灵 WP、50%福美双 WP 等杀菌剂拌种，对害鼠也有驱避作用。②毒饵诱杀：毒饵灭鼠具有经济、使用方便、适于大面积灭鼠等优点。可选用辛硫磷、敌鼠钠盐等杀鼠剂，用马铃薯、甘薯或麦粒等做饵料，一般药为饵料的5%，制成毒饵往鼠洞内投放。应根据害鼠的活动规律投放毒饵，并注意对人、畜和天敌生物的安全性。

十四、无公害花生生产机械的选用

农业机械化是农业现代化的标志。花生生产过程和生产工艺，在诸多农作物中具有其独特的特征，是机械化生产比较困难的作物。为了提高生产率，改善生产条件，广大相关工作者，研究创造出好多种机械，如花生播种机、花生喷灌机、花生收获机等。这标志着花生生产的发展与技术进步。花生生产要稳步快速发展，要采取集约化栽培，既要求耕作规范化、模式化、标准化。如果没有机械化，单靠人力畜力和手工操作是无法实现的。没有农业的机械化，也即没有农业的现代化，生产实现机械化是社会发展的必然趋势，必然产物。下面将花生生产中应用的主要几种机械分述如下。

（一）花生播种机

花生用机械播种比人工播种可提高工效几十倍，尤其是播种季节，遇上干旱年份有利于抢墒保全苗。同时节约用工，提高播种质量，可以达到规格一致、下种均匀深度一致，可实现一播全苗。

我国目前生产应用的播种机型很多，主要可分为以下三大类型。

1. 人畜力式播种机 该机结构简单，使用方便，可一次完成开沟、播种、覆土、镇压等工序。如山东农业机械化学院与平度机械研究所共同研制的 2BGH－1 播种机，排种精确度高，每穴两粒率可达 80％以上，下种量合格率达 95％以上，种子破伤率1%以下。该机型适合于山区丘陵地块小的应用，由于功率较低，大面积播种花生不适用。

2. 机引式播种机 这类播种机一般配套动力8.8千瓦的小型拖拉机，一般每小时可播种0.27～0.47公顷，一般为两行和四行播种机，播种质量能达到花生播种的农艺要求。一次完成开沟、播种、覆土、镇压、起垄等多道工序。如山东平度机械研究所研制的2BH-5/4播种机、莱州农业机械化研究所研制的2B-4两种，是20世纪80年代应用最广泛机型。山东莱阳农学院农业工程系与青岛万能达花生机械有限公司研制的2BHL-4花生起垄播种机，除了一次可以完成以上工序外，还可以同时喷除草剂等作业项目，1994年通过省级鉴定。

3. 地膜覆盖机械 这类机械可分为三种。一是单一覆膜机，如2RM系列，人工播种后，用手扶拖拉机牵引扶膜机，可一次完成开沟、覆膜、压膜、覆土等工序。二是播种覆膜机，一次可以完成起垄、开沟、播种、覆土、喷药、覆膜等工序。如山东省莱阳市农业机械化研究所研制的与9千瓦小型四轮拖拉机配套的2BGH-2型播种机，作业质量好，功率高。三是多功能覆膜播种机，这类机型是近几年研发的一种联合作业机具。是山东省花生研究所与青岛万能达花生机械有限公司共同研制的2BFD-2B型多功能花生播种机，与动力8.8千瓦小型四轮拖拉机配套，每小时可播种0.13～0.2公顷，除可以一次完成播种所有工序外，还可以将肥料（包括化肥和生物肥、有机肥）施到垄内两行花生之间，播种质量优、效率高，是目前生产上应用最多的播种机型。

（二）节水喷灌机械

花生节水灌溉，即是用少量的水获取花生最多产量，而且浇水均匀，田内无积水，无烂果，经济效益和生态效益较高。目前我国农业用水存在的突出问题，一是水源不足，二是常规灌溉浪费水现象严重。利用机械节水灌溉对上述突出问题可以明显缓解，而且有利于保持土壤结构，不产生土壤冲刷，避免水肥流失。是今后农田灌溉发展方向。

固定、半固定管道式和轻小型机组式喷灌系统，对花生灌溉较为适用。喷灌机械主要包括水源、加压设备（动力和水泵）、管道系统、喷头和控制系统等。

1. 固定管道式喷灌系统 固定管道式喷灌系统的干、支管道，常年埋在地面冻土层以下，有水源、动力机和水泵构成固定泵站；或利用足够落差的自然水头，与干、支管道组成一套全部固定的系统。喷头可作圆形旋转。一般需配机组喷头，循环使用，分组轮灌。固定管道式喷灌系统，使用方便，操作简单，劳动生产率高，省工省力，成本低，占地少，喷灌质量好。但需要管材多，单位灌溉面积投资较大。

2. 半固定管道式喷灌系统 半固定管道式喷灌系统的干管、泵和动力机是固定的，只移动支管和喷头。这种系统常见的有滚移式喷灌机、端拖式喷灌机和平移式喷灌机。半固定管道式喷灌系统省工省力，成本低，占地少，喷灌质量好，而且管材用量大大减少，故单位灌溉面积投资少。缺点是操作不方便，移动管道时易损坏花生秧蔓。

3. 轻小型机组式喷灌系统 该机组是指动力在11千瓦以下的喷灌机。轻型的一般为2.2～4.4千瓦。有手提式、手抬式、手推车式、拖拉机悬挂式、自走式、卷管式等。前三种应用最多。其配套喷头有单喷头和多喷头。手提式（包括背负式）一个人即可搬移，机型结构简单，安装操作容易，耗能少，价格低，单机可控制面积为0.2～0.5公顷，效率不高。适宜个体小面积花生喷灌使用。

（三）花生收获机

在花生生产过程中，花生收获是最费工时的一项作业，包括挖掘与摘果，其用工占花生生产整个用工的一半以上，劳动强度大，效率低。由于花生机械化收获水平低，我国机械化收获程度不到1%，绝大部分是人工、畜力收获。农民渴望机械收获欲望非常高。机械收获省工省力效率高，挖掘比畜力耕提高工效20～30倍，而且损失率低。人工摘果每人每天摘约0.033公顷，机械摘果每小时可摘250～500千克，大大减少了用工。常用的花生收获机有以下几种：

1. 花生挖掘机 花生挖掘机是我国花生机械研究最深入的一种机型。比较典型的是4HW系列，由机架、挖掘铲、输送分离机构、铺放滑条、地轮、变速箱、万向节传动机构等组成。工作过程随机组的前进，花生由铲头铲起，连同泥土一起向后推送，经过铲后的栅条上升后，花生棵不断上升，泥土基本抖掉，花生棵被抛到机后，经铺放滑条，将花生棵铺放在机具前进方向一侧的地面上。该机适应性较强，花生荚果破碎率低，是应用最广泛的一种挖掘机。

2. 花生联合收获机 花生联合收获机工作效率高，作业过程中可完成挖掘、蔓果分离等工序。由于结构复杂，现仍处于研究阶段。江苏省研制的花生联合收获机，与拖拉机配合使用，作业过程，先蔓果分离，再果土分离，果土分离效果差，果破碎率偏高。较好的“云农号”散装式TPH-3252型花生联合收获机，能一次完成挖掘、抖土、摘果、集果等工序，一次收获两行，将蔓抛散在田间。该机摘果率达99%以上，破碎率低于2.5%，清洁度达99%以上。适合于较大面积花生收获。

十五、无公害花生生产技术操作规范

（一）适时播种

无公害花生为了高产、质量、高效，一般采取春直播较多，部分间套种。适期播种保证苗全苗壮，是花生高产的重要基础。苗全苗壮的标准是：出苗率达99%以上，实收株数占实播粒数的98%以上。苗齐是指出苗时间上的一致，要求出苗后（出苗率10%）三天内出苗率达95%以上，缩小苗株之间在生长发育时间上的差距，为壮苗创造条件。苗壮是指苗株在形态上壮而不旺，根深叶绿，茎粗节密，第一对侧枝健壮发育，第二次分枝早生快发，花芽分化早而集中，在生理上表现吸水吸肥能力强，光合效率高。苗匀是指苗大小高矮一致，弱苗率不超过2%。

确定适宜的播期要根据当地地温变化、墒情、土质和栽培方法而定。一般5～10厘米地温连续5天稳定在15～18℃以上时，土壤水分为最大持水量的60%～70%，即耕作层土壤手握能成团，手搓较松散时，最有利于花生种子萌发和出苗。土壤含水量低于40%易落干，种子不能正常发芽出苗，高于800A，易发生烂种或幼苗根系发育不良。在适期内，要有墒抢墒播种，无墒造墒。墒情很差、近期又无下雨迹象的，最好在播种前提前泼地造墒，适墒时再播。墒情略差的，可在播种时先顺播种沟浇少量水，待水下渗后再播。

北方大花生产区一般以4月下旬至5月上旬播种为宜。长江流域多以4月中、下旬为宜。江苏、安徽省则以4月下旬为宜。

南方花生产区的广东、广西省南部以2月中、下旬为宜，中部、北部以及福建省则以3月中、下旬为宜。各地应根据当地的气温变化灵活掌握。通常覆盖地膜花生比露栽花生提早播种7～10天。

（二）种子准备与处理

为了确保优用劣汰，每公顷准备种果不能少于375千克。选用抗病良种，选用的种子要经过检疫，检疫不合格的种子不可用。种用花生剥壳前应晒果2～3天，以减轻病虫害，提高种子活性。种子播前要进行分级粒选，通常分为4级，用1级和2级饱满完好籽仁作种。下种前要作种子发芽试验，要求发芽率在95%以上的作种。

正常种子一般播前不需要进行种子处理。为确保一次播种一次全苗，而且达到苗齐苗壮，无公害食品花生和A级绿色食品花生下种前，每公顷种量可用GGR（生根粉6号）15克，30毫克/千克浸种4小时。或者用根瘤菌剂拌种，用标准菌剂2.25～3.75千克/公顷，将花生种子喷湿后，撒上根瘤菌剂拌匀，也可先用凉开水将菌剂调成稀糊状，再与种子拌匀，拌时注意不要伤害种皮。还可用微量元素钼酸铵90～225克/公顷，先用少量40℃温水溶解，然后用清水配成0.3%～1.0%的水溶液，均匀喷洒到花生种子上，晾干后播种。有机食品花生和AA级绿色食品花生所用的种子处理剂应该是通过有机认证产品，如没有有机认证的产品，用前必须通过认证机构批准方可使用。

（三）播种与合理密植

选用适宜的种植方式。目前花生的种植方式主要有春播、（夏）直播和套种三种。春播和夏直播栽培以垄作方式为宜。露栽可采用单行垄，垄距40～45厘米。覆膜可采用双行垄，垄距春播85～90厘米，垄间大行距50厘米，垄上小行距35～40厘米。夏直播采用双行垄，垄距80～85厘米，垄间大行距50厘米，垄上小行距30～35厘米，边台为10厘米。起垄要严格按设计距垄进行。无论覆膜与否，垄高控制在8～10厘米，垄要直，垄面要平。播种时在垄上先开沟，覆膜栽培播深3厘米左右，露地栽培4～5厘米，注意深浅一致。播种时既要保证密度，又要穴距均匀。起垄种植的优点：一是加厚了活土层，增加了土壤通透性，有利于根系和荚果发育，减少烂果；二是土壤表面积增大，受光条件好，提高地温，增加生育期内的地积温；三是排灌方便；四是结果集中，便于收获。

覆膜栽培有先播种后覆膜和先覆膜后打孔两种播种方式。先播种后覆膜方式的优点是保温保湿效果好，播种速度快，出苗快，但易造成劳力紧张，密度规格不合理，播种深度不一致，出苗不整齐。如果开孔不及时，易灼烧幼苗，难以达到覆膜规范化的要求。先覆膜后打孔的优点是播种深浅一致，规格合理，能达到覆膜花生规范化要求。缺点是因打孔过多，播后保温保湿效果稍差。遇冷雨低温，盖在空口上的土堆易结硬盖和出现烂种现象。在实际生产中，可根据当地具体情况确定采用哪一种方式。

注意覆膜栽培的花生，垄顶要耙平耙细，垄顶平利于果针下扎，如果垄顶不平，果针易下滑至垄边，不能及时入土作果。垄顶平细可确保覆盖地膜质量，覆盖地膜要盖严不透气，有利于保温保湿，而且除草效果有保障。

合理密植适宜密度的确定主要考虑品种特性、土壤肥力、气候条件及栽培水平等。决定密度的因素有垄宽、株行距。一般说来，早熟品种宜密，晚熟品种宜稀；分枝少的宜密，分枝多的宜稀；株丛矮的宜密，株丛高的宜稀；肥力低的宜密，肥力高的宜稀，雨水少的地区宜密，雨水多的地区宜稀；栽培条件差的宜密，栽培条件好的宜稀。确定株行距的原则是：行距相当于品种的侧枝长（R），墩距为0.44R，每墩两粒。一般说来，中熟大花生的适宜密度为12.0万～15.0万穴/公顷，平均行距40～45厘米，穴距16～18厘米，每穴2粒（下同）；早熟小花生适宜密度为每亩 13.5 万～18.5 万穴/公顷，平均行距 35～42.5 厘米，穴距 15～18 厘米。

播种有机械播种和人工播种两种方式，目前仍以人工播种为主。机械播种的好处是省工省力，播种规格一直，确保播种深度一直出苗整齐，有条件情况下尽可能用机械播种。

（四）科学施肥

无公害花生施肥要以基肥为主，追肥为辅。施肥量多少根据地力和对产量水平的要求而定，三要素定量原则根据花生需肥规律，即需 N、P、K 的比例依次为 1∶1.5∶2 而定，并要兼顾用地养地相结合的原则。无公害食品花生和 A 级绿色食品花生以施有机肥和生物肥为主，可配合使用一定量的化学肥料（禁用硝态氮肥）和有机无机混合肥料。有机食品花生和 AA 级绿色食品花生以有机肥为主，配合施用一定量的生物肥，不允许施用任何化学肥料。施肥方法，有机肥和化学肥料耕地前铺施，有机无机生物复合肥扶垄时包在垄中间，纯生物肥以拌种或集中撒施于播种沟，肥效较好。

无公害食品花生和 A 级绿色食品花生，有机无机肥搭配使用效果较好。在一般地力水平下，生产荚果 4 500 千克/公顷水平，可采用多种施肥方案，例如：①施优质（含氮量 0.2%以上，充分腐熟，下同）。有机肥（如厩肥、堆肥、绿肥等）22 500～30 000 千克/公顷＋微生物肥 45 千克/公顷＋三元复合化肥（N、P、K 各 15%）300 千克/公顷。②有机肥不变＋有机无机生物复合肥 450 千克/公顷。③如果土壤有机质含量在 1%以上，可不用有机肥，用有机无机生物复合肥 750 千克/公顷即可。如果产量 6 000 千克/公顷、7 500 千克/公顷，施肥量在上述基础上，原则各种肥量递增 25%～30%。

有机食品花生和 AA 级绿色食品花生，在一般地力水平下，生产荚果 4 500 千克/公顷水平，可采用以下几种施肥方案，例如：①施优质（含氮量0.2%以上，充分腐熟，下同）。有机肥（如厩肥、堆肥、绿肥等）30 000～45 000千克/公顷＋微生物肥450千克/公顷。②有机肥15 000～30 000千克/公顷，也可30 000千克/公顷＋生物有机肥1 500千克/公顷。③在无有机肥的情况下，可以施用通过认证机构允许的商品有机肥3 000千克/公顷。如果地力水平低于一般水平，应相应增加各种肥量，尤其有机肥用量适当加大比例，以达到长短利益结合，逐步达到改良土壤、培肥地力目的。

不同产区肥源不同，不同肥料，产量指标相同情况下，用量有所不同，现提供肥料的参考用量如下（表61～表63）。

表61 无公害食品和A级绿色食品花生栽培施肥量参考表（kg/hm^2）

		目标产量	4 500～6 000	6 000～7 500	7 500～9 000
无公害食品和A级绿色食品		有机肥（农家肥）	30 000～45 000	45 000～60 000	60 000～75 000
	化肥	尿素	45～75	45～75	45～75
		过磷酸钙（P_2O_5 12%）	375～495	495～600	600～720
		硫酸钾（K_2O 50%）	120～165	165～195	195～225
有机食品和AA级绿色食品		有机肥（农家肥）	60 000～67 500 67 500～75 000		

表62 无公害和A级绿色食品花生目标产量水平确定参考表

项　目	有机质（%）	碱解N（mg/kg）	速效P（mg/kg）	速效K（mg/kg）	目标产量（kg/hm^2）
根据土壤肥力确定	0.85～0.95	50～70	18～24	40～80	4 500～6 000
	0.95～1.0	70～100	24～28	80～100	6 000～7 500
	＞1.0	＞100	＞28	＞100	7 500～9 000
根据农作物常年产量或种类确定	前2年小麦产量为5 250～6 750kg/hm^2，或之前1～2年为蔬菜				4 500～6 000
	前2年小麦产量为6 750～8 250kg/hm^2，或之前连续3～4年为蔬菜				6 000～7 500
	前2年小麦产量为＞8 250kg/hm^2，或之前连续5年（或以上）为蔬菜				7 500～9 000

表 63　有机食品花生和 AA 级绿色食品目标产量水平确定参考表

项　目	有机质（%）	碱解 N（mg/kg）	速效 P（mg/kg）	速效 K（mg/kg）	目标产量（kg/hm²）
根据土壤肥力确定	0.85～0.95	60～80	20～26	50～80	4 500～6 000
	＞0.95	＞80	＞26	＞80	6 000～7 500
根据作物常年产量或种类确定	前 2 年小麦产量为 6 000～7 500kg/hm²，或之前连续 2～3 年为蔬菜				4 500～6 000
	前 2 年小麦产量为＞7 500kg/hm²，或之前连续 3 年以上为蔬菜				6 000～7 500

（五）不同物候期的田间管理

1. 苗期管理　此期指 50%幼苗出土，展现两片真叶，至 10%的苗株始现花，主茎有 7～8 片真叶，一般早熟种播后 20～25 天，中晚熟种 25～30 天。

苗期田间管理的重点：一是露栽田适时清棵蹲苗，当植株有两片真叶展开时，及时把埋在土中的两片真叶清出，提早解放第一对侧枝，（花生 70%的荚果结在第一对侧枝）促使花芽早分化多分化。先是用大锄破垄，垄顶用小锄清棵，以露出子叶为标准。二是锄好 2～3 遍地，原则要求深锄垄沟，浅刮垄背，锄时注意防止壅土埋苗压枝保护结果枝节的正常发育。三是覆膜田及时开膜口放苗和盖土引苗，人工先播种后盖膜的，当花生顶土时，及时开膜口放苗，膜口直径 4.5～5 厘米，随即抓一把湿土盖在膜口上，土厚 3～4 厘米，膜口要盖严不透气，确保增温、保墒、除草以及避光引苗出土效果。机播覆膜田，膜顶已压土引苗。四是及时清墩抠枝，覆盖地膜花生出苗后，要随时抠出压在膜下的侧枝，促其早生快发。如有缺苗，用预先催芽种子补种，力争苗全苗壮。

2. 花针期管理　自 10%植株始花至 10%的植株始现定型果，主茎展现 12～14 片真叶，单株开花量已达到高峰，花量占总花量的 50%以上，并约有 50%形成果针，20%的果针膨大为幼果，10%的植株已见定型果，一般播种后50～60天。

此期主要加强肥水管理，特殊干旱年份，花生中午出现萎蔫，田间0～30厘米土层含水量低于最大持水量的50%，顺垄沟小水浇灌，切忌大水漫灌。有条件的用机械喷灌更好。可以结合浇水，适量追肥，肥力低，基肥不足的地块，三品花生均可结合浇水追施草木灰750～1 500千克/公顷。

3. 结荚期管理 自10%的植株见定型果至10%的植株始现饱果，形成的果占总果数的80%以上，约10%定型果饱满。株茎展现16～20片真叶，播后95～105天。

此期是营养生长和生殖生长并旺时期，是管理的关键时期，主要是促使果针早入土多入土。田间不干旱、不徒长。露栽田，抓住封垄前和大批果针入土前，结合锄最后一遍地或者用耘锄耥沟培土迎针。此期是花生一生中需水最多的时期，干旱影响产量最明显，如0～30厘米土层含水量低于田间最大持水量的40%，植株出现萎蔫，顶部复叶的小叶片在晴天中午自动成对闭合，且预计近日无雨应及时浇水。灌溉方式：小水浸润沟灌为宜。如雨量较大，肥力较足的田块，当花生下针后期至结荚前期株高超过40厘米，为了防止徒长，采取人工去顶，即用手摘掉花生第一、二对侧枝的生长点，摘掉的部分太小，生长点没去掉，达不到控制生长的目的，摘掉的部分太大，影响植株光合面积，所以摘除的大小要合适。禁用化学调控生长剂。为了提高产量，无公害食品花生和A级绿色食品花生可以追施叶面肥，用2 250克/公顷磷酸二氢钾或尿素，或者用1 875～2 250毫升/公顷天然海藻肥，对水900～1 125千克/公顷，或天达2116细胞膜稳态剂120毫升/公顷，对水900千克/公顷，叶面喷雾，连喷2～3次，每次间隔7～10天。注意化肥使用安全期掌握在收获前1个月。

4. 饱果期管理 自10%的株始现饱满果至单株饱果指数早熟种达80%以上中熟种50%以上，播后130～145天。

此期主要是保叶、排涝。缺肥地块，可以追施叶面肥，以防植株早衰，以利保叶。如秋雨多雨量，排水不畅，内涝地块，要及时排水，建立排水系统，根据地头的长短和地势，挖好拦腰沟和解决内边涝的排水沟。以免田间积水内涝，造成伏果、烂果影响花生质量和产量。

（六）草害无害化综合治理

1. 农业措施除草 以农业措施防除杂草，是花生田综合防除体系中不可缺少的途径之一。在花生栽培过程中，要贯穿于每一生产环节。

（1）秋耕 秋耕能有效地接纳冬春降水，加快土壤的熟化过程，提高土壤肥力和消灭杂草。秋耕能使部分表土上的杂草种子较长时间埋入地下，使其当年不能发芽或丧失生活能力，如禾本科杂草马唐的种子，埋入土内5厘米深，5个月后完全丧失活力。菊科中的三叶鬼针草，一个月内即丧失活力。多年生杂草地下繁殖部分，经过秋耕可以翻到地上冻死或晒死，秋耕比春耕杂草减少24.5％。

（2）适当深耕 适当深耕可减少表层土壤杂草种子萌发率，较好地破坏多年生杂草地下繁殖部分。耕深20、30和50厘米，每平方米有草株数依次为156株、128株和64株，随耕深的增加杂草株数减少，因此有条件的可适当深耕，配合增施肥料，既除草又增产。

（3）施用腐熟土杂粪 土杂粪中往往带有不少的杂草种子，如不腐熟运到田间，粪中的杂草种子就会得到传播、蔓延为害。土杂粪腐熟后，其中的杂草种子经过高温氨化，大部分丧失了生活力，可减轻为害。

（4）轮作换茬 轮作换茬，可从根本上改变杂草的生态环境，有利于改变杂草群体，减少伴随性杂草种群密度，特别是水旱轮作，效果最佳。

此外，及时清除田边、地埂杂草，随时拔除漏网大草，使杂草种子成熟前即被消灭。结合田间管理，进行中耕培土或者耘锄浅耕，都较容易清除花生田幼小杂草。

2. 除草剂与地膜除草 不覆膜露栽垄种，播种后 3 天内，无公害食品花生和 A 级绿色食品花生地面喷洒 50%的乙草胺乳油 65 毫升＋5 毫升 12.5%盖草能乳油，或者 5%普杀特水剂 1 500～18 000 毫升/公顷，对水 900～1 125 千克/公顷。可结合用机械耕耘、人工拔除进行除草。有机食品花生和 AA 级绿色食品花生，露栽平种，可不喷除草剂，播种后覆盖 2 250～3 000 千克/公顷麦糠或碎草，既达到除草目的又能起到保持土壤湿度和增加有机质作用。

扶垄盖膜播种，地膜选用厚度一般为 0.004～0.005 毫米。有机食品花生和 AA 级绿色食品春播花生田，可选用不带除草剂的有色地膜，覆盖无药黑色地膜除草更好，或者无药无色增温地膜。黑膜由于透光性差，既能除草，又有利于保持土壤水分。无色增温膜，既能除草又能提高地温，有利高产。但由于膜内施加了增温剂，故成本偏高。草种基数较小情况下，覆盖无药无色膜即可控制草害。A 级绿色食品和无公害食品花生，地膜种类基本不受限制（禁用聚氯乙烯地膜），乙草胺除草地膜，或者扑草净除草地膜，除草效果好，又省工省力，而且残留比普通膜喷除草剂的显著降低。也可选用不带除草剂的黑色地膜，二者均无药无残留。注意，为了保证除草效果，膜口必须封严，垄沟和垄顶漏网杂草，结合机械耕耘和人工拔除。

覆盖地膜花生田，为了避免残膜对土壤的污染，花生收获前 15 天人工或机械揭除残膜效果最佳，既确保花生高产优质无公害，又实现了无白色污染花生清洁生产目标。

（七）有害生物无害化综合治理

无公害花生病虫草害防治的基本原则应是从作物—病虫草害整个生态系统出发，综合运用各种防治措施，创造不利于病虫草害滋生和有利于各类天敌繁衍的环境条件，保持农业生态系统的平衡和生物多样化，最大限度地减少各类病虫草害所造成的损失。花生病虫害种类较多，应用农艺、生物、物理、化学等综合措施。要坚持“预防为主，综合防治”的原则，做到在病虫害预测预报的基础上，掌握适时适期防治，合理用药，必须在规定范围内施用化学农药。

虫害综合防治：以蛴螬为主的地下害虫，在优先应用农业措施基础上，对于蛴螬、金针虫、地老虎等为害，AA级绿色食品花生和有机食品花生栽培，可在播种时顺播种沟与生物肥一起撒施白僵菌剂（BBR）15千克。利用其趋性诱杀，配以人工捕捉成虫。在花生田周围种植蓖麻，以诱杀大黑鳃金龟甲、黑皱鳃金龟甲或安置光灯诱杀拟毛黄金龟甲、铜绿丽金龟甲。A级绿色食品花生和无公害食品花生，在成虫发生盛期，采用人工捕捉或用农药喷洒大田周围树木进行灭杀成虫。防治幼虫也可用48%乐斯本EC 3 000毫升/公顷，加适量水稀释后与15千克细沙拌匀，或3%米乐尔颗粒剂15～22.5千克，撒施在播种沟内。当百墩有幼虫（或卵）40头时，可在结荚期用50%辛硫磷EC 1 250～1 500克/公顷，对水1 125～1 500千克/公顷灌墩。

地上害虫综合防治：当幼苗期每百穴花生有蚜虫500头以上时，AA级绿色食品花生和有机食品花生栽培，可用植物提出液百草1号（苦参碱）或清源保，1 250～1 500克/公顷，对水1 125千克（下同），叶面喷洒，并兼治红蜘蛛等。用小苏打+水+肥皂液（1∶40∶0.3）喷洒叶背面，防蚜效果在90%以上。A级绿色食品和无公害食品花生栽培，可叶面喷施40%乐果750～1 500克/公顷，或50%抗蚜威可湿性粉剂225克/公顷。也可用80%敌百虫可湿性粉剂900～1 800克/公顷，选用少量水溶化，后与炒香的棉籽仁或菜籽饼60～75千克/公顷拌匀于傍晚撒在苗根附近诱杀。或每公顷施2%蚜虱消750克，或者4.5%斗虫EC 300毫升/公顷喷雾。利用蚜虫的趋黄性和趋光性，在田内设置多个1米左右高黄油板、频振灯、黑光灯等诱杀蚜虫。当田间瓢虫与蚜虫比例达到1∶80～100头时，可利用瓢虫食蚜虫，不要施用农药。

棉铃虫、斜纹夜蛾：中后期如有棉铃虫、造桥虫、斜纹夜蛾等害虫发生，当每平方米有7头幼虫（或卵）以上时，3龄前用增效BT或青虫特DP 1 250～1 500克/公顷叶面喷施。在成虫盛发期来临之前，用0.1％草酸喷洒植株，每隔5天喷一次，连喷3次。A级绿色食品和无公害食品栽培也可用青虫特DP或50％辛硫磷EC或25％灭幼脲或吡虫啉1 250～1 500克/公顷叶面喷雾，防治效果良好。注意，花生生长期间，用药剂防治，仅限制使用一次（下同）。

病害综合防治：在轮作换茬、间作套种、选用抗病品种、及时清除病株残体的基础上，采取综合措施防治效果最佳。

花生叶斑病：包括花生网斑病、花生黑斑病、花生褐斑病和花生焦斑病。当主茎叶片发病率达5％～7％时，AA级绿色食品和有机食品花生栽培，可用1.5％多抗霉素或中生霉素3 750～4 500克/公顷，或井冈霉素1 875～2 250克/公顷或倍量式波尔多液进行叶面喷雾。以上药剂能兼治花生菌核病，以及花生倒秧病（茎腐病、白绢病、根腐病、黑霉病、冠腐病等）。用干草木灰与石灰粉混合，趁早晨露水未干撒于叶面，可防治多种病害。A级绿色食品和无公害食品花生，也可叶面喷施一次50％多菌灵或75％百菌清1 250～1 500克/公顷。

花生根结线虫病：可用无毒高脂膜30千克/公顷或农乐1号生物制品37.5千克/公顷拌种，也可于始花期叶面喷施1.8％的爱福丁生物制剂150克/公顷，对水1 500千克/公顷。

花生青枯病：水旱轮作对减轻花生青枯病效果明显，而且随着轮作时间的延长，发病愈轻。用11 250克/公顷青枯散菌剂，对水4 500千克，花生播后30～40天灌墩。无公害食品和A级绿色食品，可用50％消菌灵WP 1 250克/公顷拌种。方法是将药粉用水稀释为药液，均匀拌在花生种子上，拌种时，注意不能碰伤种皮。

预防黄曲霉毒素污染：花生是易受黄曲霉感染的农作物之一，感染不仅发生在收获后的贮藏、运输和加工过程，而且在栽培中从开花期至收获期均可受到土壤中黄曲霉菌的侵染，花生此生育期会不同程度地感染黄曲霉菌。因而，从栽培上控制花生收获前黄曲霉污染是无公害花生安全生产的重要环节。花生收获前感染的黄曲霉菌主要来源于土壤。一是收获前20～30天遇干旱，容易感染曲霉菌，此期干旱务必浇水。二是荚果机械破损、地下害虫为害、生育后期受旱和高温胁迫等均可能提高花生收获前的感染率。因此，针对这些特征采取有效的技术措施，可在一定程度上控制花生收获前黄曲霉毒素污染。三是收获时，避免阴雨天气，应趁晴朗的好天气晾晒，避免连续阴雨天气造成荚果霉捂，霉捂的荚果易受黄曲霉毒素污染。

田鼠综合防治：覆膜栽培可以减少鼠害，清除地边杂草，破坏田鼠生存环境，提高其死亡率，降低繁殖力。以人工消灭为主，用鼠夹子打、水灌鼠洞、铁丝套鼠、挖洞捉鼠等。无公害食品和A级绿色食品可以结合用性激素诱扑，或辛硫磷、50%福美双拌种均有较好防治效果。注意，在田鼠的防治上最好采取联防群治，方能取得理想防治效益。

（八）无公害花生适时收获确保质量

花生适时收获期主要根据荚果成熟外观标准确定。花生生育后期，茎叶以及根内的养分大量输入荚果，中、下部叶片已衰老脱落，上部叶片颜色转淡，植株停止生长。这时大部分荚果壳外皮发青硬化，网纹清晰，鲜果果壳内黄白色中带有青褐色斑片，籽仁充实饱满，种皮色泽鲜艳。收获过早，大量荚果尚未充分成熟，种子不饱满，出仁率低，影响产量和质量；收获过晚，易造成落果，不仅收获困难，而且会增加虫果、芽果、伏果、烂果，严重影响产量和品质。一般当花生饱果指数达60%以上就可适时收获。收获后及时晾晒，晾晒过程尽量不要堆捂，直至荚果含水量降到10%以下，籽仁含水量8%以下，保证贮藏期不受霉菌危害。

（九）无公害花生产品包装与储运原则要求

无公害花生产品收获后及时入库，要求产品包装材料、运输、储藏以及环境等方面，必须符合国家有关标准，置于低温、低湿（贮藏相对湿度<70%）、无鼠雀虫害的地方安全贮藏，要避免有害物质污染，按无公害食品的具体要求妥善保管。

1. 包装 提倡使用由木、竹、麻、植物茎叶和纸制成的包装材料，允许使用符合卫生要求的其他包装材料。

包装应简单、实用，避免过度包装，并应考虑包装材料的回收利用。

允许使用二氧化碳和氮作为包装填充剂。

有机食品花生和AA级绿色食品花生储藏过程中，禁止使用含有合成杀菌剂、防腐剂和熏蒸剂的包装材料。

禁止使用接触过禁用物质的包装袋或容器盛装有机食品和AA级绿色食品。

2. 储藏 经过认证的产品在储存过程中不得受到其他物质的污染。

储藏产品的仓库必须干净，无虫害，无有害物质残留，在最近5天内未经过任何禁用物质处理过。

除常温储藏外，允许以下储藏方法：

储藏室空气调控：根据无公害花生保管要求，随时可以人为进行空气调控。

温度控制：理想的储藏室内安置温度调控设施，储藏室内温度高于标准要求时，随时可以人为进行温度调控，降低温度，使之达到无公害花生标准储藏温度。

湿度调节：储藏室内必须保持干燥不潮湿，可以在储藏室空间内，人为放置生石灰等吸水剂；安装干燥设施更好，随时调控，确保无公害产品干燥储藏。

有机产品和AA级绿色食品花生应单独存放。如果不得不与常规产品共同存放，应在仓库内划出特定区域，采取必要的包装、标签等措施确保有机产品不与非有机产品混放。

产品出入库和库存量应有完整的档案记录，并保留相应的单据。

3. 运输 运输工具在装载有机产品和绿色食品花生前应清洗干净。

有机产品和AA级绿色食品花生在运输过程中，应避免与常规花生产品混杂或受到污染，通过不同保装区别、通过包装上的说明区别等均可。

有机产品和AA级绿色食品花生在运输过程中，外包装上的有机认证标志及有关说明不得被玷污或损毁。

无公害花生运输和装卸过程应有完整的档案记录，时间、地点、当事人、件数、重量、品种名称等详细纪录，并保留相应的单据。

4. 环境影响 废弃物的净化和排放设施和贮存设施应远离生产区，且不得位于生产区上风向。贮存设施应密闭或封盖，便于清洗、消毒。

排放的废弃物应达到相应标准。

（十）建立追踪体系

1. 追踪体系的概念与意义 追踪体系作为食品质量安全管理的重要手段。Codex的一个特别委员会对可追踪系统的定义为“食品生产、加工、贸易各个阶段的信息流的连续性保障体系”。可追踪系统能够从生产到销售的各个环节追踪检查产品，有利于监测任何对人类健康和环境的影响，通俗地说，该系统就是利用现代化信息管理技术给每件商品标上号码、保存相关的管理记录，从而可以进行追踪的系统。

无公害食品花生、绿色食品花生、有机食品花生的可追踪，是指对从最终产品到原材料以及从原料到产品的整个过程，根据生产日期、生产及加工记录、原料到货记录、仓库保管记录、出货记录等各种记录和票据必须是可以追踪调查的。为无公害食品花生、绿色食品花生、有机食品花生生产加工活动提供有效证据以及其他多种功能。

（1）追踪体系是一个记录保存系统，可以跟踪生产、加工、运输、贮藏、销售全过程。

（2）是无公害花生生产的最典型证据。

（3）是检查员检查评估是否符合三品标准的重要依据。

（4）是生产者提高管理水平的重要依据。

（5）对于同时进行花生常规生产和无公害生产的生产者，追踪体系的建立尤为重要。

（6）追踪体系的建立，要参考有机认证中心建议生产基地农事活动记录表，建立跟踪审查系统。

追踪体系的确立能带来如下的好处：

（1）无公害花生最终产品出现违反准则的情况时，能方便对违规事项的原因查找。

（2）利于控制损失量达最小化。当违背准则原因找到后，使需要回收货物的量最小。同时削减回收费用。

（3）因为能清楚地掌握原材料的出处，所以能分析、辨别所用原材料的风险度。

（4）能在记录上使最终产品的品质保证成为可能。

（5）符合 ISO 9000 系列及 HACCP 的要求。

反之，如果无公害花生产品未确立追踪体系时，一旦其最终产品发生问题就会遭受很大的损失。

2. 追踪体系的因素

（1）地块分布图、地块图　清楚地显示出地块的大小和方位、边界、缓冲区及相邻土地的状况，显示作物、建筑、树木、溪流、捧灌系统及明显标示等。

（2）*产地历史记录* 产地历史记录能详细列举过去的作物种植和投入物的使用。通常包含地块号、面积、有机种植或常规种植，作物品种和每年的投入物，投入物使用的数量和日期；最后一次使用禁用物质的时间及使用量；新购买或租借土地的生产者应要求得到原所有者签署的记录以前种植过程的陈述文件（3年内）；有机花生种植者全部名单，并种植的相应地块。

（3）*农事活动记录* 全部无公害花生种植者、农事活动记录是实际生产过程发生事件的详细记录，如花生种子，名称、来源、数量、是否转基因种子证明等信息；使用堆肥的原材料来源、比例、类型、堆制时间、方法和使用量；控制病、虫、草害而施用的物质的名称、成分、来源、使用方法和使用量；收获的日期、形式、操作人员、投入物记录、天气条件、遇到的问题和其他事项。

（4）*投入物记录* 投入物记录详细记录了外来投入物品的购买，包括种类、来源、数量、使用量、日期和地块号的信息；这些信息可记录在上面所说的产地历史记录和农事活动记录中，也可记在专用的投放物记录表上；记录应和地块号相关联，可以从购货发票和标签上加以区别。

（5）*收获记录* 收获记录应显示地块号、收获日期、使用的农机具、收获的数量、运输工具、有机食品和AA级绿色食品花生运输时，运输工具的保养、洗刷清洁情况以及收获的产品等级等；收获记录可以包含在农事活动记录中，也可单独记录。

（6）*摘果与晾晒纪录* 纪录摘果的具体操作，是机械还是人工摘果，机械摘果要纪录荚果损坏情况；晾晒天气情况，是否遇阴雨天气，遇上阴雨天气，如何处理保证荚果不霉捂、晾晒的时间，晾晒至入库前产品含水量。

（7）*贮藏记录* 贮藏记录包括贮藏场地、方法、数量及地块号；批次号可以在贮藏时产生；贮藏记录应反映贮藏场清洁卫生等条件。

（8）销售记录　销售记录包括发票、收据、定单等等。显示销售日期、等级、批次、数量和购买者；销售记录应指示哪些产品是经过无公害农产品认证的、哪些产品是经过绿色食品认证的、哪些是通过有机食品认证的，表明证书号、销售者的地址等。

（9）批次号　批次号是与生产地联系起来的代码；批次号在有机食品的鉴别中，起着重要作用；批次号的确定没有特定的标准，但一经确定就应连续使用；批次号应指明地块号、户主、产品名称、收获日期等要素。

（10）经认证的投入物　所有在产地中使用的投入物，必须经认证中心认可或得到相关认证机构的认证，在三品中有机食品更显得严格。

十六、无公害花生全程质量控制

无公害花生质量保障工程覆盖生产、加工、销售各个环节，包含农业生产环境、农业投入品、农产品等各种对象，涉及标准、质量、认证、监督等各个领域，是一个科学的系统工程。实施无公害花生优质安全保障工程，既要从整体上考虑，宏观上把握，明确总体方向目标、任务要求，又要从微观上着力，各个工作层面分工负责，全力推进。

（一）质量控制体系与制度

1. 无公害花生质量控制八大体系

（1）质量标准体系　以发展生态农业为核心，健全无公害食品、绿色食品和有机食品花生标准，以作为质量控制的依据。

（2）检验检测体系　加大对检验检测体系的投入，从设备的先进性，到人员综合素质提高，作为质量保障重要手段。

（3）质量认证体系　是质量控制系统中更显重要的保障系统，通过质量认证，确保产品生产过程中每一个技术环节符合标准要求。

（4）科学技术体系　要针对各地在生产和加工无公害食品花生、绿色食品花生、有机食品花生过程中的一些难点和问题，组织科技人员进行攻关。

（5）市场信息体系　根据国内外市场需要，及时提供无公害花生信息，同时建立预警系统，避免农民遭受大的损失。

（6）配套服务体系　包括生产、管理技术和生产中的投入品种类、供应、质量、使用技术等的配套服务，通过服务，确保无公害花生质量。

（7）*流通销售体系*　确保三品花生优质优价畅销，包括国内外市场、供需矛盾的及时沟通、化解和买卖双方利益维护等服务。

（8）*法律监督体系*　按认证标准强化工作监督。

2. 建立无公害花生质量认证、认定和准入制度　开展产品认证和认定是花生质量评价的基本手段，是进入市场的“身份证”和“通行证”。只有全面建立了产品质量认证和认定制度，才能实施有效的市场准入。

3. 加速推进农业生态环境和农业投入品综合整治

（1）*改善和保护农产品生产环境*　加快生态农业建设步伐，切实改善无公害花生生产的环境条件。

（2）*加强无公害花生生产配套技术研究*　认真研究、制定并实施控制农药、化肥不合理使用的措施，切实控制农业污染源。当前重点控制高毒、高残留农药的使用，积极推广高效、低毒、低残留农药和生物农药，实行农艺措施、优先选用综合抗性好的花生品种，结合物理防治措施和生物防治等综合防治技术并用。

（3）*创新经营管理机制*　鼓励、引导和吸收更多的“三资”投资开发无公害安全优质农产品，创新理念，激活机制，增强活力。支持无公害花生生产、加工、流通企业、大型农产品批发市场建立健全质量管理体系，尽快通过ISO9000、GMP、HACCP等质量管理体系认证，通过规范管理，提高经营效益，推动三品花生生产发展。

（4）*加强市场监督管理*　配套相关法律法规，特别在禁用高毒、高残留农业投入品方面，制定相应的政府规章和规范性文件，使其更具可行性和操作性。

4. 建立农业生产资料安全使用制度　新农业法规定，各级人民政府应当建立健全农业生产资料的安全使用制度，农民和农业生产经营组织不得使用国家明令淘汰和禁止使用的农药、兽药、饲料添加剂等农业生产资料和其他禁止使用的产品。农业生产资料的生产者、销售者应当对其生产、销售的产品的质量负责。禁止生产和销售国家明令淘汰的农药、农业机械等农业生产资料。农药、肥料、种子、农业机械等可能危害人畜安全的农业生产资料的生产经营，依照相关法律、行政法规的规定实行登记或者许可制度。

国家同时实行动植物防疫、检疫制度，健全动植物防疫、检疫体系，加强对动物疫情和植物病、虫、杂草、鼠害的监测、预警、防治，建立重大疫情和病虫害的快速扑灭机制，建设无规定动物疫病区，实施植物保护系统工程。

为了实现农产品安全、优质，农业部在推出《农产品质量安全体系建设规划》的同时，还制定了《优势农产品标准化生产示范基地建设规划》和《全国农产品质量安全检验检测体系建设规划》，这些规划的推出，就是要扼住生产和流通的“咽喉”，打造从田间到餐桌的全程质量控制安全链条。

（二）全程质量控制模式

无公害花生遵循“从土地到餐桌”全程质量控制的技术路线，重点控制五个环节：一是产地环境的控制，包括优良环境的保持、不良环境的改良；二是投入品的控制，按要求使用生产资料，杜绝禁用品；三是生产过程的管理，要求农户和企业按照生产操作规程和技术标准组织生产；四是产品质量达标，由委托的定点检测机构依据产品质量标准对产品实施检测；五是包装标识的规范，要求产品包装标识符合相关设计规范。有机食品强调常规农业向有机农业生产方式的转换，在生产过程中不使用任何人工合成的化学投入品。

在无公害花生中，有机食品花生和AA级绿色食品花生全程质量控制是比较严格的，无公害食品花生和A级绿色食品花生质量控制的严格程度较差一点，下面分述“三品花生”全程质量控制模式。

1. 有机食品花生、AA级绿色食品花生全程质量控制模式

（1）基地范围　农场（有机基地）应边界清晰、所有权和经营权明确；也可以是多个农户在同一地区从事农业生产，这些农户都愿意根据本标准开展生产，并且建立了严密的组织管理体系。

（2）产地环境要求　有机生产需要在适宜的环境条件下进行，有机生产基地应远离城区、工矿区、交通主干线、工业污染源、生活垃圾场等。基地的环境质量应符合要求。

（3）缓冲带和栖息地　如果基地的有机生产区域有可能受到邻近的常规生产区域污染的影响，则在有机和常规生产区域之间设置缓冲带或物理障碍物，保证有机生产地块不受污染。以防止临近常规地块的禁用物质的漂移污染。

在有机生产区域周边设置天敌的栖息地，提供天敌活动、产卵和寄居的场所，提高生物多样性和自然控制能力。

（4）转换期　转换期的开始时间从提交认证申请之日算起。一年生作物的转换期一般不少于24个月转换期，多年生作物的转换期一般不少于36个月。

新开荒的、长期撂荒的、长期按传统农业方式耕种的或有充分证据证明多年未使用禁用物质的农田，也应经过至少12个月的转换期。转换期内必须完全按照有机农业的要求进行管理。

（5）平行生产　如果一个农场或是一个有机基地存在平行生产，应明确平行生产的花生品种，并制订和实施了平行生产、收获、贮藏和运输的计划，具有独立和完整的记录体系，能明确区分有机产品与常规产品（或有机转换产品）。

农场可以在整个农场范围内逐步推行无公害生产，尤其是有机生产管理，或先对一部分农场实施有机生产标准，制订有机生产计划，最终实现全农场的有机生产。

（6）转基因　禁止在有机食品花生生产体系或有机产品中引入或使用转基因生物及其衍生物，包括花生种子、繁殖材料及肥料、土壤改良物质、植物保护产品等农业投入物质。存在平行生产的农场（基地），在常规生产部分也不得引入或使用转基因生物。

（7）种子和种苗选择　在有机食品花生生产中，应选择有机种子或种苗。当从市场上无法获得有机种子或种苗时，可以选用未经禁用物质处理过的常规种子或种苗，但应制订获得有机种子和种苗的计划。

应选择适应当地的土壤和气候特点、对病虫害具有抗性的花生品种。在品种的选择中应充分考虑保护作物的遗传多样性。

禁止使用经禁用物质和方法处理的种子和种苗。

（8）间作套种　无公害食品花生、绿色食品花生和有机食品花生田，应采用作物轮作和间套作等形式以保持区域内的生物多样性，用地养地相结合，保持土壤肥力。

在有机食品生产过程中，一年只能生长一茬作物的地区，允许采用两种作物的轮作。禁止连续多年在同一地块种植同一种作物。

应根据当地情况制定合理的灌溉方式（如滴灌、喷灌、渗灌等），既保证最大限度节约用水，又保证花生正常生长发育用水，达到合理控制土壤水分的目的。

有条件的花生产区，应利用翻压绿肥、免耕或土地休闲进行土壤肥力的恢复。

（9）土肥管理　应通过回收、再生和补充土壤有机质和养分来补充因作物收获而从土壤带走的有机质和土壤养分。

保证施用足够数量的有机肥以维持和提高土壤的肥力、营养平衡和土壤生物活性。

有机肥应主要源于本农场或有机农场（或畜场）；遇特殊情况（如采用集约耕作方式）或处于有机转换期或证实有特殊的养

分需求时，经认证机构许可可以购入一部分农场外的肥料。外购的商品有机肥，应通过有机认证或经认证机构按照准则对该物质进行评估后，方可使用。

限制使用人粪尿，必须使用时，应当按照相关要求进行充分腐熟和无害化处理，并不得与作物食用部分直接接触。

在有机食品花生和AA级绿色食品花生生产中，天然矿物肥料和生物肥料不得作为系统中营养循环的替代物，矿物肥料只能作为长效肥料并保持其天然组分，禁止采用化学处理提高其溶解性。

在有机肥堆制过程中允许添加来自于自然界的微生物，但禁止使用转基因生物及其产品。

在有理由怀疑肥料存在污染时，应在施用前对其重金属含量或其他污染因子进行检测。应严格控制矿物肥料的使用，使用前最好对有害成分进行检测，以防止土壤重金属等有害物质累积。

在有理由怀疑肥料存在污染时，应在施用前对其污染因子进行检测。检测合格的肥料，应限制使用量，以防土壤有害物质累积。

(10) 病虫草鼠害防治　病虫草鼠害防治的基本原则是从花生与病虫草害整个生态系统出发，综合运用各种防治措施，创造不利于病虫草害滋生和有利于各类天敌繁衍的环境条件，保持农业生态系统的平衡和生物多样化，减少各类病虫草害所造成的损失。优先采用农业措施，通过选用抗病抗虫品种，非化学药剂种子处理，培育壮苗，加强栽培管理，中耕除草，秋季深翻晒土，清洁田园，轮作倒茬，间作套种等一系列措施，起到防治病虫草鼠害的作用。还应尽量利用灯光、色彩诱杀害虫，机械捕捉害虫，机械和人工防除草鼠害等措施，防治病虫草鼠有害生物。

以上方法不能有效控制病虫害时，允许使用规定允许使用的物质。使用无规定允许使用的物质时，应由认证机构按照相关准则对该物质进行评估，符合要求的物品方能使用。

（11）*污染控制*　有机食品花生田块与常规田块的排灌系统应设立有效的隔离措施，以保证常规农田的水不会渗透或漫入有机地块。

常规农业系统中的设备、农机具等在用于有机生产前，应得到充分清洗，去除污染物残留。

在使用保护性的建筑覆盖物、塑料薄膜、防虫网时，只允许选择聚乙烯、聚丙烯或聚碳酸酯类产品，并且使用后应从土壤中清除。禁止焚烧污染环境，禁止使用聚氯乙烯类产品。

（12）*水土保持和生物多样性保护*　应采取积极的切实可行的措施，防止水土流失、土壤沙化、过量或不合理使用水资源等，在土壤和水资源的利用上，应充分考虑资源的可持续利用。

应采取明确的、切实可行措施，预防土壤盐碱化。

提倡运用秸秆覆盖或间作的方法避免土壤裸露。

应重视生态环境和生物多样性的保护。

应重视天敌及其栖息地的保护。

充分利用作物秸秆，禁止田内地头焚烧。

2. 无公害食品花生和A级绿色食品花生全程质量控制模式　无公害食品花生和A级绿色食品花生全程质量控制模式，多数控制点与有机食品花生、AA级绿色食品花生全程质量控制模式相一致，在有些控制点的控制严格程度上稍差些，但主要有两点差异明显，一是不需要转换期；二是在肥料的使用上，允许限种限量使用化学肥料。

（三）认证制度概念与意义

产品认证是随着农产品生产与消费水平的提高，市场需求的变化而产生和发展的。我国农产品质量安全认证起步较晚，认证模式的建立既借鉴了国际通行作法，又充分考虑了我国现阶段农业发展水平、农业管理体制特点和农产品质量安全状况。

1. 认证制度的概念　1903年英国在生产的钢轨上刻印“风

筝”标志，是认证制的开始。随后德国、奥地利等国相继仿效。第二次世界大战后，日本、比利时、印度开始使用认证标志。苏联是1966年开始试行的，后来越来越多的国家实施了认证制度。我国是1970年开始从工业产品上在全国范围内推广。“认证”一词的英文原意是一种出具证明文件的行动。ISO/IEC 指南 2：1986 中对“认证”的定义是：“由可以充分信任的第三方证实某一经鉴定的产品或服务符合特定标准或规范性文件的活动。”举例来说，对第一方（供方或卖方）生产的产品甲，第二方（需方或买方）无法判定其品质是否合格，而由第三方来判定。第三方既要对第一方负责，又要对第二方负责，不偏不倚，出具的证明要能获得双方的信任，这样的活动就叫做“认证”。

认证的概念是由一个有资格的、独立的机构所作出的，说明某种产品一贯符合某种规格质量的保证。认证的最初形式是生产者关于产品的性能是否符合用户的要求，自我做出的保证，但消费者往往不能确信。随着科学技术的发展，产品结构和性能也日益复杂，仅仅依靠消费者的知识和经验很难判断出产品质量的好坏，往往需要借助必要的仪器设备和检验手段，才能了解真实的产品质量状况，这就产生了独立于生产者和消费者之外的、独立的第三方认证制度。这就是说，第三方的认证活动必须公开、公正、公平，才能有效。这就要求第三方必须有绝对的权力和威信，必须独立于第一方和第二方之外，必须与第一方和第二方没有经济上的利害关系，或者有同等的利害关系，或者有维护双方权益的义务和责任，才能获得双方的充分信任。这样的机关或组织就叫做“认证机构”。

按照国际标准化组织（ISO）的定义，食品认证制度就是对生产食品的标准化程度的一种界定。食品认证是一项系统工程，它包括食品生产、加工、销售、消费等各相关环节，并着眼于现实资源和技术条件，以消费者的身体健康和安全为最高目的，以制定标准、实施标准为主要环节，按照统一、简化、协调、选优的原则，在各有关方面的协作下，对产品的生产、加工、贮藏、运输、销售全过程进行标准化管理。如果能用一句话来概括食品认证的内涵，则莫过于中国质量认证中心主任李怀林所说的："食品认证是食品从生产源头直到销售终端过程中所有良好记录的集中体现。"

花生产品的安全质量在市场上凭消费者的经验和必要的手段，根本无法判断出产品质量的好坏。因而由政府牵头组成有权威的、独立的无公害农产品认定委员会，介于生产经营者和消费者之外，在有法定资质的农产品检测机构对农产品的基地环境和农产品按无公害农产品标准要求进行质量检验基础上，由认定委员会聘请有关专家根据申报企业的环境质量状况、执行无公害农产品生产技术规程情况和最终农产品安全质量检验的结果进行评审，然后由认定委员会依据标准做出认定，其实质是认定委员会对通过认定的农产品做出的质量安全保证。

2. 认证制度的意义 对无公害花生产品进行认证，标志着花生产品质量管理纳入了标准化、法制化、规范化的管理轨道，这是花生产品质量建设上一项开创性的工作，对农产品质量建设将产生意义深远的推动作用。

认证具体意义有以下五点：

（1）是检验一个地区农产品质量水平的评价依据。

（2）是检验一个地区农业产业化经营水平的重要标志。

（3）是实施农业品牌战略的重要内容。

（4）是提升农业无害化科技水平的内在动力。

（5）是引导市场消费，实现农产品优质优价的现实选择。

3. 国外农产品认证的通行做法 从国外农产品认证情况来看，较有影响和代表性类型的有：产品认证，如有机食品认证、农药、化肥产品认证；体系认证，如 ISO 9000 系列认证、HACCP 和 GMP 认证。通行的做法：一是以市场需求为导向，农业资源为条件，农产品质量安全水平为基础，建立认证制度；

二是强调对农业生产过程进行监控，主要是对投入品使用的监管和产品质量安全风险因素的控制；三是通过建立法律规则、制定技术标准、规范认证程序、实行标识管理，开展认证活动；四是政府推动或支持、企业和农户积极参与。随着食品安全问题日益受到全球广泛关注，认证作为增强农产品市场竞争力的有效手段和影响国际贸易的重要技术因素，将发挥更加积极的作用。

4. 我国农产品认证的基本模式 无公害花生遵循全程质量控制的技术路线，重点监控四个环节。

（1）产地环境的监控，由政府环境监测机构依据环境质量标准对产品及原料的产地环境实施监测和做出评价。

（2）生产过程的管理，要求农户和企业按照生产操作规程和技术标准组织生产。

（3）产品质量的检测，由委托的定点检测机构依据产品质量标准对产品实施检测。

（4）包装标识的规范，要求产品包装标识符合相关设计规范。

目前，我国无公害花生质量安全认证主要有无公害食品花生、绿色食品花生和有机食品花生三种基本类型，从水平定位、产品结构、技术制度、认证方式和发展机制来看，主要是全程质量控制，又各有特点。

无公害花生产品质量安全认证，在我国是一项新兴的事业，有一个适应新阶段农业发展战略目标和任务要求，不断探索、总结规律、创新模式、规范完善、提高水平的过程。今后，随着我国农业发展水平的不断提高，农产品质量安全保障体系的逐步完善，国家有关法律法规的建立健全，农产品质量安全认证将朝着更科学、更规范、更有效率的方向健康地加快发展。

总之，无公害食品花生产品的认证，采取产地认定与产品认证相结合的认证管理模式；绿色食品花生产品的认证，推行“以技术标准为基础、质量认证为形式、商标管理为手段”的认证管理模式，采取质量认证制度与商标使用许可制度相结合；有机食品花生产品的认证，基本是遵循国际惯例，按照国际有机食品标准和通行的认证准则运作。

（四）无公害花生生产的认证与管理

1. 认证管理内容与方法 无公害花生实行“两端监测，过程控制，质量认证，标识管理”的基本制度，集中体现了全程控制的指导思想，也融入了体系认证的一些基本理念。“两端监测”，一端是环境监测，主要是水、土、气三项指标的监测，确保产地环境无污染；另一端是产品检测，由具备一定资质的检测机构依据标准设定的指标对产品进行检测，确保最终产品符合标准，并验证生产过程控制措施是否真正落到实处。强调“过程控制”，主要是指对投入品的控制。主要是对农药残留、重金属等污染物的控制；“质量认证”，按照认证认可的基本规则，制定了一整套制度安排，并严格按照认证程序规范认证。“标识管理”，主要是对通过认证的产品，以标志管理为手段来加强产品在流通环节上的管理。通过上述制度，树立认证的科学性、公正性和权威性，确保产品质量安全水平和标准化。

无公害食品花生、绿色食品花生、有机食品花生三者运作方式同国家规定的其他农产品认证管理一致，具体内容如下：

无公害食品：政府运作，公益性认证；认证标志、程序，产品目录等由政府统一发布；产地认定与产品认证相结合。

绿色食品：政府推动、市场运作；质量认证与商标转让相结合。

有机食品：社会化的经营性认证行为；因地制宜、市场运作。

无公害产品和绿色食品认证方法：依据标准，强调从土地到餐桌的全过程质量控制。检查检测并重，注重产品质量。

有机食品认证方法：实行检查员制度。国外通常只进行产地检查；国内一般以检查为主，检测为辅，注重生产方式。

2. 质量管理体系 为了推动无公害农产品（包括花生）、绿色食品和有机食品的发展，农业部先后分别组建了农业部农产品质量安全中心、中国绿色食品发展中心和有机食品认证中心。农业部农产品质量安全中心负责无公害农产品产品认证工作，各省市农业主管部门也相继成立了无公害农产品认证的承办机构，负责产地认定和组织产品认证申报工作，产品检测工作由受委托的定点检测机构承担。中国绿色食品发展中心负责绿色食品认证和标志商标管理工作。有机食品的认证由国家认证认可监督管理委员会批准的多个认证机构认证。质量管理体系的建立健全，为无公害农产品、绿色食品花生和有机食品花生的发展提供了必要的组织保障。

无公害农产品要紧紧围绕农产品质量安全管理和无公害食品行动计划的实施，依托依靠各级农业行政主管部门，充分发挥整个系统的职能作用，进一步加大无公害农产品认证工作的推动力度；按照“统一规范、简便高效”的原则，全面加快无公害农产品认证工作的步伐，迅速扩大认证规模，建立健全认证工作体系，形成全国统一、运转有效的无公害农产品认证工作机制。进一步增强无公害农产品标志的社会知名度和社会影响力，为如期完成“无公害食品行动计划”发挥重要的作用。

绿色食品将通过加快产品开发和市场培育，进一步增强制度优势、品牌优势、产品优势，完善产业体系建设，推进“以市场为导向，以品牌为纽带，以企业为主体，以基地为依托，以农户参与为基础”的一体化发展战略，加快国际化发展进程，打造我国精品国家品牌，全面实现持续、健康地加快发展。

有机食品发展将本着因地制宜的原则，充分发挥资源优势，加快产品认证和基地建设，力争在“十五”期末，形成以初级产品、初加工产品为主体、以国际市场为主要目标的外向型发展格局。

3. 危害花生质量安全的因素分析及关键点控制 无公害花生要求控制有毒有害物质残留。无公害花生产品要求出自良好的生态环境，按照无害化生产技术操作规程生产和加工，有毒有害物质的含量限制在人体健康安全允许范围内，符合有关标准的无污染、安全、优质、营养产品。无公害花生生产必须对基地环境、生产资料和原料供应、农业生产、产品加工等全过程的污染源、污染物进行全过程的质量控制。

对人体健康产生危害的农产品有毒有害物质残留主要有三类，即有毒有害重金属，农药残留，亚硝酸盐和有机污染物。

重金属类：砷、汞、铅、铬、镉、铜。

农药残留：氰戊菊脂、溴氰菊脂、呋喃丹、对硫磷、氧乐果、甲拌磷、甲胺磷、苯并芘、杀虫脒等。

硝酸盐类：亚硝酸盐、有机污染物

花生产品产生有毒有害物质残留的因素分析，两方面来源：产品中有毒有害重金属残留超标，主要来自被污染的生产基地；产品中农药残留、亚硝酸盐、生产过程中的自身污染。

基地环境被污染：主要来自于工业“三废”污染，另外来自于农村生活垃圾和污水的污染，大气遭受污染，工业废气和高速公路道两旁废气污染，常常造成作物的重金属铅超标。

农业生产过程中的自身污染：化肥、农药、农膜等农用化学物质投入品的过量、不科学使用。

环境污染、生产过程的污染通过动植物的生物链最终到达人体的演化过程，有三个特点：一是富集性；二是放大性，如土壤中的汞盐分为可溶和几乎不溶两种，通过植物转化以后，生成有机汞化合物，有机汞化合物大多是脂溶性的，被人体吸收后，迅速转移到脂肪血液中去，对人体健康产生更大的危害性；三是耐药性。

4. 无公害食品花生的认证与管理

（1）*产地认定* 无公害农产品产地认定是指对无公害农产品

产地实施检查、检测、评审及颁发无公害农产品产地证书的过程，由省级农业行政主管部门组织实施。无公害农产品产地认定是无公害农产品认证的基础和前提，是最重要的无公害农产品生产保障措施，也是农产品质量安全“从农田到餐桌”全程控制的源头保证。

产地认定的具体要求：

产地环境要求：无公害农产品产地应选择在具有良好农业生态环境的区域，达到空气清新、水质清净、土壤未受污染（污染地块必须改造合格）。周围及水源上游或产地上风方向一定范围内，应没有对产地环境可能造成污染的污染源，尽量避开工业区和交通要道，并要与交通要道保持一定的距离，以防止农业环境遭受工业“三废”、农业废弃物、医疗废弃物、城市垃圾和生活污水等的污染。产地生产两种以上农产品，且分别申报无公害农产品产地的，其产地环境条件应同时符合相应的无公害农产品产地环境条件要求。

产地环境检测要求：无公害农产品产地环境必须经具有资质的检测机构检测，即通过省级以上计量认证并经省级农业行政主管部门审核认可的检测机构。无公害农产品产地认定检测执行国家或行业标准。

产地规模要求：无公害农产品产地应区域明确，相对集中连片，产品相对稳定，并具有一定规模，产地规模可依据当地的自然条件、生产组织程度以及生产技术条件，申报人提出申请，由省级农业行政主管部门确定。

生产过程要求：主要包括管理制度、生产规程、农业投入品使用、动植物病虫害管理与监测、生产记录档案等方面的要求。

此外，无公害农产品产地环境保护措施应符合国家和地方有关环境保护规定，并鼓励实行产地环境及产品质量自检和产地产品检测合格准出制度。

产地认定程序：

第一条　省级农业主管部门根据本办法的规定负责组织实施本辖区内无公害花生产品产地的认定工作。

第二条　申请无公害花生产品产地认定的单位或者个人（以下简称申请人），应当向县级农业行政主管部门提交书面申请，书面申请应当包括以下内容：

申请人的姓名（名称）、地址、电话号码；

产地的区域范围、生产规模；

无公害花生生产计划；

产地环境说明；

无公害花生产品质量控制措施；

有关专业技术和管理人员的资质证明材料；

保证执行无公害产品标准和规范的声明；

其他有关材料。

第三条　县级农业行政主管部门自收到申请之日起，在10个工作日内完成对申请材料的初审工作。

申请材料初审不符合要求的，应当书面通知申请人。

第四条　申请材料初审符合要求的，县级农业行政主管部门应当逐级将推荐意见和有关材料上报省级农业行政主管部门。

第五条　省级农业行政主管部门自收到推荐意见和有关材料之日起，在10个工作日内完成对有关材料的审核工作，符合要求的，组织有关人员对产地环境、区域范围、生产规模、质量控制措施、生产计划等进行现场检查。

现场检查不符合要求的，应当书面通知申请人。

第六条　现场检查符合要求的，应当通知申请人委托具有资质资格的检测机构，对产地环境进行检测。

承担产地检测任务的机构，根据检测结果出具产地环境检测报告。

第七条　省级农业行政主管部门对材料审核、现场检查和产地环境检测结果符合要求的，应当自收到现场检查报告和产地环境检测报告之日起，30 个工作日内颁发无公害农产品产地认证证书，并报农业部和国家认证认可监督管理委员会备案。

不符合要求的，应当书面通知申请人。

第八条　无公害农产品产地认定证书有效期为 3 年。期满需要继续使用的，应当在有效期满 90 日前按照本办法规定的无公害农产品产地认定程序，重新办理。

复查换证：已获得无公害农产品产地认定证书的单位和个人在证书有效期满，需要继续使用无公害农产品产地认定证书的，必须按照规定时限和要求提出重新取证申请，经确认合格准予换发新的无公害农产品产地证书。复查换证按《无公害农产品产地认定复查换证规范》进行。

复查换证应提交材料：《无公害农产品产地认定复查换证申请书》、产地变化情况说明（包括区域范围、生产规模、环境状况、质量控制措施等）、保证申请材料真实性和执行无公害农产品标准及规范的声明、原《无公害农产品产地认定证书》（复印件）。

复查换证程序：

材料组织和提交：产地复查换证申请书及相关要求可以向所在地县级农业部门领取或咨询。申请人备齐相关申请材料后，向所在地县级农业部门提出申请。

初审：县级农业部门对材料形式进行审查。符合要求的，提出推荐意见，连同产地复查换证申请材料报送地市级农业部门审查；不符合要求的，书面通知申请人补充、完善。

复审：地市级农业部门收到材料后组织有资质的检查员对产地复查换证材料进行审查、对现场进行核查。符合要求的，报送省级农业行政主管部门；不符合要求的，通知申请人补充、完善。

终审：省级农业行政主管部门收到材料后进行终审，如有需要通知申请人委托有资质的产地环境检测机构进行环境检测和环境评价。省级农业行政主管部门通过全面复查评审，对产地复查证申请做出终审结论。符合换证条件的，重新颁发《无公害农产品产地认定证书》；不符合换证条件的，书面通知申请人整改和补充完善相应材料。

备案：省级农业行政主管部门将通过复查换证的产地目录报农业部农产品质量安全中心备案编号和公告；农业部农产品质量安全中心定期将备案结果报农业部和国家认监委。

（2）产品认证

第一条　无公害农产品（包括花生）的认证机构，由国家认证认可监督管理委员会审批，并获得国家认证认可监督管理委员会授权的认证机构的资格认可后，方可从事无公害农产品认证工作。

第二条　申请无公害花生产品认证的单位或者个人（以下简称申请人）应当向认证机构提交书面申请，书面申请应当包括以下内容：

申请人的姓名（名称）、地址、电话号码；

产品品种、产地的区域范围、生产规模；

无公害产品生产计划；

产地环境说明；

无公害产品质量控制措施；

有关专业技术和管理人员的资质证明材料；

保证执行无公害产品标准和规范的声明；

无公害产品产地认定证书；

生产过程记录档案；

认证机构要求提交的其他材料。

第三条　认证机构自收到无公害花生产品认证申请之日起，应当在15个工作日内完成对申请材料的审核。

材料审核不符合要求的，应当书面通知申请人。

第四条　符合要求的，认证机构可以根据需要派员对产地环境、区域范围、生产规模、质量控制标准、生产计划、标准和规范的执行情况等进行现场检查。

现场检查不符合要求的，应当书面通知申请人。

第五条　材料审核符合要求的，或者材料审核和现场检查符合要求的，认证机构应当通知申请人，委托具有资质资格的检测机构对产品进行检测。

承担产品检测任务的机构，根据检测结果出具产品检测报告。

第六条　认证机构对材料审核、现场检查（限于需要对现场进行检查时）和产品检测结果符合要求的，应当在自收到现场检查报告和产品检验报告之日起，30 个工作日内颁发无公害农产品认证证书。

不符合要求的，应当书面通知申请人。

第七条　认证机构应当自颁发无公害花生产品认证证书后 30 个工作日内，将其颁发的认证证书副本同时报农业部和国家认证认可监督管理委员会备案，由国家认证认可监督管理委员会公告。

第八条　无公害花生产品认证证书有效期 3 年。期满需要继续使用的，应当在有效期 90 日前按本办法规定的无公害农产品认证程序，重新办理。

在有效期生产无公害花生产品认证证书以外的产品品种的，应当向原无公害农产品认证机构办理认证证书的变更手续。

第九条　无公害花生产品产地认定证书、产品认证证书由农业部、国家认证认可监督管理委员会规定。

(3) 无公害产品标志管理

第一条　农业部和国家认证认可监督管理委员会制定并发布《无公害农产品标志管理办法》。

第二条　无公害花生产品标志应当在认证的品种、数量等范围内使用。

第三条　获得无公害花生产品认证证书的单位或者个人，可以在证书规定的产品、包装、标签、广告、说明书上使用无公害花生产品标志。

（4）无公害花生产品监督管理

第一条　农业部、国家质量监督检验检疫总局、国家认证认可监督管理委员会和国务院有关部门根据职责分工依法组织对无公害农产品（包括花生）的生产、销售和无公害农产品标志使用等活动进行监督管理。

查阅或者要求生产者、销售者提供有关材料；

对无公害花生产品产地认定工作进行监督；

对无公害花生产品认证机构的认证工作进行监督；

对无公害花生产品检验机构的检验工作进行检查；

对使用无公害花生产品标志的产品进行检查、检验和鉴定；

必要时对无公害花生产品经营场所进行检查。

第二条　认证机构对获得认证的产品进行跟踪检查、受理有关的投诉工作。

第三条　任何单位和个人不得伪造、冒用、转让、买卖无公害农产品产地认定证书、产品认证证书和标志。

（5）无公害农产品（花生）认证产地环境检测管理办法

第一条　为规范无公害农产品产地认定中的产地环境检测和评价工作，保证产地环境检测、评价的科学性和公正性，根据《无公害农产品管理办法》、《无公害农产品产地认定程序》和《无公害农产品认证程序》，制定本办法。

第二条　无公害农产品产地环境检测和评价工作由具备法定检测资格，愿接受省级无公害农产品产地认定机构（以下简称“产地认证机构”）委托的检测机构承担。

第三条　产地认定机构负责对无公害农产品产地环境检测机构（以下简称“检测机构”）的选定、考核、委托和管理。

第四条　检测机构应当具备以下条件：

一是通过计量认证并在有效期内；

二是有满足无公害农产品产地环境检测和评价的能力；

三是有熟悉农业和农业环境检测工作业务的专业队伍。

第五条　满足本办法第四条规定的检测机构可直接向产地认定机构提出承担检测任务申请，经产地认定机构考核，确认并签定委托协议后，方可开展产地环境检测和评价工作。

第六条　产地认定机构应当根据无公害农产品产地认定中的产地环境检测工作需要，统筹规划、合理布局，择优选定检测机构，并及时将选定的检测机构情况报农业部质量安全中心备案。

第七条　产地认证机构应当与选定的检测机构签定委托协议书，协议有效期3年。在协议有效期内，未能通过计量认证复审的检测机构，委托协议终止。

第八条　协议有效期满6个月前应当按照原程序重新履行申请和委托手续。

第九条　检测机构名称、体制、业务范围、检测能力等方面发生变化时，应当在30个工作日内将变更情况报产地认定机构，及时调整和补办有关手续，并报农业部农产品质量安全中心备案。

第十条　检测机构的权利和义务：

一是接受申请人、产地认证机构和农业部农产品质量安全中心委托，承担无公害农产品产地认定中的产地环境检测与评价任务。

二是在承担监督抽查任务时，可以查阅被检查单位的相关资料。

三是遵守有关法律、法规规定，严格按照无公害农产品产地环境行业标准及有关规定开展检测和评价工作，及时准确出具产地环境检测报告和产地环境现状评价报告。

四是向产地认证机构并报农业部农产品质量安全中心及时反映无公害农产品产地环境方面存在的问题并提出建议。

五是承担农业部农产品质量安全中心和产地认证机构委托的其他相关工作。

第十一条　在无公害农产品产地认定过程中，受检单位应当积极配合检测机构、产地认定机构工作。

第十二条　检测机构接到检测委托任务后，应当及时进行现场抽样并在规定的时间内完成产地环境检测和评价工作，出具《无公害农产品产地环境检测报告》，一式两份，分送受检单位和产地认证机构。

第十三条　检测机构应当严格按无公害食品行业标准进行检测，检测参数由产地认定机构依据无公害食品行业标准并结合当地的环境污染因素确定。

第十四条　受检单位对检测结果和评价结论有异议，应当在15天内向检验机构提出书面意见。逾期未提出异议，视为认同。

第十五条　检测机构接到受检单位提出的异议后，应当及时进行复查，并在规定时间内将复查结果通知受检单位和产地认证机构。

第十六条　承担无公害农产品产地环境检测和评价工作的检测机构，业务上接受产地认证机构和农业部农产品质量安全中心的监督和管理。

第十七条　检测机构工作人员必须遵纪守法，廉洁奉公，在承担无公害农产品产地环境检测任务的过程中，不得从事有碍公正性的活动。

第十八条　检测机构应当定期将无公害农产品产地环境检测情况报产地认证机构，产地认证机构对工作情况进行分析汇总，及时报农业部农产品质量安全中心。

第十九条　产地认证机构在选定检测机构和安排检测任务时，应当坚持公平、公正的原则，充分发挥各检测机构的作用和检测能力。

第二十条　农业部农产品质量安全中心指定专业技术机构作

为产地环境检测技术支撑单位，承担无公害农产品认证产地环境检测和评价的技术培训、技术服务及检测能力验证工作。

第二十一条　无公害农产品产地认定过程中产地环境检测费由检测机构按照《无公害农产品管理办法》规定向任务委托方收取。

第二十二条　无公害农产品产地环境监督抽检所需费用，由任务下达单位解决。

第二十三条　本办法由农业部农产品质量安全中心负责解释。

5. 绿色食品花生的认证与管理　绿色食品花生管理主要指绿色食品标志申报管理和标志使用管理。绿色食品花生必须具备以下条件：

一是绿色食品必须出自优良生态环境，即产地经监测，其土壤、大气、水质符合《绿色食品产地环境技术条件》要求；

二是绿色食品花生的生产过程必须严格执行绿色食品生产技术标准，即生产过程中的投入品（农药、肥料等）符合绿色食品相关生产资料使用准则规定，生产操作符合绿色食品生产技术规程要求；

三是绿色食品花生产品必须经绿色食品定点监测机构检验，其感官、理化（重金属、农药残留等）和微生物学指标符合绿色食品产品标准；

四是绿色食品花生产品包装必须符合《绿色食品包装通用准则》要求，并按相关规定在包装上使用绿色食品标志。符合绿色食品包装标准规定的绿色食品产品包装应遵循的原则，包装材料选用的范围、种类，包装上的标识内容等。要求产品包装从原料、产品制造、使用、回收和废弃的整个过程都应有利于食品安全和环境保护，包括包装材料的安全、牢固性，节省资源、能源，减少或避免废弃物产生，易回收循环利用，可降解等具体要求内容。

五是绿色食品使用的标签标准，除要求符合国家《预包装食品标签通则》外，还要求符合《中国绿色食品商标标志设计使用规范手册》规定，符合《手册》中对绿色食品的标准图形、标准字形、图形和字体的规范组合、标准色、广告用语以及在产品包装标签上的规范应用所作的具体规定。

六是贮藏运输符合标准，绿色食品贮运的条件、方法、时间符合规定要求。以保证绿色食品在贮运过程中不遭受污染、不改变品质，并有利于环保、节能。

（1）绿色食品花生申报管理　绿色食品花生申报管理是绿色食品标志管理的基础，也是保证绿色食品产品质量的前提。申报管理涉及设计申请、实地考察、环境监测、审核、抽样、产品检验、统一编号、颁发证书、签订合同等环节。

申请：申请人必须具备绿色食品规定的申请资格，申请书及上报材料应实事求是规范填写。

实地考察：省管理机构受理企业申请后，按照《绿色食品标志管理办法》要求，派两名以上专职人员进行实地考察。审查填报材料是否真实，原料生产、产品加工操作规程是否落实，使用的农药、肥料等是否符合绿色食品标准，必要时应查阅生产资料购入及出库登记或其他有关记录。

环境监测及评估：环境监测及评价结果是判断绿色食品花生产地环境质量是否符合绿色食品生态环境标准的主要依据。经绿色食品专职人员考察合格者，由省管理机构委托环境监测机构，在产品原料作物生长季节对产地环境进行监测，由监测部门写出检测报告及产地环境质量现状评价。

初审：初审由省绿色食品管理机构进行，初审内容主要包括：申报材料是否齐全，材料填写是否规范，产品原料是否符合要求，生态环境是否符合标准等。初审合格者，上报中国绿色食品发展中心。

二审：国家绿色食品发展中心对各省上报材料进行二审，合格者，签发产品抽样检测单。由省级管理机构派专职人员到生产企业进行产品抽样，送至绿色食品指定检测中心进行产品检测。

终审：中国绿色食品发展中心根据产品检测结果，进行严密的终审，对合格者便通知申报单位办理有关领证等手续。三个月内未前往国家绿色食品发展中心办理手续的，视为自动放弃。总之，申请获得绿色食品标志使用权可归纳以下几点：

一是申请人向所在省绿色食品办公室（以下简称省绿办）提出认证申请；

二是省绿办组织检查员对申请材料进行文审；

三是省绿办委派检查员对申请认证企业进行现场检查和产品抽样；

四是绿色食品定点环境监测部门对产地进行环境监测；

五是绿色食品定点产品监测部门对产品进行质量检测；

六是中国绿色食品发展中心（以下简称中心）组织专家对省绿办上报的申请认证材料进行审核；

七是绿色食品认证评审委员会对申请认证产品进行认证评审；

八是中心颁发证书，并进行公告。

(2) *绿色食品花生标志使用管理* 搞好使用标志的管理和监督，是维护绿色食品标志整体形象，保证其严肃性与公正性，保护消费者合法权益的重要管理工作。

绿色食品标志必须使用在经中国绿色食品发展中心许可的产品上；

获得标志使用权后，半年内必须使用标志；

绿色食品包装、装潢，应符合中国绿色食品商标标志设计使用规范手册的要求；

许可使用绿色食品标志的产品，在产品促销广告时，必须使用绿色食品标志；

使用标志单位必须严格履行“绿色食品标志许可使用合同”；

使用标志单位应如实定期向管理机构报告标志的使用情况；

许可使用绿色食品标志产品必须规范使用由国家中心统一印制的防伪标签；

绿色食品标志许可使用的有效期为3年，要求继续使用须在期满前三个月重新申报；

使用标志产品出口销售，执行绿色食品出口产品管理暂行办法。

（3）*依法强化绿色食品监督管理* 绿色食品依法管理是搞好管理工作的手段和保障。

依法管理的法律依据：绿色食品标志是注册的质量证明商标，证明商标作为商标，受国家法律保护。商标法是绿色食品标志使用者必须执行且对标志予以做大力度保护的基本法律。《商标法》第三条规定："经商标局核准注册的商标为注册商标，商标注册人享有专用权，受法律保护。"《集体商标、证明商标注册和管理办法》第三条规定："经商标局核准注册的集体商标、证明商标专用权被侵犯时，注册人可以根据《商标法》及《细则》的有关规定，请求工商行政管理机关材料，或者直接向人民法院起诉。经公告的使用人可以作为利害人参与上述请求。"商标法实施细则第42条规定："对侵犯注册商标专用权的任何人可以向侵权人所在地或者侵权行为地县级以上工商行政管理机关控告或者检举。"

假冒绿色食品标志是一种严重的商标侵权行为，任何人都可以向工商行政管理机关或检察机关控告或检举，执法部门依法进行处罚。刑法第127条规定："违反商标管理法规，工商企业假冒其他企业已经注册的商标，对直接责任人员处以三年以下有期徒刑，拘役或者罚金。"第七届全国人民代表大会常务委员会第13次会议通过的《全国人民代表大会常务委员会关于惩治假冒注册商标犯罪的补充规定》中一、二条规定："未经注册商标所有人许可，在同一种商品上使用与其注册商标相同的商标，违法所得数额较大或者有其他严重情节的，处三年以下有期徒刑或者拘役，可以并处或者单处罚金；违法所得数额巨大的，处三年以上七年以下有期徒刑，并处罚金。销售明知假冒注册商标的商品，违法所得数额较大的，处三年以下有期徒刑，或者拘役，可以并处或者单处罚金，违法所得数额巨大的，处三年以上七年以下有期徒刑，并处罚金。伪造、擅自制造他人注册商标标识或者销售伪造、擅自制造的注册商标标识，违法所得数额较大或其他严重情节的，依照第一条第一款的规定处罚。”

切实强化依法管理措施：为搞好绿色食品依法管理工作，国家工商行政管理局和农业部以工商标字［1992］第77号联合发文《关于依法使用、保护“绿色食品”商标标志的通知》，这对进一步加强绿色食品商标标志保护提供了有利条件。各级绿色食品管理机构和各申请、使用标志的企业单位，应认真抓好各项措施的落实，切实加强绿色食品标志的监督管理。

年审制：中国绿色食品发展中心对绿色食品标志统一监督管理，根据使用单位的生产条件、产品质量状况、标志使用情况、合同的履行情况、环境及产品的抽检结果及消费者的反映，对绿色食品使用证书进行年审。年审不合格者，取消其产品标志的使用权。

抽检：中国绿色食品发展中心根据对使用标志单位的年审情况，于每年初下达抽检任务，由指定的食品、环境检测机构对产品及产地生态环境质量进行抽检。抽检不合格者，取消其产品标志使用权。

标志管理人员的监督：绿色食品标志专职管理人员对所辖区域内的绿色食品生产企业，每年至少进行一次监督考察，主要监督考察企业产品原料种植、加工等规程的实施情况，产品生产、销售及效益情况，标志许可使用合同的履行情况等。

消费者监督：绿色食品标志使用单位应接受市场消费者监督，对消费者发现不符合标准的绿色食品，将责成生产企业进行经济赔偿，管理机构对举报者给予奖励，对有产品质量问题的企业进行查处。

6. 有机食品花生的认证与管理 有机食品花生产品的质量是通过生产过程的严格管理来实现的，不能单从外部形态和感官颜色上与常规产品相区别。因此，为了充分保证基地的生产完全符合有机农业的标准，保证有机产品在收获、加工、贮存、运输和销售各个环节不被混淆和污染，在基地内要建立专门的内部质量管理机构。内部质量管理包括：基地规划生产的组织管理体系（设内部检查员、订立内部检查制度等）、为有机生产者提供技术咨询及指导性的技术服务体系和生产资料供应的物质保障体系。

相关术语与定义：

有机产品生产者（organic producer）：按照国家行业标准从事有机种植、养殖以及野生品采集，其生产单元和产品已获得有机认证机构的认证，产品已获准使用有机产品标志的单位或个人。

有机产品加工者（organic processor）：按照本部分从事有机产品加工，其加工单元和产品已获得有机认证机构的认证，产品已获准使用有机产品标志的单位或个人。

有机产品经营者（organic handler）：按照本部分从事有机产品的运输、贮存、包装和贸易，其经营单元和产品已获得有机认证机构的认证，产品已获准使用有机产品标志的单位或个人。

生产基地（production base）：从事有机种植、养殖或野生产品采集的生产单元。

内部检查员（internal auditor）：有机食品生产、加工、经营单位内部负责有机管理体系审核，并配合有机认证机构进行检查、认证的管理人员。

（1）*有机食品花生生产管理文件要求* 有机产品生产、加工、经营者应按 GB/T1963.1～19630.3 的要求建立和保持有机产品生产、加工、经营管理体系，该管理体系应按国家统一要求形式系列文件，加以实施和保持。

有机生产、加工、经营管理体系的文件应包括：生产基地或加工、经营等场所的位置图；有机生产、加工、经营的质量管理手册；有机生产、加工、经营的操作规程；有机生产、加工、经营的系统记录。

生产基地或加工、经营等场所的位置图：应按比例绘制生产基地或加工经营等场所的位置图。应及时更新图件，以反映单位的变化情况。图件中应相应标明但不限于以下的内容：种植区域的地块分布，野生采集/水产捕捞区域的地理分布，加工、经营区的分布；河流、水井和其他水源；相邻土地及边界土地的利用情况；加工、包装车间；原料成品仓库及相关设备的分布；生产基地内能够表明该基地特征的主要标示物。

有机产品生产、加工、经营质量管理手册：应编制和保持有机产品生产、加工、经营质量管理手册，该手册应包括以下内容：有机产品生产、加工、经营者的简介；有机产品生产、加工、经营者的经营方针和目标；管理组织机构图及其相关人员的责任和权限；有机产品生产、加工、经营实施计划。

内部检查：检查时间、人员、检查内容、发现的问题、解决措施与效果等情况，写出详细检查报告，规范生产，同时作为认证机构认证的依据之一。

跟踪审查：对内部检查结果，尤其是发现的问题，采取的解决措施、解决的效果、排除并不得重演。

记录管理：包括生产过程的每一个环节的纪录。

客户申诉、投诉的处理。

有机食品花生生产、加工、经营操作规程：应制定并实施生产、加工、经营操作规程，操作规程中至少应包括：禁止有机产品与转换期产品及非有机产品相互混合，以及防止有机生产、加工和经营过程中受禁用物质污染的规程；收获规程及收获后运输加工储藏等各道工序的管理规程；机械设备的维修、清扫规程；

员工福利和劳动保护规程。

文件的控制：有机生产、加工管理体系所要求的文件应是最新有效的，应确保在使用时可获得适用文件的有效版本。

记录的控制：有机产品生产加工经营者应建立并保持记录。记录应清晰准确，并为有机生产加工活动提供有效证据。记录至少保持5年并应包括但不限于以下内容：土地、作物种植和畜禽养殖历史记录及最后一次使用禁用物质的时间及使用量；种子、种苗等繁殖材料的种类、来源、数量等信息；使用堆肥的原材料来源、比例、类型、堆制方法和使用量；控制病、虫、草害而使用的物质的名称、成分、来源、使用方法和使用量；加工记录，包括原料购买、加工过程、包装、标示、储藏、运输记录；加工厂有害生物防治记录和加工、贮存、运输设施清洁记录；原料和产品的出入库记录，所有购货发票和销售发票；标签及批次号的管理。

（2）资源管理　有机产品生产、加工者不仅应具备与有机生产、加工规模和技术相适应的资源，而且应具备符合运作要求的人力资源并进行培训和保持相关的记录。

应具备有机产品生产、加工的管理者并具备以下条件：

本单位的主要负责人之一；

了解国家相关的法律、法规及相关要求；

了解GB/T19630.1～19630.4的要求；

具备5年以上农业生产和加工的技术知识或经验；

熟悉本单位的有机生产、加工管理体系及生产或加工过程。

应配备内部检查员并具备以下条件：

了解国家相关的法律、法规及相关要求；

相对独立于被检查对象；

熟悉并掌握GB/T19630.1～19630.4的要求；

具备3年以上农业生产和加工的技术知识或经验；

熟悉本单位的有机生产、加工管理体系及生产或加工过程。

人的管理与三级培训：

有机农业的生产管理包括对物的管理和对人的管理，生产者的业务水平、文化素质和对有机农业的认识程度将决定有机农业发展的过程。所以，在基地管理方案中，人的管理比物的管理更重要。

培训是对人的管理的开始，从事有机农业的生产和开发的管理者、具体技术的参与者和实施者，都必须了解和掌握有机农业的管理和方法，了解有机农业的标准，作到从思想上接受有机农业的思想，在行动上自觉按照有机农业的技术标准实施。

所谓的三级培训制度，首先由有机农业专家或专门从事农业研究的人员对基地的管理干部进行有机农业原理、标准、市场和发展概况的一般性培训，使之从宏观上了解和认识有机农业，这是第一层次的培训；第二层次对基地技术人员进行专门技术培训，使之掌握有机农业生产技术的基本原理和方法，培训工作可根据种植作物种类和地域不同的专业进行；第三层次是对直接从事有机农业生产者进行实际操作技能的培训，培训以实用技术和解决问题为主，关键在于提高实际操作能力。

（3）内部检查　通过对花生产地生态环境条件和生产环节的合理控制，为发展优质花生生产，提高花生品质，从而确保在生产源头强化质量控制。建立内部检查制度，以保证有机生产、加工管理体系及生产过程符合 GB/T19630.1～19630.3 的要求。内部检查应由内部检查员来承担。

内部检查员的职责：

配合认证机构的检查和认证；

对照本部分，本企业的质量管理体系进行检查，并对违反本部分的内容提出修改意见；

对本企业追踪体系的全过程确认和签字；

向认证机构提供内部检查报告。

（4）检查认证体系　认证检查是有机农业体系的一个不可缺

少的组成部分，其工作由认证机构指派的检查员进行。认证检查的任务是客观地反映申请者的有关生产和管理体系的实际情况。检查员提交的检查报告是有机认证机构决定是否颁发有机食品证书的主要依据。

检查认证目的：有机食品、有机农业的认证是指由第三方对有机食品生产的农产品进行验证，以证明其真实性。作为有机农业生产系统的产品，其有机产品应有其特殊的标识以区别于常规食品，为了区别真正和假冒的有机农产品，保护消费者和真正的有机食品生产者利益，保证有机产品的质量，实现有机食品的公平贸易，必然需要一个被认可的、有权威的、公开、公正的独立机构作为中介机构对其生产过程和产品给予公正的评价。

有机食品认证可以保护生产者，特别是依靠有机产品增值来补偿有机生产者的投入成本，同时在没有其他更好措施的前提下，有机食品认证和标志是消费者可以信赖的重要证明。有调查表明，在英国，消费者在购买有机食品以前 85％的人要辨别标签；96％的人至少熟悉一种标签。

检查特点：连续过程，监督有机生产，保证质量；帮助生产者改进和完善生产体系，促进生产者建立持续稳定的有机农业生产体系；

涉及与其相关的种植、加工、贸易等，是从土地到餐桌的全程质量控制；

注重生产过程的检查，必要时对产品进行检查；

注重跟踪系统的检查和认证，产品质量和数量的可追踪性得到保障；

检查和认证人员具有独立性；

检查和认证活动及结果具有法律效力。

（5）*检查和认证体系的构成*　有机产品的认证主要是认证组织通过派遣检查员对有机食品的生产基地、加工场所和销售过程中的每一个环节，进行全面检查和审核以及必要的样品分析完成的。检查员是有机食品认证组织和广大有机食品消费者的嘴巴、眼睛、耳朵和鼻子，是沟通生产者和消费者的桥梁。

检查和认证体系的机构主要构成为：检查、认证人员；检查、认证准则、条例；认证组织和申请者之间的合约。其中，检查员的素质是直接影响认证组织的信誉和产品质量的关键。

（6）认证检查员应该具备的基本素质　系统教育和农业、环境保护、质量管理的标准培训；良好的观察和评估能力；良好的语言交流和编写报告能力；与认证组织签订保守检查秘密的协议，为生产者、加工者和贸易者保守商业和技术上的秘密。

实事求是报告所有检查的问题，作为第三方进行实事求是、公正的检查，与申请有机食品认证的任何一方都没有利益冲突，保证在认证前和认证后一段时间内没有经济上的联系，不得接受申请者的礼品和产品；不得为申请者提供有机生产技术咨询并收取费用；不得参与最后的认证决定。

（7）检查和认证的程序

有机食品花生检查及认证的程序：

申请者向认证组织索取申请表格。其他材料如检查认证标准也可以根据客户的要求提供。

申请者填写申请表格并寄回检查认证组织。

认证组织制定检查计划和费用预算。申请者同意后，认证组织与申请者签订检查合同和遵守有机农作条例的协议。

申请者向认证组织支付检查预算费用的一半。

收到费用后，认证组织委派合适的检查员对申请者进行实地检查。

检查在实地进行。检查完成后，检查员填写检查报告并寄给认证组织。

认证组织召集颁证委员会议，形成认证决定。

申请者缴纳检查和认证费用的余额。

认证组织给申请者颁发认证决定及证书。

(8) 检查和认证的内容　检查员根据认证组织的计划书和任务书，在作物收获前有限的时间内，对申请的产品进行实地检查。检查具有抽查性和阶段性。为了便于了解整个生产、加工的全过程，须将信息的确定、文档的审核和实地的考察有机地结合起来。

对申请者提供的信息进行确定：主要是对申请企业在申请时向认证组织提交的基础信息情况进行核实，而后进行确定。

提交信息：前三年的种植历史（包括品种、面积、投入的材料、产量等）；当前有机农田的种植情况（包括种植面积、地块分布图、种子来源、生产工具等）；有机农业生产计划（土壤肥力保持计划、病虫草害控制计划、土地轮作和管理计划等）；常规农业向有机农业生产的转化计划；申请认证的田块面积、位置、作物类型、预计产量等；申请者的联系信息；对准备采用的批号系统等。申请者应该保证所提供的材料是真实可靠的，必须签字。

根据提交的信息，确定内容：

农场（基地）的整体情况：基地种植的作物、面积、转换、平行生产、隔离区、文档记录、农场地图、农场生态环境及其他有关认证方面的信息。

有机农业的背景：确认种植作物的类型（粮食、蔬菜、水果、畜牧等）和种植方式，根据所交谈人员的回答，了解不同层次人员（生产者、管理者、技术人员）对有机生产和标准熟悉的程度，有机转换和常规生产的面积和比例，有机转换的计划、时间和具体措施，技术咨询、田块历史记录。

平行生产：有机生产者、加工者和贸易者如果同时从事相同品种的非有机食品的生产、加工和贸易，那么，非有机生产、加工、贸易部分就是平行生产。有机生产加工和贸易与非有机生产、加工和贸易必须有各自的管理体系和质量跟踪体系。平行生产是有机食品认证过程中必须检查的部分。平行生产在有机农业的发展初期是不可避免的，在一定的时间和范围内，可以进行平行生产，但必须做到避免混淆和污染，所采取的措施应包括：避免混合的管理措施；常规和有机生产的设备与农机具（喷雾器、播种机等）及设备清洗的程序和频率；说明禁用物质的使用（贮存地点及对有机作物的影响、使用记录如日期、作物、面积等）；所生产的有机食品花生和常规生产的作物名称、品种（说明如何避免混合、追踪这些产品的记录等）。

有机农业生产的投入和目的：确认（基地内部的和基地外部的）使用的所有材料、使用量和原因及使用材料的性质。

生产过程的检查：

种子种苗：所有种子的品名和来源；种子处理的方式；是否是基因种子；购买种子的发票。

土壤肥力保持：土壤的物理特性、土壤生物活性、作物套种、间作情况等；了解农民关于土壤培肥知识的掌握情况；如何使用牲畜粪肥、绿肥和堆肥，包括了解其质量、来源以及使用量；是否使用基地之外的物质，如矿质肥料、微生物肥料等，如果使用，来源、成分、使用量和使用时间等；土壤分析结果；观察其作物生长情况是否与施肥情况相符。

作物轮作：计划和时间；当地的轮作模式。从技术上讲，有机农业不提倡总是种植同种作物，为此，农场（基地）应尽可能变换农作方式，目的是保持和改善土壤肥力，减少杂草和病虫害的危害。

灌溉用水：灌溉用水来源、是否有水质分析结果、该地区灌溉水的可能污染物是什么、颁证田块附近土壤的利用情况，是否对灌溉水产生污染、灌溉的方式（如喷灌、滴灌等），是否通过灌溉使用某些物质，如消毒物质。

病害控制：农场田块中最常见的病害是什么、采用什么办法防治作物病害、在作物病害发生时，采取什么措施防治、使用什么物资、使用方法与步骤、采取什么土壤消毒措施。

虫害控制：害虫的类型、危害程度、危害作物、控制害虫的措施（包括机械和物理措施等）；害虫控制的有效性检查喷施农药的设备（何时使用过、清洗情况、气味等），同时检查一下喷药设备是否也用于平行生产、察看使用过植物杀虫剂的地块和作物生长情况、使用过什么限制使用和禁用物质。

杂草控制：控制杂草的工具、类型、条件、有效程度；在杂草管理过程中使用过什么限制使用和禁用物质。

边界和缓冲区：评估可能的污染源（临近地块、公路、铁路、空气漂移、侵蚀等）；如何控制可能发生的污染（分别收获缓冲带、杂草带、防护林以及与邻居协商不喷施农药等）。

风险评估：除草剂，列出常用的除草剂；了解种植基地的杂草种类；有疑问地块的杂草与邻近地区的杂草在外形和种类上是否有较大的差异。杀虫剂，有益昆虫的出现情况（蜜蜂、瓢虫、草蛉等）；是否有杀虫剂包装残留，如果被检出有杀虫剂残留，种植者将被取消认证。杀菌剂，判断土壤中是否缺乏生物活性，如土壤微生物、蚯蚓等情况，是否有杀菌剂包装残留。残留物分析，检查逸出物或漂移物或欺骗性使用禁区物质的记录。拍摄一些文件记录的相片，并附在检查报告附录中；在已受影响的区域内采集土壤或作物标本进行残留物的分析；通过扩大缓冲带的距离，剔除可疑的地块，将该区域内的产品作为常规产品销售；在独立公正的实验室进行样品的分析，并将分析结果附录于检查报告中。

文档记录：包括从基地第一次耕作开始到检查之日起，田间操作的记录，该记录应包括实施的措施、时间、目的、操作、人员及实施该措施后的效果。

（9）收获、贮藏、包装、标识检查

收获：收获的花生品种和时间；收获方法（手工或机械收割程序）和使用设备；所用设备的使用情况、归属性质及清洗程序。

贮藏：检查所有贮藏场地和设施；农场（基地）内的设施和设备（混合的还是100%有机的?）；收获的花生品种、产品的所有权、产地、产量和标识系统；有机食品花生产品收获后的分隔措施、仓储场所卫生管理和虫害防治措施以及农场（基地）简易加工设备的情况；作物的运输工具、方式、检查、清洁情况等记录；农场（基地）简易加工厂必须按照加工检查指南的要求进行检查；贮藏的有机产品的数量、类型；贮藏措施是否能够保证有机产品的完整和避免污染。

包装：收获产品的包装材料和规格；制作包装标签式样，并附录于检查报告中。

标识：列出追踪系统的组成、货物批号系统和跟踪情况、确认常规、转换和隔离作物产品的销售情况、跟踪情况的反馈。

记录：所购买的投入物质（包括种子、肥料和药物等）；农事管理记录（种植、投入的物质，栽培管理和收获等）；收获和仓储记录。销售记录（生产批号、销售发票、运单、等级标识、销售证书等）。仓储管理计划，包括杀虫剂使用记录。

(10) 加工厂的检查

加工厂概况：加工厂基本情况；管理框架；注册和检查情况；产品执行标准。

加工过程：产品的原料与标签；主要设备和工艺流程；加工用水；废弃物处理情况；卫生管理程序，包括设备的清洁程序。

产品质量保证：贮藏设施和措施；害虫防治；包装运输和保管（仓库和设施）防止混淆和污染的措施；标签；生产加工、贮存和运输档案记录和跟踪审查；购销票据。

(11) 贸易的实地检查

贸易者的基本情况（包括注册情况）。

管理框架。

贸易流转程序。

有机食品花生来源情况。

有机食品花生的运输和贮藏以及卫生管理情况。

有机食品花生在贸易前后的处理情况（包括包装、是否添加物质、是否经过辐射处理等）。

有机产品贸易质量跟踪系统（包括纪录系统、跟踪审查系统、销售证书的办理情况）。

跟踪检查系统的检查包括：购货单；投入记录；接收（提单、收货票据）；贮藏（贮存记录、挑选记录、标识）；制造记录（每天生产，每天记录）；再贮藏（贮藏记录、挑选清单、标识）；包装（包装记录）；运输（提单、运票）；发票；存货清单。

有机贸易产品标识。

（12）销售具体要求　为保证有机产品的完整性和可追溯性，销售者在销售过程中应当采取但不限于下列措施：

有机产品应避免与非有机产品的混合；

有机产品应避免与不允许使用的物质接触；

建立有机产品的购买、运输、储存、出入库和销售等记录。

有机产品进货时，销售商应索取有机产品认证证书等证明材料，有机配料低于95%并标识“有机产品配料”等字样的产品，其证明材料中应能证明有机产品的来源。

应对有机产品的认证证书的真伪进行验证，并存留认证证书复印件。

应在销售场所设立有机产品销售专区或陈列专柜，并与非有机产品销售区、柜明显分开。

在有机产品销售专区或陈列专柜，应在显著位置摆放有机产品认证证书复印件。

不符合GB/T19630的本部分标识要求的产品不能作为有机产品进行销售。

（13）追踪体系　为保证有机生产完整性，有机产品生产、加工者应建立完善的追踪体系，保存能追溯实际生产全过程的详细记录（如地块图、农事活动记录、加工记录、仓储记录、出入库记录、销售记录等）以及可跟踪的生产批号系统。

（14）持续改进　应利用纠正和预防措施，持续改进其有机生产和加工管理体系的有效性，促进有机生产和加工的健康发展，以消除不符合或潜在不符合有机生产、加工的因素。

有机生产和加工者应做到：确定不符合的原因；评价确保不符合不再发生的措施的需求；确定和实施所需的措施；记录所采取措施的结果；评价所采取的纠正或预防措施。

参考文献

1. 中华人民共和国国家质量监督检验检疫总局、中国国家标准化管理委员会发布．中华人民共和国国家标准 GB/T19630.1～19630.4—2005. 有机产品．2005-01-19 发布，2005-04-01 实施
2. 中华人民共和国农业部 2000-03-02 批准．中华人民共和国农业行业标准 NY/T391—2000. 绿色食品产地环境技术条件
3. 中华人民共和国农业部发布．2002.07.25. 中华人民共和国农业行业标准 NY5116—2002. 无公害食品　水稻产地环境条件 2002-09-01 实施
4. 中华人民共和国农业部 2000-03-02 发布．中华人民共和国农业行业标准 NY/T394—2000. 绿色食品　肥料使用准则 2000-04-01 实施
5. 中华人民共和国农业部 2000-03-02 发布．中华人民共和国农业行业标准 NY/T394—2000. 绿色食品　农药使用准则 2000-04-01 实施
6. 中华人民共和国农业部 2000-07-25 发布．中华人民共和国农业行业标准 NY/T420—2000. 绿色食品　花生（果、仁）2001-04-01 实施
7. 中华人民共和国农业部 2002-07-25 发布．中华人民共和国农业行业标准．无公害食品卫生标准
8. 中华人民共和国农业部 2002-07-25 发布．中华人民共和国农业行业标准．肥料中主要重金属的限量指标
9. 中华人民共和国农业部 2002-07-25 发布．中华人民共和国农业行业标准．无公害生产禁止使用的农药种类 [M]
10. 中华人民共和国农业部 2002-07-25 发布．中华人民共和国农业行业标准 NY/T5117—2002. 无公害食品大米 [M]．2002-09-01 实施
11. 中华人民共和国农业部 2002-07-25 发布．中华人民共和国农业行业标准 NY/T5117—2002. 无公害食品　水稻生产技术规程 [M]．2002-

09-01 实施
12. 中华人民共和国农业部 2002-08-27 发布．中华人民共和国农业行业标准 NY/T525—2002. 有机肥料卫生标准［M］．2002-12-01 实施
13. 山东省技术监督局 2000-01 批准．山东省地方标准 DB37/1～3-2000. 无公害农产品［M］．2000-02 实施
14. 山东省农业厅文件（鲁农环保字 1999 第 3 号）关于颁发《山东省无公害农产品管理办法》［M］（试行）的通知
15. 国家环保总局有机食品发展中心编译．1999. 8. 有机生产和加工基本标准［M］．IFOAM. 1998. 11
16. 中国农业大学生态与环境科学系农业生态研究所，ECOCERT 国际生态认证中心编译．国际有机农业标准和法规汇编［M］．2002. 5. 16
17. 中国农业大学生态与环境科学系农业生态研究所，ECOCERT 国际生态认证中心编译．国际有机农业标准和法规汇编［M］．2004. 3. 8
18. 中国农业大学编译．2000. 4. 欧共体委员会第 2092/91 标准．1991. 6. 24
19. 虞铁俊，张强华主编．无公害农产品与有害生物综合治理［M］．北京：中国农业出版社，2001. 10
20. 王在序主编．中国花生栽培学［M］．上海：上海科学技术出版社，1982
21. 王在序，盖树人主编．山东花生［M］．上海：上海科学技术出版社，1999
22. 北京市科学技术协会组编．有机农业概论［M］．北京：中国农业出版社，2004. 12
23. 杜相革，王惠敏主编．有机农业概论［M］．北京：中国农业大学出版社，2001. 8
24. 秦玉川，丁自勉，赵纪文编著．绿色食品——21 世纪的食品［M］．南京：江苏人民出版社，2002. 1
25. 万书波主编．中国花生栽培学［M］．上海：上海科学技术出版社，2003. 12
26. 郭忠广主编．绿色食品生产技术手册［M］．济南：山东科学技术出版社，2003. 6
27. 徐秀娟，赵志强，张建成等．AA 级绿色食品花生田除草技术研究．中国油料作物学报．2003，25（4）

28. 骆永明．重金属污染土壤的植物修复［C］．见：中国土壤协会编．迈向二十一世纪的土壤科学．1999.10
29. 徐秀娟，迟玉成，宋文武等．花生绿色食品栽培技术研究［J］．中国油料作物学报．2000，22（4）
30. Zhao F J，Shen Z G and McGrath S P. Sholubility of zin and interactions between zinc and phosphorus in the hyperaccumulator *Thlaspi caerulescens*［J］. Plant，Cell and Environment，1998（21）
31. 李洪连，黄俊丽，袁红霞．有机改良剂在防治植物土传病害中的应用［J］．植物病理学报．2002，32（4）
32. 徐秀娟，赵志强，卢钰等．美奇海藻肥在有机食品花生上的应用试验示范．山东农业科学［J］．2005.1
33. 鲁素云．植物病害生物防治学［M］．北京：北京农业大学出版社，1992
34. 龙新宪，倪吾钟，叶正钱．外源有机酸对两种生态型东南景天吸收积累锌的影响［J］．植物营养与肥料学报．2002，8（4）
35. 黄欲铭，赵正雄．施用石灰对不同水稻品种吸收镉之影响［C］．迈向二十一世纪的土壤科学（同28）
36. 林成谷．土壤污染与防治［M］．北京：中国农业出版社，1996
37. 周立祥，周顺桂．污泥中重金属的微生物去除研究［C］．迈向二十一世纪的土壤科学．97、100（同28）
38. 陈尊贤，李泽鸣，李耿肇等．台湾农业土壤受镉铅污染之化学复育整治技术之评估［C］．迈向二十一世纪的土壤科学（同28）
39. 汪建飞，邢素芝．农田土壤施用化肥的负效应及其防治对策［J］．农业环境保护．1998（1）
40. Chen Z. S. 1998. Management of contaminated soil remediation programmes. *Land contamination Reclamation*. 6
41. 刘杏认，刘建玲．影响蔬菜体内硝酸盐积累的因素及调控研究［J］．土壤肥料．2003（4）
42. 孙彭力．氮素化肥的环境污染［J］．环境污染与防治．1995，17（1）
43. 蔡道基，江希流．化学农药对生态环境安全评价研究．化学农药对土壤微生物的影响与评价［J］．农村生态环境．1986（2）
44. 山东绿色食品发展中心主编．绿色食品申报管理指南．1998.2

45. 万书波主编．花生品质学花生品质学［M］．北京：中国农业科技出版社，2005.12
46. 马爱国．中国农产品质量安全认证的发展［C］．2004 中国绿色食品发展论坛
47. 姜达炳，彭明秀．论生态农业和农业产业化的关系［J］．农业环境保护．1998，17（3）
48. 姜天新，王铭伦主编．花生规范化栽培［M］．北京：中国农业科技出版社，2000
49. 贝克 KF，库克 RJ（兰斌，王朝琪译）．植物病原菌的生物防治［M］．北京：农业出版社，1984
50. 中国农业大学生态与环境科学系，农业生态研究所，国际生态认证中心．国际有机农业标准和法规汇编［A］．北京：中国农业大学出版社，2002
51. 山东省绿色食品发展中心．绿色食品申报管理指南［A］．济南，1998
52. 庞义．生物技术与生物杀虫剂［A］．见：全国生物防治暨第八届杀虫微生物学术研讨会论文摘要［C］．广东，珠海．2000
53. 山东省农业科学院人事处，山东省农业科学院植保所．山东省无公害果品蔬菜生产技术培训教材［A］．济南，1999
54. 中国农业大学生态与环境科学系，农业生态研究所，国际生态认证中心．国际有机农业标准和法规汇编［M］．2002
55. 宋文武等．除草药膜防除花生田杂草及其残留的研究［J］．花生科技．1999 增刊
56. 山东省农业科学院人事处，山东省农业科学院植保所．山东省无公害果品蔬菜生产技术培训教材［C］．1999
57. Kokalis - Burelle N，Porter D M，Smith D H，et al．Compendium of peanut diseases［J］．The American Psychopathological Society，1997，12～28
58. 徐秀娟等．污染农田土壤的治理技术研究概述［A］．中国农学通报．2005
59. 张新友等．花生高产专家谈［A］．郑州：中原农民出版社，1997
60. 孙彦浩等．花生实用新技术［M］．济南：山东科学技术出版社，1992
61. 徐秀娟等．中国花生网斑病研究［J］．中国油料学报．1995

62. 候光炯，高惠民．中国农业土壤概论．北京：农业出版社，1982
63. 熊毅，李庆逵．中国土壤（第二版）[M] 北京：科学出版社，1987
64. 全国土壤普查办公室．中国土壤 [M]．北京：中国农业出版社，1998
65. 张俊民等．山东省地丘陵区土壤 [M]．济南：山东科学技术出版社，1986
66. 徐秀娟．绿色食品花生生产技术操作规程 [A]．济南：山东科学技术出版社，2003
67. 李庆逵．中国水稻土 [M] 北京：科学出版社，1992
68. 砂姜黑土综合治理研究编委会．砂姜黑土综合治理研究 [A]．合肥：安徽科学技术出版社，1988
69. 徐秀娟等．有机食品花生综合栽培技术规程 [J]．花生学报．2005
70. 中国农学会．植物保护和植物营养 [A]．北京：中国农业出版社，1999
71. 宋协松等．花生蛴螬寄生蜂研究初报 [J]．中国油料．1980
72. 朱祖祥等．土壤学（上册）[M]．北京：农业出版社，1983
73. 徐秀娟等．试论出口欧盟花生 GAP 技术要点和遵循原则 [A]．北京：原子能出版社，2006
74. 徐秀娟等．纯花生田混群杂草的生态经济阈值和生态经济除草阈值模型的初步研究 [J]．1991
75. 王友庆，寒冷凉．旱地玉米覆膜栽培技术 [J]．作物杂志．2002（5）：21～22
76. 王秋杰等．黄泛平原沙区农业高效持续发展综合技术 [A]．郑州：黄河水利出版社，2000
77. 徐秀娟等．花生菌核病无公害防治技术研究 [J]．山东农业大学学报．2003